KB112696

수능 필수 도형

수능 필수 도형

발행일 2020년 2월 28일

지은이 정한영
펴낸이 손형국
펴낸곳 (주)북랩
편집인 선일영 편집 강대건, 최예은, 최승헌, 김경무, 이예지
디자인 이현수, 한수희, 김민하, 김윤주, 허지혜 제작 박기성, 황동현, 구성우, 장홍석
마케팅 김회란, 박진관, 조하라, 장은별
출판등록 2004. 12. 1(제2012-000051호)
주소 서울특별시 금천구 가산디지털 1로 168, 우림라이온스밸리 B동 B113~114호, C동 B101호
홈페이지 www.book.co.kr
전화번호 (02)2026-5777 팩스 (02)2026-5747

ISBN 979-11-6539-095-2 53410 (종이책)

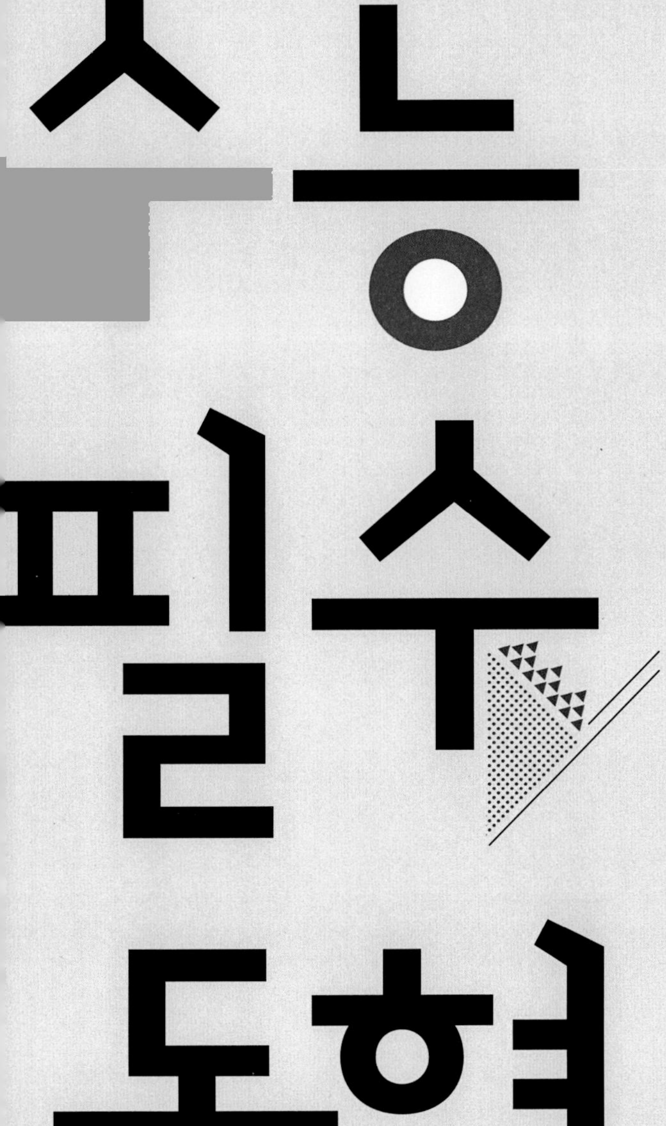

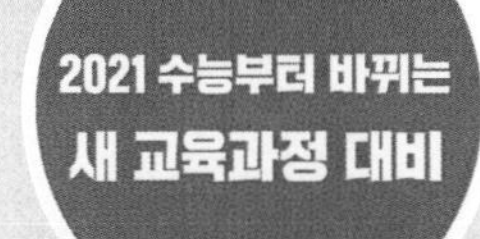

- 2015 개정 교육과정을 반영한 최신 수능 수학 대비서
- 2021학년도 수능 필수 도형 개념 정리
- 2022학년도 수능 선택과목 기하 총정리
- 최신 10개년 수능 기출 도형 문제 수록

정한영

북랩book Lab

펴면서

저는 현재 서울 소재 자율형 사립 고등학교에서 고3 수학 수업을 10년 넘게 진행하고 있습니다. 매년 SKY를 60명 넘게 진학하는 등 우수한 학생들이 많은 학교임에도 학생들에게 '기하'는 유난히 힘든 과목입니다. 저는 이를 해결하기 위해 강의 노트를 작성하였고, 그 내용을 이 책에 정리하였습니다.

기하의 경우 '도형, 입체, 평면, 공간'에 대해 중학생 때부터 관심을 가지고, 연습을 꾸준히 해온 학생들이 고등학교에서도 문제 해결력이 높습니다. 하지만 그렇지 않은 학생들에 대한 대안을 고민한 끝에 **'수능 빈출 유형'을 주제별로 정리**하여 이를 수업 시간에 활용하였고, 그 내용을 이 책에 담았습니다. 또한 **'컬러풀한 문제 해설'**을 제공하여 수험생의 직관적인 이해를 돕도록 하였습니다. 학생들은 이 책을 통해 수능에서 도형 문제에 보다 쉽게 접근하고, 도형 문제 해결력을 높일 수 있습니다.

교육과정의 순서로 개념을 학습하는 것은 수능을 앞둔 수험생에게는 비효율적이며, 킬러 문항을 풀 때 한계가 있습니다. 이를 해결하기 위해 같은 범주의 주제끼리 묶어서 개념을 정리하였고, 컬러풀한 해설을 통해 학생들이 풀이를 효율적으로 이해할 수 있도록 하였습니다. 특히 기하 영역에서는 보조선을 긋거나, 조건을 시각화하는 등 문제의 해결 전략을 찾는 '발견술'이 매우 중요합니다. 이러한 능력을 기르기 위해 이 교재를 충분히 활용하기를 권합니다.

수학을 열심히 공부해도 성적이 오르지 않는 학생 중 자신에게 맞는 학습법을 찾지 못한 것이 원인인 경우가 많습니다. 수학에 많은 시간을 투자하였어도 여전히 문제 해결력이 부족한 학생들에게 이 책은 큰 도움이 될 것입니다. 이 책을 통해 많은 학생이 기하영역에도 자신감을 갖기를 바랍니다.

교사 정한영

목차

기하(2022수능 선택과목)

III 관련 문제 해설

이 책에 대해

특징

첫째, 수능을 철저히 분석하였다.

10개년의 대학수학능력시험을 철저히 분석하여 관련 개념을 정리하였다.

둘째, 수능에 자주 출제되는 개념을 주제별로 정리하였다.

단순히 교육과정의 순서를 따르는 것이 아닌 관련 주제끼리 묶은 후, 실제 수능에서 많이 출제된 순서로 구성하여 실용성을 높였다. 또한, 어원을 중심으로 영어 단어를 정리하는 것과 같은 원리로 구성해 암기에 도움을 주고자 하였다.

셋째, 10년 동안 수능에 출제된 도형을 포함한 기하 문제를 모두 수록하였다.

문제의 난이도에 따라 기초 문제부터 고난도 문제까지 연속성 있게 학습할 수 있다.

넷째, 컬러 도형 풀이를 제공한다.

수험생이 효율적으로 이해할 수 있도록 색깔이 들어간 풀이 과정을 제공한다.

책의 구성과 활용법

-아이디어 떠올리기

그림을 통해 아이디어를 떠올린다.

-개념&원리 이해

원리를 이해하고 개념을 습득한다.

평소 이 과정을 반복하면 장기 기억에 도움이 됩니다.

-관련 문제

실제 수능에 출제된 해당 개념 관련 문제를 푼다.

-관련 읽을거리

관련 읽을거리를 읽고 더 넓게 생각해 본다.

이 책이 꼭 필요한 학생

-중학교, 고등학교 '도형'과 '기하'에 기초가 부족한 학생

-수능 도형 문제에 대한 적응이 필요한 학생

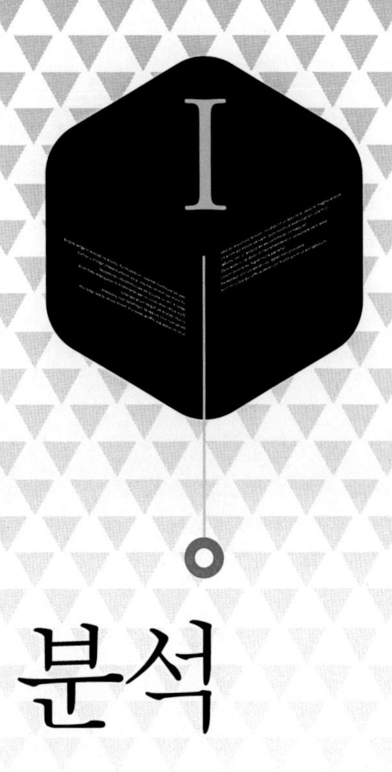

분석

2021 수능, 2022 수능 변경 사항

수능 10개년 도형문제 분석 (2011~2020)

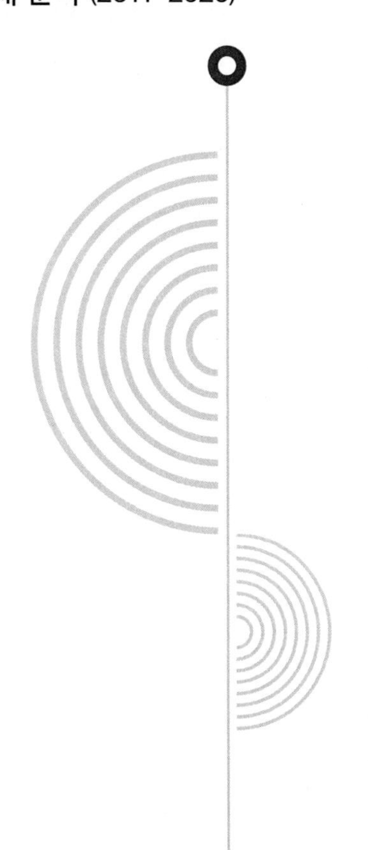

2021 수능, 2022 수능 변경 사항

수능의 변화

2020학년도 수능	
2009 개정 교육과정	
가형	기하와 벡터 미적분 II 확률과 통계
나형	수학 II 미적분 I 확률과 통계

→

2021학년도 수능	
2015 개정 교육과정	
가형	수학 I 미적분 확률과 통계
나형	수학 I 수학 II 확률과 통계

→

2022학년도 수능	
2015 개정 교육과정	
공통	**선택**
수학 I 수학 II	미적분 확률과 통계 기하 중 1택

2020학년도 수능까지는 '2009 개정 교육과정' 교과목이 적용되었고, 2021학년도 수능부터는 '2015 개정 교육과정' 교과목이 적용된다. 따라서 과목명이 동일하더라도 내용이 추가되거나 삭제되는 등 수능 시험에 출제되는 내용에 큰 변화가 생긴다. 구체적인 변화를 살펴보자.

2015 개정 수학 교육과정

수학	수학 I	수학 II
○**다항식** 다항식의 연산 나머지정리 인수분해 ○**방정식과 부등식** 복소수와 이차방정식 이차방정식과 이차함수 여러 가지 방정식과 부등식 ○**도형의 방정식** 평면좌표 직선의 방정식 원의 방정식 도형의 이동 ○**집합과 명제** 집합 명제 ○**함수과 그래프** 함수 유리함수와 무리함수 ○**경우의 수** 경우의 수 순열과 조합	○**지수함수와 로그함수** 지수와 로그 지수함수와 로그함수 ○**삼각함수** 삼각함수 ○**수열** 등차수열과 등비수열 수열의 합 수학적 귀납법	○**함수의 극한과 연속** 함수의 극한 함수의 연속 ○**미분** 미분계수 도함수 도함수의 활용 ○**적분** 부정적분 정적분 정적분의 활용
미적분	**확률과 통계**	**기하**
○**수열의 극한** 수열의 극한 급수 ○**미분법** 여러 가지 함수의 미분 여러 가지 미분법 도함수의 활용 ○**적분법** 여러 가지 적분법 정적분의 활용	○**경우의 수** 순열과 조합 이항정리 ○**확률** 확률의 뜻과 활용 조건부확률 ○**통계** 확률분포 통계적 추정	○**이차곡선** 이차곡선 ○**평면벡터** 벡터의 연산 평면벡터의 성분과 내적 ○**공간도형과 공간좌표** 직선과 평면 정사영 공간좌표

○ 2020 수능 → 2021 수능

자연계(가형)

2020 수능		2021 수능	
기하와 벡터	**○평면곡선** **이차곡선** **평면곡선의 접선** **○평면벡터** **평면벡터의 연산** **평면벡터의 성분과 내적** **○평면운동** **(*매개변수를 이용한 음함수 미분법)** **공간도형과 공간벡터** **공간도형** **공간좌표** **공간벡터**	수학 I	**○지수함수와 로그함수** **지수와 로그** **지수함수와 로그함수** **○삼각함수** **삼각함수** **(*사인, 코사인 법칙)** **○수열** 등차수열과 등비수열 수열의 합 수학적 귀납법
미적분 II	○지수함수와 로그함수 지수함수와 로그함수의 뜻과 그래프 지수함수와 로그함수의 미분 ○삼각함수 삼각함수의 뜻과 그래프 삼각함수의 미분 ○미분법 여러 가지 미분법 도함수의 활용 ○적분법 여러 가지 적분법 정적분의 활용	미적분	○수열의 극한 **수열의 극한** **급수** **(*구분구적법)** ○미분법 여러 가지 함수의 미분 여러 가지 미분법 도함수의 활용 **(*매개변수를 이용한 음함수 미분법)** ○적분법 여러 가지 적분법 정적분의 활용
확률과 통계	○순열과 조합 경우의 수 순열과 조합 이항정리 ○확률 확률의 뜻과 활용 조건부확률 ○통계 확률분호 통계적 추정 **(*모비율, 표본비율)**	확률과 통계	○경우의 수 순열과 조합 이항정리 ○확률 확률의 뜻과 활용 조건부확률 ○통계 확률분포 통계적 추정

자연계의 가장 큰 변화는 '기하' 과목이 수능 출제 영역에서 삭제되는 것이다. 그리고 '기존의 가형 수학'에 '기존의 나형 수학' 내용이 추가된다.

가형 수학의 한 축이었던 '기하' 과목이 수능 출제 영역에서 빠지고, 그 대신 **'지수, 로그, 지수함수, 로그함수, 삼각함수, 수열, 수열의 극한, 급수'**가 출제된다. 특히 삼각함수 중 **'사인 법칙, 코사인 법칙'**은 오래전 수능에서 자주 출제되었던 만큼 '왕의 귀환'이라 할 수 있다. 또한 나형 출제과목인 '미적분Ⅰ'에 있던 '급수'가 '미적분' 교과로 이동하여 **'도형이 일정한 비율로 작아지면서 무한히 반복되는 문제'**가 자연계에서 출제될 것으로 예상된다.

또한 '기하와 벡터'에 있던 **'매개변수를 이용한 음함수 미분법'**이 '미적분'으로 이동함으로써, 해당 영역은 여전히 수능에 출제된다고 볼 수 있다.

그리고 '지수함수와 로그함수'는 미적분의 계산과정에만 출제되던 것에서 '지수함수와 로그함수' 자체를 주제로 하는 문제가 출제될 것으로 예상된다. 즉, **'지수함수와 로그함수의 정의와 성질을 활용하는 문제'**가 자연계에서도 출제될 것이다.

인문계(나형)

2020 수능		2021 수능	
수학Ⅱ	**○집합과 명제** 집합 명제 **○함수** 함수 유리함수와 무리함수 **○수열** 등치수열과 등비수열 수열의 합 수학적 귀납법 **○지수와 로그** 지수 로그	수학Ⅰ	**○지수함수와 로그함수** **지수와 로그** **지수함수와 로그함수** **○삼각함수** **삼각함수** **(*사인, 코사인 법칙)** **○수열** 등차수열과 등비수열 수열의 합 수학적 귀납법

2020 수능		2021 수능	
미적분 I	**○수열의 극한** **수열의 극한** **급수(구분구적법)** ○함수의 극한과 연속 함수의 극한 함수의 연속 ○다항함수의 미분법 미분계수 도함수 도함수의 활용 ○다항함수의 적분법 부정적분 정적분 정적분의 활용	수학 II	○함수의 극한과 연속 함수의 극한 함수의 연속 ○미분 미분계수 도함수 도함수의 활용 ○적분 부정적분 정적분 정적분의 활용
확률과 통계	○순열과 조합 경우의 수 순열과 조합 분할 이항정리 ○확률 확률의 뜻과 활용 조건부 확률 ○통계 확률분포 통계적 추정 **(*모비율, 표본비율)**	확률과 통계	○경우의 수 순열과 조합 이항정리 ○확률 확률의 뜻과 활용 조건부확률 ○통계 확률분포 통계적 추정

인문계의 경우 '**수열의 극한, 급수**'가 삭제되고, '**지수함수, 로그함수, 삼각함수**'가 추가된다. 특히 삼각함수 중 오래전 수능에서 자주 출제되던 '**사인 법칙, 코사인 법칙**'이 다시 출제된다.

'미적분 I'에 있던 '급수'가 '미적분' 교과로 이동하여 인문계에서는 '**도형이 일정한 비율로 작아지면서 무한히 반복되는 문제**'가 더 이상 출제 되지 않는다고 할 수 있다.

◘ 2021 수능(자연계, 인문계) → 2022 수능

2022학년도 수능부터는 처음으로 수능에서 자연계와 인문계의 구분이 사라진다.

2022학년도 수능	
공통	**선택**
수학Ⅰ 수학Ⅱ	미적분 확률과 통계 **기하** 중 1택

수학의 경우 '수학Ⅰ, 수학Ⅱ'는 필수 응시과목이고, 추가로 '미적분', '확률과 통계', '기하'에서 한 과목을 선택해야 한다. **서울 소재 상위권 학교 자연계열 학과들은 대부분 '미적분'과 '기하' 중 한 과목을 선택해야 지원할 수 있도록 제한을 두고 있다.** 따라서 자연계열 진학을 희망하는 학생 중에서 중상위권은 '미적분'과 '기하' 중 한 과목을 선택할 것이며 이 점에 유의하여 학습계획을 세워야 한다. 특히 학생들에게 '미적분'은 '기하'에 비해 더 익숙한 과목이므로 2022학년도 수능에서는 '미적분'을 선택하는 학생이 '기하'를 선택하는 학생보다 그 수가 많을 것으로 예상된다. 하지만 '기하' 역시 처음에는 학생들에게 낯선 과목이지만, 학습을 하다 보면 '미적분'에 비해 킬러 문항의 체감 난이도가 낮다는 것을 알게 된다. 특히 '기하'의 킬러 문항은 3차원의 문제를 2차원에 표현하여 출제해야 하므로 수능에서 적정 수준 이상의 난이도로 문제를 출제할 수 없는 한계가 있기 때문이다. 게다가 **2015 개정 과목인 '기하'는 기존의 '기하와 벡터'에서 가장 까다로운 단원인 '공간 벡터' 단원이 삭제되었기 때문에 학습 부담이 많이 줄었다**고 볼 수 있다. 또한, 개인적 소견으로 과목 간 난이도에 균형을 맞추어야 하고, 수능 응시자 수도 고려해야 하기 때문에 수능에서 '기하'의 난이도는 시간이 지날수록 낮아질 수밖에 없는 구조이다.

서울대학교의 경우 학교에서 수학 과목 중 진로 선택과목을 이수한 경우 수능 성적에서 1점을 가산하므로 자연계의 경우 '기하', 인문계의 경우 '경제수학'을 학교

교육과정에 편성하는 고등학교가 많을 것이다. 따라서 '기하'는 내신에서 중요한 과목 중 하나가 될 것이라 예상된다.

2022 수능 선택과목 지정 현황

<table>
<tr><td rowspan="4">자연 계열</td><td rowspan="2">수학</td><td>기하
또는
미적분</td><td>경희대, 계명대(의예/약학/제약), 고려대(서울), 공주대(수학교육), 동국대(바이오시스템 제외), 부산대, 서강대, 서울과기대, 서울대, 서울시립대(조경학과 제외), 성균관대, 세종대, 연세대(서울), 이화여대, 중앙대, 한양대(서울)</td></tr>
<tr><td>미지정</td><td>경기대, 경남대, 계명대, 공주대, 군산대, 극동대, 꽃동네대, 동국대(바이오시스템대학), 동명대, 동서대, 동의대, 목원대, 배재대, 삼육대, 서울시립대(조경학과), 선문대, 성결대, 안양대, 용인대, 인천대, 중부대, 청운대, 청주교대, 한국산기대, 한국외대, 한려대, 한신대, 한양대(ERICA), 호남대</td></tr>
<tr><td rowspan="2">탐구</td><td>과탐2과목</td><td>경희대, 계명대(의예/약학/제약학과), <u>고려대(서울)</u>, 동국대, 부산대, 서강대, 서울과기대, <u>서울대</u>, 서울시립대, <u>성균관대</u>, 세종대, <u>연세대(서울), 이화여대, 중앙대,</u> 한양대(서울), 한양대(ERICA)</td></tr>
<tr><td>미지정</td><td>경기대, 경남대, 계명대, 공주대, 군산대, 극동대, 꽃동네대, 동명대, 동서대, 동의대, 루터대, 목원대, 배재대, 삼육대, 선문대, 성결대, 안양대, 용인대, 인천대, 중부대, 청운대, 청주교대, 한국산기대, 한국외대, 한려대, 한신대, 호남대</td></tr>
</table>

- 2019년 9월 5일 발표한 43개교 기준
  - 과탐2과목 밑줄: 동일 분야 I+II응시 불인정

수능 10개년 도형문제 분석 (2011~2020)

수능 10개년 도형문제 분석 (2011~2020)

기출 문항		문제 해결 전략	2022 수능
2020학년도 수능 가형	1	벡터의 합	선택과목
	3	공간 좌표, 두 점 사이의 거리	선택과목
	5	접선, 음함수의 미분법	
	10	이등변삼각형, 삼각함수의 덧셈정리	
	13	삼각형의 닮음, 닮음비, 피타고라스의 정리, 타원의 정의, 삼각형의 넓이	선택과목
	17	쌍곡선의 정의, 최단 거리, 삼각형의 넓이	선택과목
	19	벡터의 내적, 직교, 원의 성질, 평행선	선택과목
	27	중점연결 정리, 수선의 발, 삼수선의 정리, 피타고라스 정리, 이면각, 정사영, 삼각형의 넓이	선택과목
	29	직선의 방정식, 직선의 방향벡터, 수선의 발, 삼각형의 넓이, 사면체의 부피	삭제
2019학년도 수능 가형	1	벡터의 합	선택과목
	3	내분점	
	6	포물선의 정의	선택과목
	13	평면의 방정식, 직선의 방정식, 법선벡터, 방향벡터	선택과목
	18	직각삼각형, 삼각비, 각의 이등분선, 부채꼴의 넓이, 삼각형의 넓이, 삼각함수의 극한	
	19	정삼각형, 사면체, 삼수선, 수선의 발, 삼각형의 넓이, 중점 연결 정리, 피타고라스 정리	
	28	타원, 원	선택과목
	29	벡터의 합, 자취, 중점, 삼각형의 넓이	선택과목

기출 문항		문제 해결 전략	2022 수능
2018학년도 수능 가형	1	벡터의 합	선택과목
	3	내분점	
	8	타원의 성질(초점)	선택과목
	14	내분점, 피타고라스의 정리, 삼각비, 삼각함수의 덧셈정리	
	17	마름모, 동위각, 삼각비, 삼각형의 넓이, 삼각함수의 극한	
	20	평면 방정식, 중점, 점과 평면사이의 거리	선택과목
	25	벡터, 수직, 직면 방정식	선택과목
	27	쌍곡선, 원, 접선, 합동, 직각삼각형, 정의	선택과목
	29	구, 평면의 방정식, 벡터의 합, 벡터의 크기, 수선의 발	선택과목
2017학년도 수능 가형	1	벡터의 합	선택과목
	8	외분점	
	12	평면의 방정식, 법선벡터, 이면각	선택과목
	14	삼각비, 삼각함수의 극한	
	16	벡터의 내적	선택과목
	19	포물선의 접선, 타원의 성질	선택과목
	24	구와 평면이 접한다. 점과 평면 사이의 거리	선택과목
	28	쌍곡선, 쌍곡선의 주축, 쌍곡선의 점근선	선택과목
	29	정사면체, 삼각형의 무게중심, 두 벡터의 직교, 벡터의 내적, 벡터의 크기	선택과목
2016학년도 수능 가형	3	삼각형의 무게중심	
	9	포물선의 접선, 준선, 삼각형의 넓이	선택과목
	13	정사각형, 닮음비, 삼각비(특수각)	
	15	평행사변형, 삼각비, 삼각형의 넓이	
	19	평면의 방정식, 원의 넓이, 정사영의 넓이	선택과목
	26	타원, 중점, 내분점, 피타고라스 정리, 제2코사인 법칙	선택과목
	27	두 평면의 직교, 직선과 평면의 평행, 피타고라스의 정리, 삼수선의 정리, 삼각형의 넓이	선택과목
	28	삼각비, 삼각형의 넓이, 삼각함수의 극한	
	29	구, 벡터의 내적, 삼각함수의 덧셈법칙	선택과목

기출 문항		문제 해결 전략	2022 수능
2015학년도 수능 가형	5	내분점	
	10	포물선의 준선, 포물선의 정의, 직선의 방정식	선택과목
	12	정삼각형, 수선의 발, 삼수선의 정리, 피타고라스의 정리	선택과목
	19	직선, 평면의 방정식, 법선 벡터, 내적, 교점, 점과 평면사이의 거리	선택과목
	20	이등변삼각형의 내접원, 원의 접선, 삼각비, 외각정리, 삼각형의 넓이, 삼각함수의 극한	
	27	타원의 정의, 장축의 길이, 피타고라스의 정리, 삼각형의 넓이	선택과목
	29	구, 두 평면의 이면각, 삼각비, 삼각함수의 덧셈정리, 정사영의 넓이	선택과목
2014학년도 수능 가형	3	내분점	선택과목
	6	직선의 방정식, 직교	삭제
	8	포물선, 포물선의 접선, 두 직선의 교점	선택과목
	13	쌍곡선의 방정식, 직선의 방정식, 회전체	삭제
	15	닮음비, 부채꼴의 넓이, 이등변삼각형의 넓이, 급수	
	19	구의 방정식, 접한다, 피타고라스, 단면, 두 점 사이의 거리	선택과목
	27	타원의 방정식, 타원의 정의, 피타고라스의 정리,	선택과목
	28	이등변삼각형, 삼각비, 삼각형의 넓이, 삼각함수의 극한	
	29	평면의 방정식, 수선의 발, 공간벡터	삭제
2013학년도 수능 가형	3	내분점	선택과목
	6	쌍곡선, 쌍곡선의 점근선, 쌍곡선의 접선, 두 직선의 직교	선택과목
	14	닮음비, 부채꼴의 넓이, 피타고라스의 정리	
	18	포물선, 포물선의 준선, 닮음비, 시그마	선택과목
	20	정사면체, 평면의 방정식, 무게중심, 점과 평면사이의 거리	삭제
	26	벡터의 내적, 산술평균과 기하평균의 관계	선택과목
	28	삼수선의 정리, 피타고라스의 정리, 닮음비	선택과목
	29	사인법칙, 삼각함수의 극한	

기출 문항		문제 해결 전략	2022 수능
2012학년도 수능 가형	8	벡터의 성질, 삼각비, 특수각, 피타고라스의 정리	
	11	타원의 성질, 피타고라스의 정리, 마름모의 넓이	선택과목
	14	피타고라스의 정리, 닮음비, 내접, 원의 넓이, 급수	
	21	평면의 방정식, 정사영, 두 평면의 이면각	삭제
	24	수선의 발, 타원의 중심, 피타고라스의 정리	삭제
	26	포물선의 접선, 점과 직선 사이의 거리	선택과목
	27	삼각비, 직각삼각형의 넓이, 삼각함수의 극한	
	29	정사영, 닮음비, 직선과 평면이 이루는 각	선택과목
2011학년도 수능 가형	3	두 점 사이의 거리	선택과목
	5	타원의 접선, 자취, 부채꼴의 호의 길이	선택과목
	10	닮음비, 특수각, 등비수열, 삼각형의 넓이, 급수	
	11	정사영, 직각, 특수각, 원의 넓이, 부채꼴의 넓이	선택과목
	14	포물선의 성질, 준선, 수선의 발, 삼각형의 넓이	선택과목
	21	직선의 방정식, 평면의 방정식, 구, 점과 평면사이의 거리, 피타고라스의 정리, 원의 넓이	삭제
	22	벡터의 내적	선택과목
	30	삼각형의 넓이, 삼각함수의 극한	

매년 수능 30문항 중 '기하' 영역의 문제는 평균 8문항 출제되었다. 2021학년도 수능에서는 '기하와 벡터'가 수능에서 사라짐으로써 도형을 활용하는 문제가 출제되며, 2022학년도 수능에서는 '기하'를 선택할 경우 기하 및 도형 문제는 8문항 이상 출제될 것이라 예상된다.

수학 가형 30문항

2022학년도 수능에서 기하 과목이 선택과목으로 변경됨에 따라 경우의 수가 많아진다. 공통과목인 '수학Ⅰ', '수학Ⅱ' 이외에 선택과목인 '미적분', '기하', '확률과 통계' 중 한 과목을 선택해야 하기 때문이다. 학생들은 대체로 '확률과 통계', '미적분', '기하' 순으로 난이도가 올라간다고 느끼므로, 대부분 '확률과 통계'를 선택할 것이다. 하지만 대부분의 서울 소재 상위권 대학 자연계열 학과에서는 '미적분, 기하' 중에서만 선택하도록 제한을 두므로, 상위권 대학을 목표로 하는 많은 학생들은 '미적분, 기하' 중에서 과목을 선택하게 된다. 특히 학생이 수능에서 '기하'를 선택하지 않았더라도, 과학기술원 등 상위권 대학 면접 문항으로 '기하'가 여전히 큰 비중을 차지할 것으로 예상되며, 진로 선택과목에 대한 서울대 가산점의 영향으로 학생들에게 '기하' 과목은 앞으로도 중요한 과목이 될 것이다.

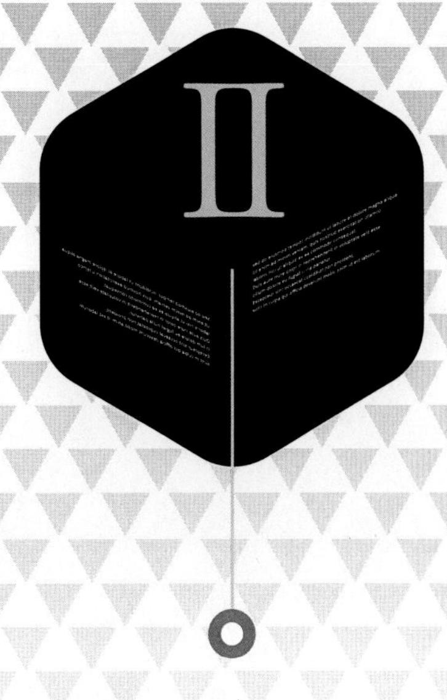

주제별 학습

도형

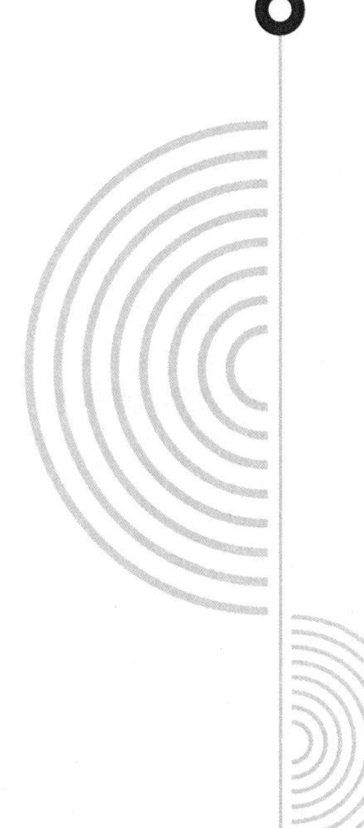

01 직각

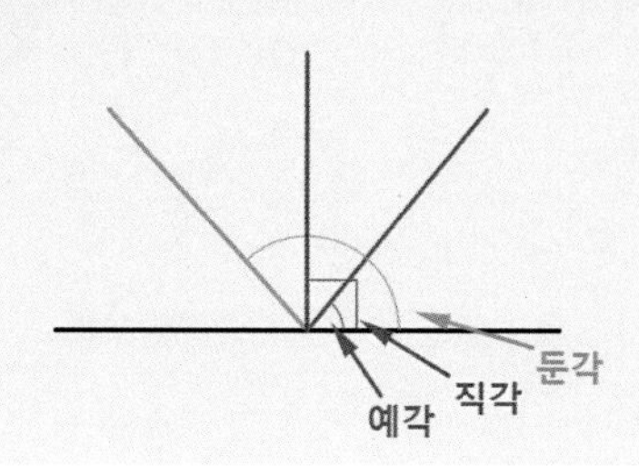

원리 이해

[보각]의 정의

'∠A의 보각'이란 평각에서 '∠A의 반대편 각'을 의미한다.

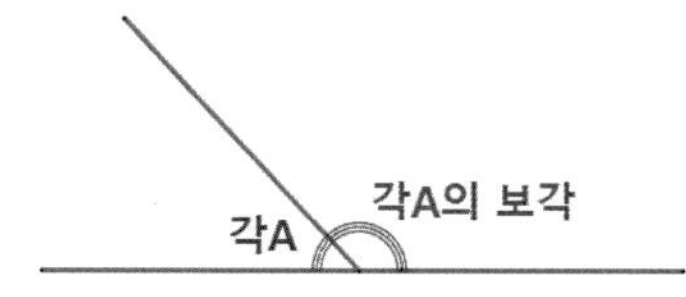

[직각]의 정의

'∠A는 직각이다.' ⇔ '∠A의 크기=∠A의 보각의 크기'

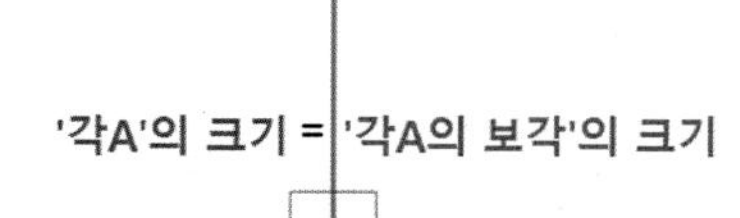

수능 빈출 유형

유형1. (피타고라스 정리 & 역)

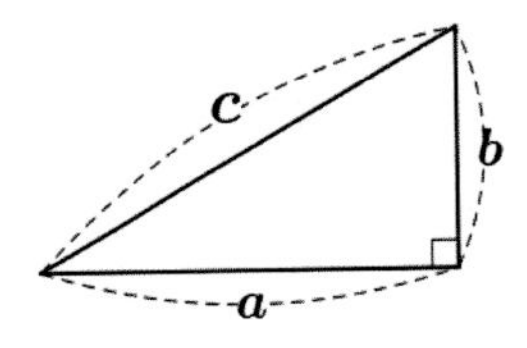

⇔ $a^2+b^2=c^2$

유형2. (수선)

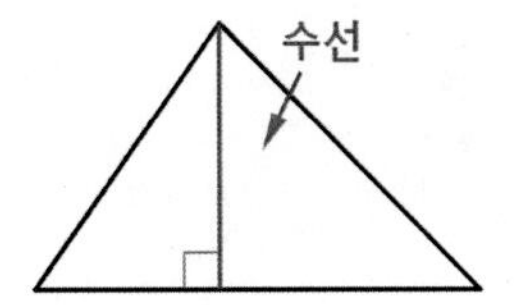

유형3. (특이한 중선) 삼각형ABC에 대하여

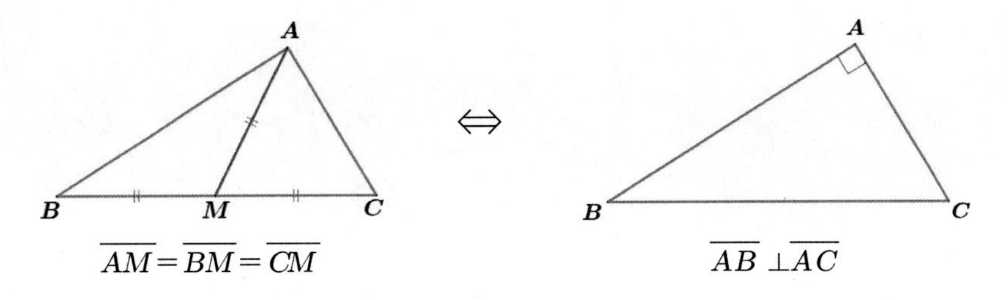

유형4. (현의 수직이등분선)

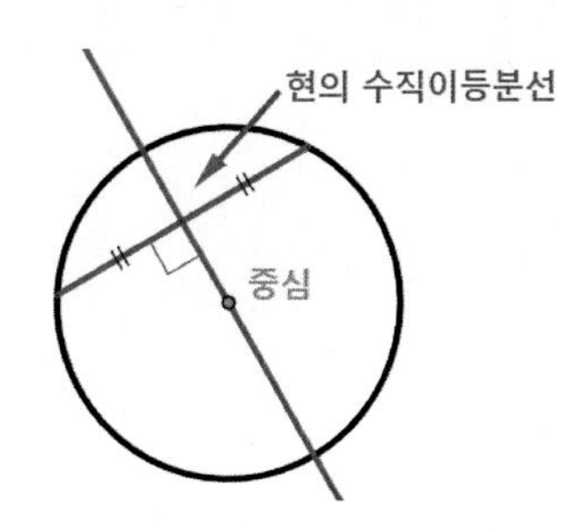

유형5. (원의 접선)

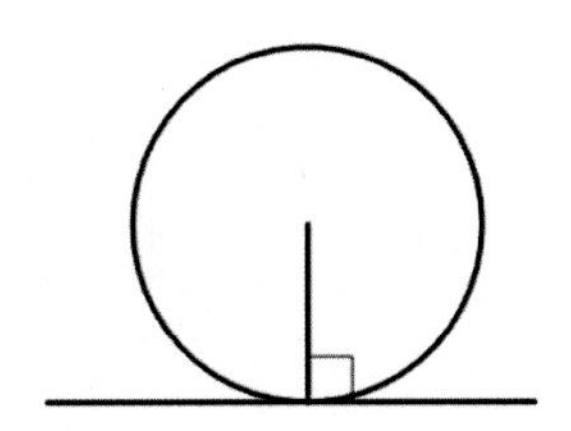

유형6. (내접원)

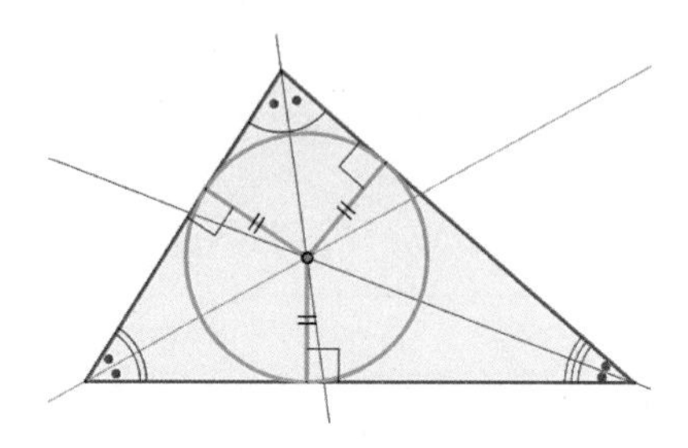

유형7. (최단거리)

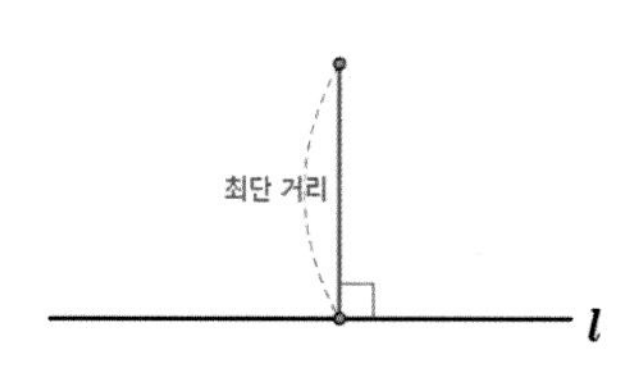

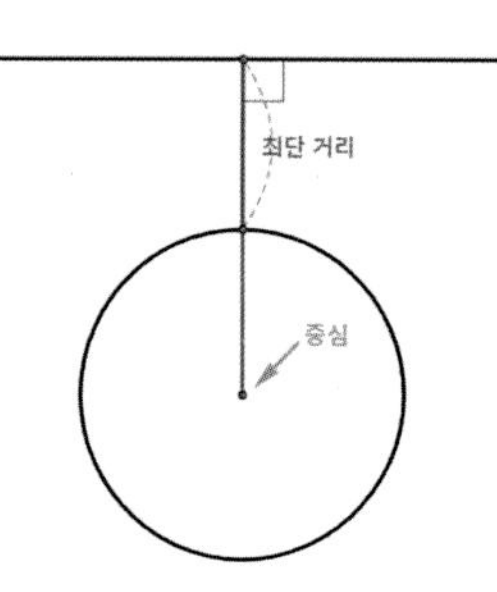

유형8. (이등변삼각형)

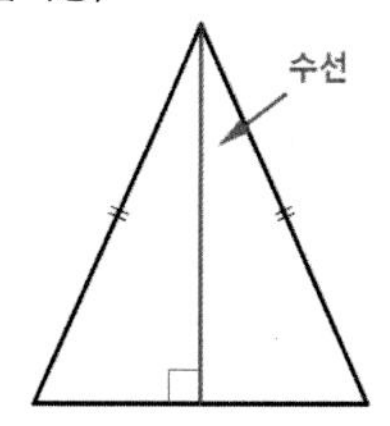

수선 $\Leftrightarrow$ 중선

유형9. (삼각형의 넓이)

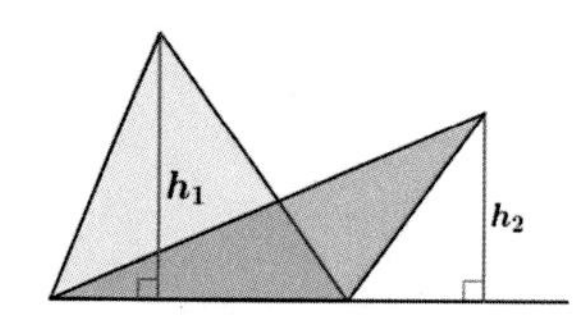

 관련 문제

[2006 9월 모평 가형 22번 변형]

세 점 $F'(-\sqrt{20},0), F(\sqrt{20},0), O(0,0)$에 대하여 $\overline{OP}=\overline{OF}$일 때, $\overline{PF'}^2+\overline{PF}^2$의 값은?

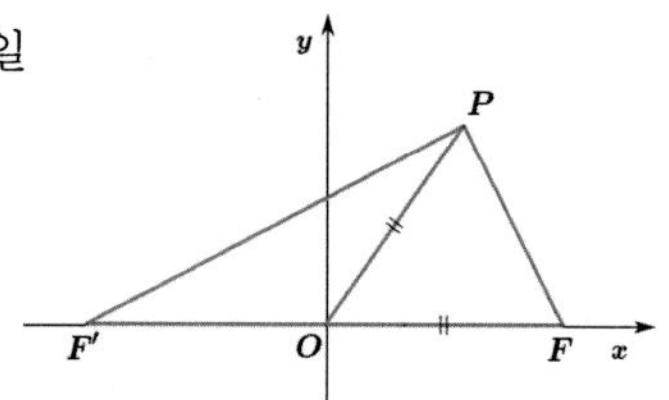

관련 읽을 거리

수능의 기하영역에서 가장 중요한 개념을 하나만 뽑자면, 단언컨대 '직각'이다. 직각은 기하에서 거의 모든 개념의 시작이다. '접선', '삼각비', '삼각비의 특수각', '좌표계', '다각형의 닮음', '수선', '정사영', '벡터의 내적'에 이르기 까지 거의 모든 개념에 직각이 기초 개념으로 쓰이며, 문제 해결의 열쇠로 많이 사용 된다. 심지어 완벽한 곡선의 형태인 '원'(3차원에서는 '구') 마저도 직각으로 정의할 수 있으며, '원'(3차원에서는 '구') 관련 문제를 해결하는 데 직각을 이용하는 경우가 많을 정도로 직각은 기하의 전 영역에 걸쳐 중요한 개념이다.
직각을 엄밀히 표현하면 **'어떤 각'과 '그 각의 보각'의 크기가 같은 각** 이다.

※ 직각은 왜 90°로 약속하였는가?

직각은 한 바퀴의 $\frac{1}{4}$이다. 따라서 한 바퀴를 몇 도로 약속하였는지에 대해 살펴볼 필요가 있다. 고대인들은 태양이 지구를 돈다고 생각하였고, 한 바퀴 도는 데 1년이 걸린다고 생각했다. 그리고 한 해의 길이를 360일로 측정하였고, 이로 인해 한 바퀴의 각도가 360°로 이어졌다고 한다.

※ 파이=3.14=180°??

$\pi \fallingdotseq 3.14$

π는 '원주율'이며, $\frac{원의둘레의길이}{원의지름의길이}$이다.

→ 어떤 원이든 이 비율값은 같다. **(실제로 모든 원은 닮음이다.)**

$\pi = 180°$

여기에는 π뒤에 '라디안'이 생략되어 있으므로 실제로는 $\pi \times$라디안$=180°$가 된다.

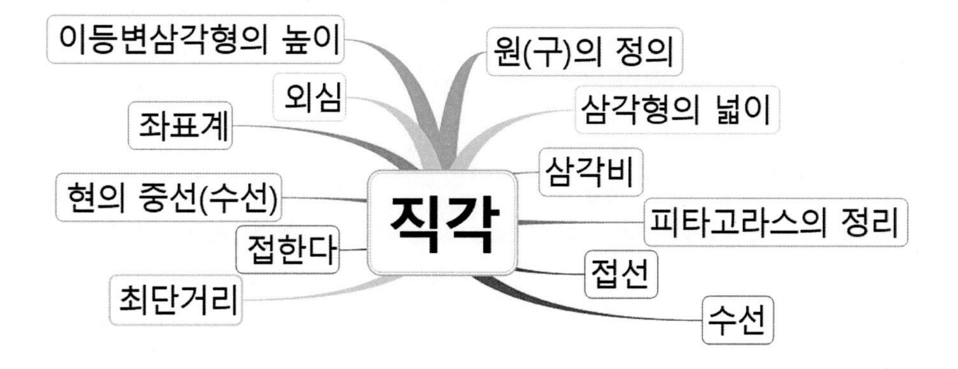

02 피타고라스의 정리, 역, 비율, 특수각

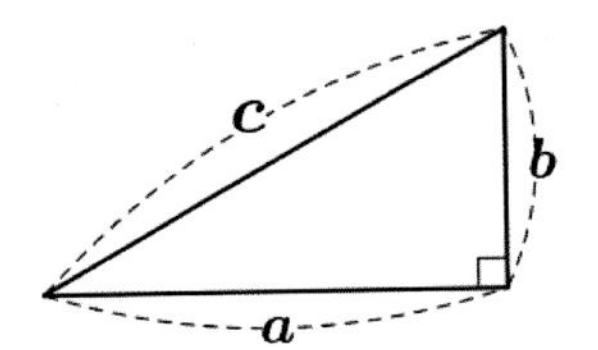

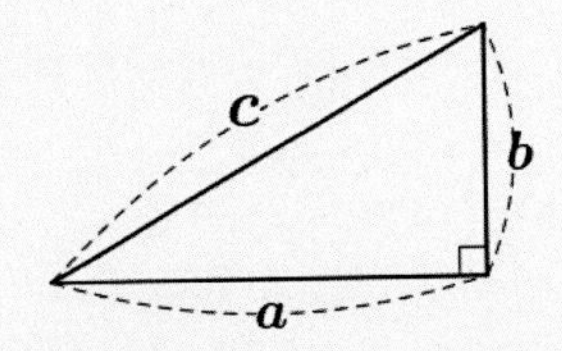

$\Leftrightarrow \qquad a^2+b^2=c^2$

자주 등장하는 비 ←기억해 둘 것!

$1:1:\sqrt{2}$	$1:2:\sqrt{5}$	$1:\sqrt{3}:2$
$3:4:5$	$5:12:13$	$7:24:25$

자주 등장하는 특수각 ←기억해 둘 것!

$\frac{\pi}{6}, \frac{\pi}{4}, \frac{\pi}{3}, \frac{\pi}{2}, \frac{\pi}{12}, \pi$

자주 활용되는 특수각

$\frac{\pi}{3}+\frac{\pi}{6}=\frac{\pi}{2}$, $60^\circ+30^\circ=90^\circ$
$\frac{\pi}{4}+\frac{\pi}{12}=\frac{\pi}{3}$, $45^\circ+15^\circ=60^\circ$ $\frac{\pi}{4}-\frac{\pi}{12}=\frac{\pi}{6}$, $45^\circ-15^\circ=30^\circ$

피타고라스의 정리 활용법

〈좋지 않은 방법!!〉

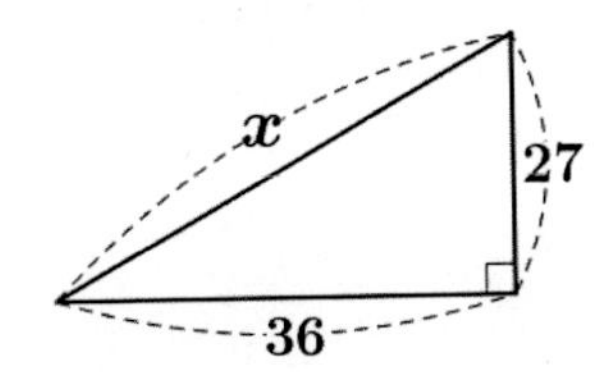

$x^2=27^2+36^2$

$\therefore x^2=729+1296=2025$ 이므로

$\therefore x^2=45^2$

$\therefore x=45$ 이다.(값이 큰 수라 계산이 어렵다.)

〈좋은 방법!!〉

$27:36=3:4$ 이므로

$27:36:x=3:4:k$을 활용한다.

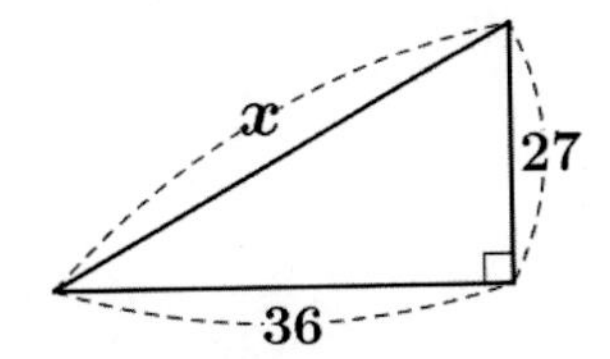

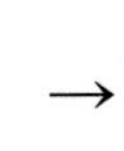

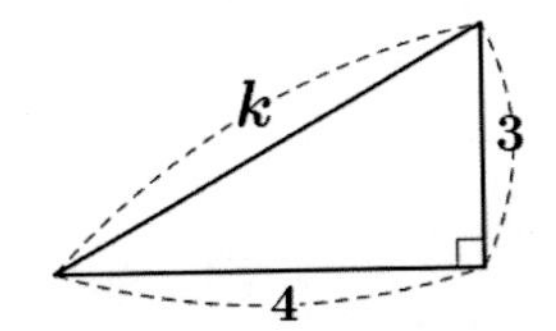

$k^2=3^2+4^2=9+16=25$ 이므로 $k=5$이다.

따라서 $27:36:x=3:4:5$

$x=5\times9=45$이다. (값이 작아서 계산이 용이하다.)

예제

Q1. x의 값은?

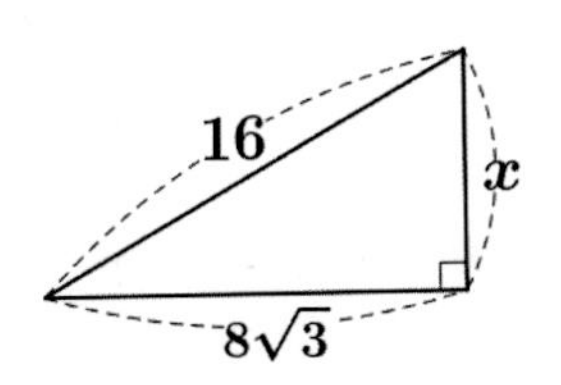

|풀이| $8\sqrt{3}:16=\sqrt{3}:2$이므로

$x:8\sqrt{3}:16=k:\sqrt{3}:2$로 놓으면

$k^2+(\sqrt{3})^2=2^2$이므로 $k=1$이다.

따라서 $x:8\sqrt{3}:16=1:\sqrt{3}:2$ 이므로 $x=1\times8=8$ 이다.

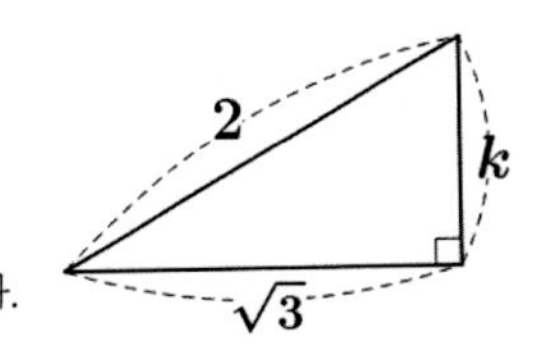

Q2. x의 값은?

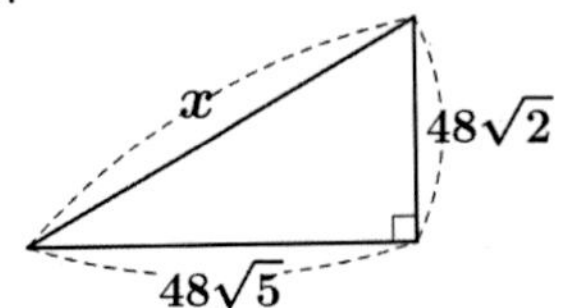

|풀이| $48\sqrt{5} : 48\sqrt{2} = \sqrt{5} : \sqrt{2}$이므로

$x : 48\sqrt{5} : 48\sqrt{2} = k : \sqrt{5} : \sqrt{2}$ 로 놓으면

$(\sqrt{5})^2 + (\sqrt{2})^2 = k^2$이므로 $k = \sqrt{7}$이다.

따라서 $x : 48\sqrt{5} : 48\sqrt{2} = \sqrt{7} : \sqrt{5} : \sqrt{2}$이므로

$x = 48 \times \sqrt{7} = 48\sqrt{7}$ 이다.

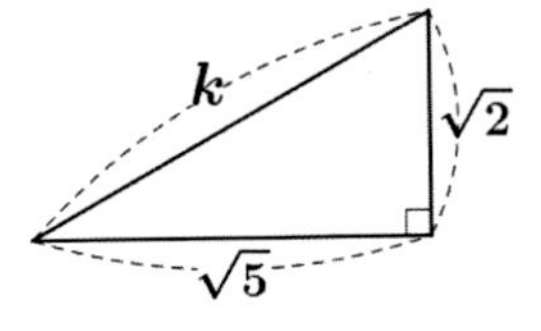

Q3. x의 값은?

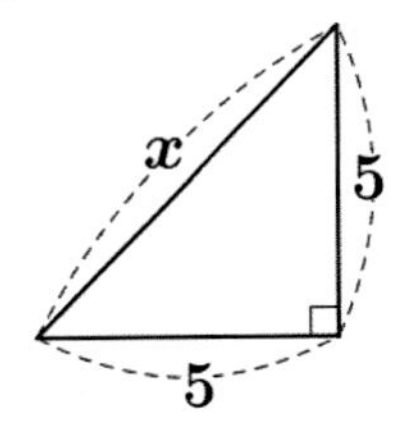

|풀이| $5 : 5 = 1 : 1$이므로

$x : 5 : 5 = k : 1 : 1$ 로 놓으면

$1^2 + 1^2 = k^2$이므로 $k = \sqrt{2}$이다.

따라서 $x : 5 : 5 = \sqrt{2} : 1 : 1$이므로 $x = 5 \times \sqrt{2} = 5\sqrt{2}$ 이다.

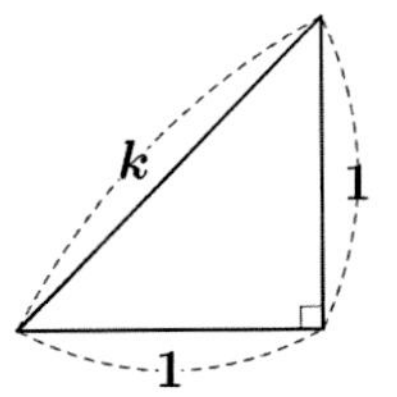

관련 문제

[2018 수능 가형 14번 일부]

직각삼각형 CDE에서 선분ED의 길이를 a에 대한 식으로 나타내시오.

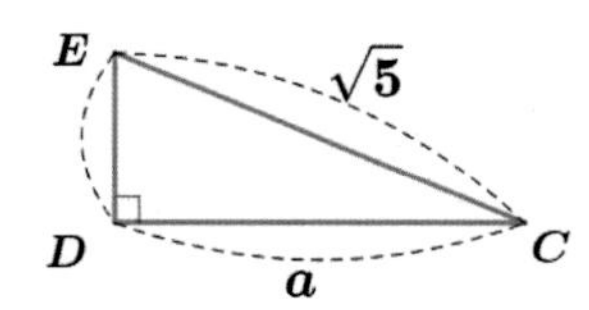

[2018 수능 가형 14번 일부]

$\overline{DE}:\overline{EA}=1:3$일 때, 선분$CD$의 길이는?

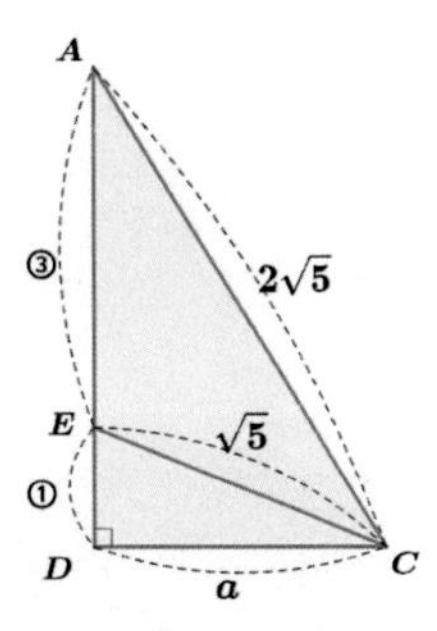

[2016 수능 가형 15번 일부]

점$O(0,0)$가 원점이고, 점C의 좌표가 $(1+\cos\theta, \sin\theta)$일 때,
선분 OC의 길이를 삼각함수로 나타내시오.

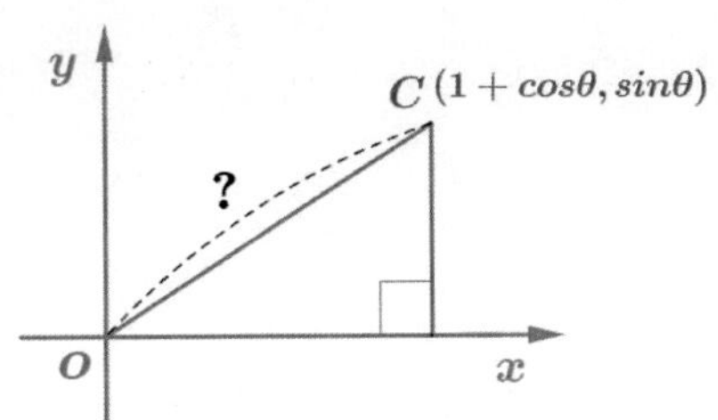

[2016 수능 가형 26번 일부]

선분 PQ의 길이를 구하면?

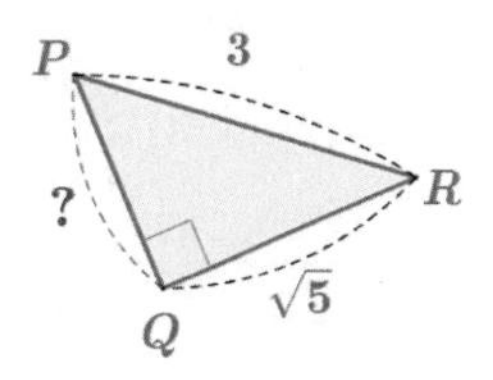

[2016 수능 가형 27번 일부]

선분 PH'의 길이를 구하면?

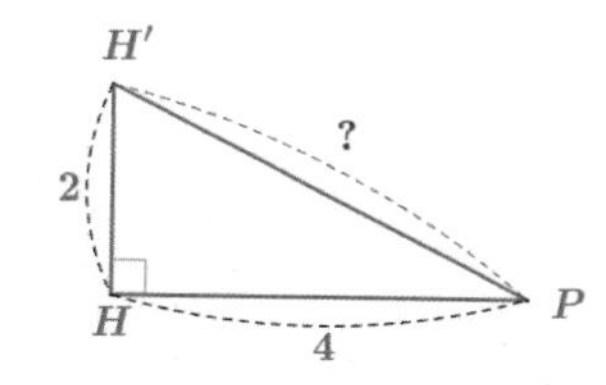

[2012 수능 가형 11번 일부]

다음 그림에서 $2ab$의 값은?

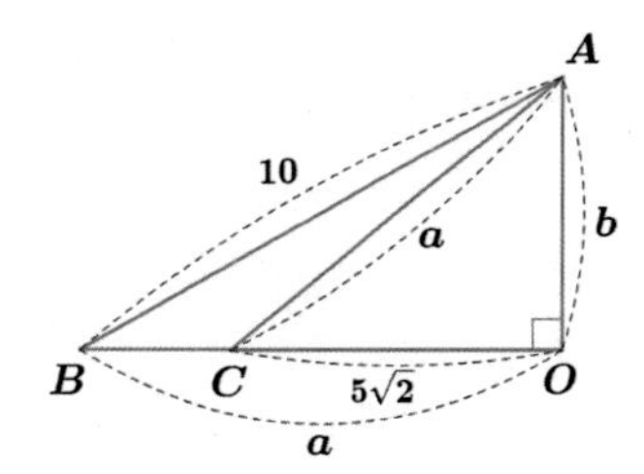

관련 읽을 거리

[삼각형의 성립 조건] (아래 그림처럼 한 변이 너~~무 길면 안됨)

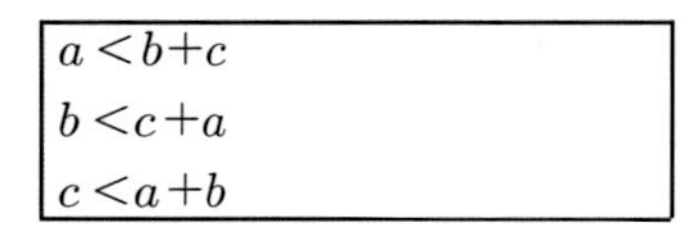

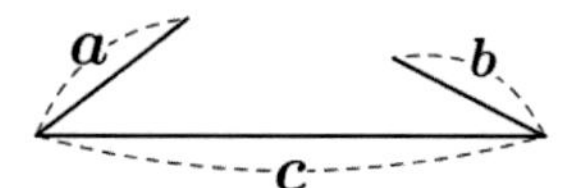

[삼각형의 종류]

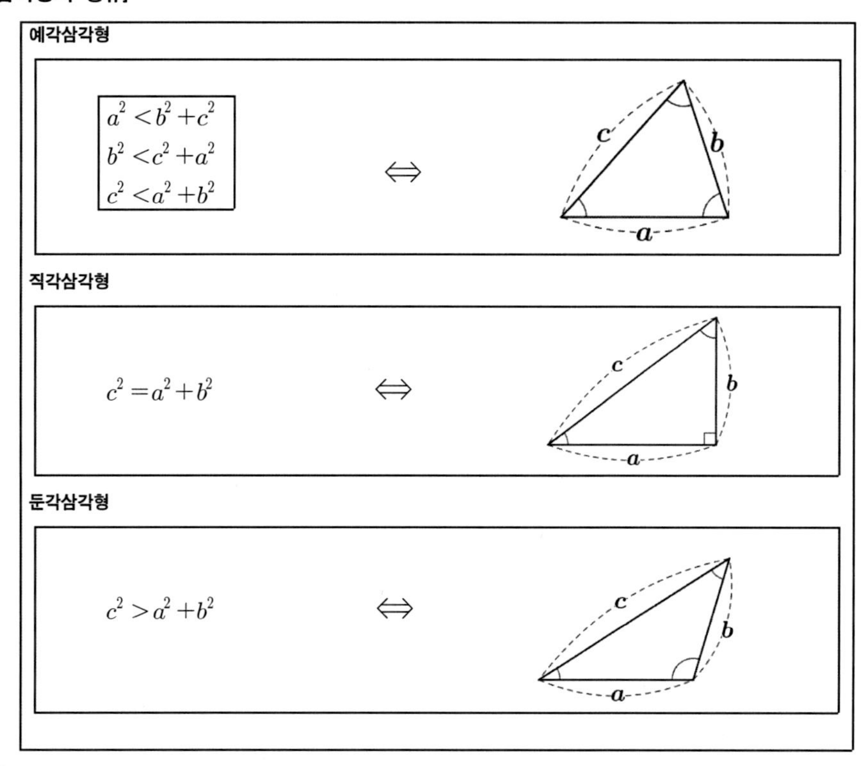

[대변과 대각 사이의 크기 관계]

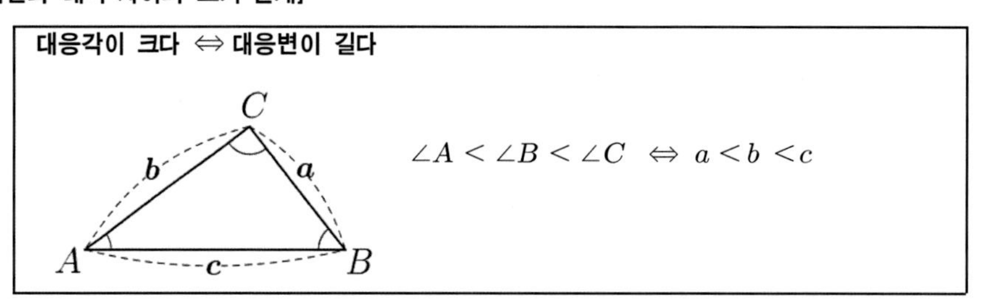

피타고라스의 세 수(피타고라스 트리플)
'피타고라스 법칙을 만족하는 세 쌍의 자연수'이다.
예를 들어 $(3, 4, 5), (5, 12, 13), \cdots$
피타고라스 철학에서는 무리수를 인정하지 않았다. 따라서 '피타고라스의 세 수'는 자연수로만 이루어져 있다.

03 삼각비, 삼각함수

idea
떠올리기

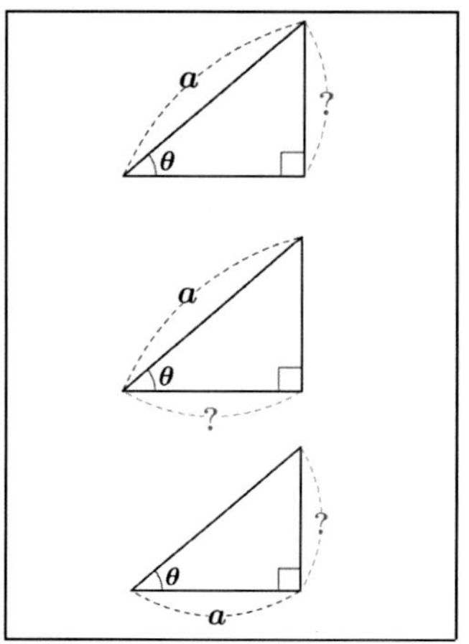
a
?
θ
a
θ
?
θ
?
a

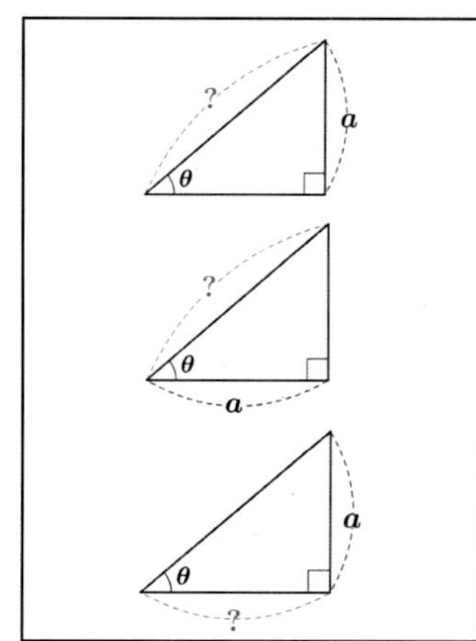
?
a
θ
?
θ
a
a
θ
?

개념

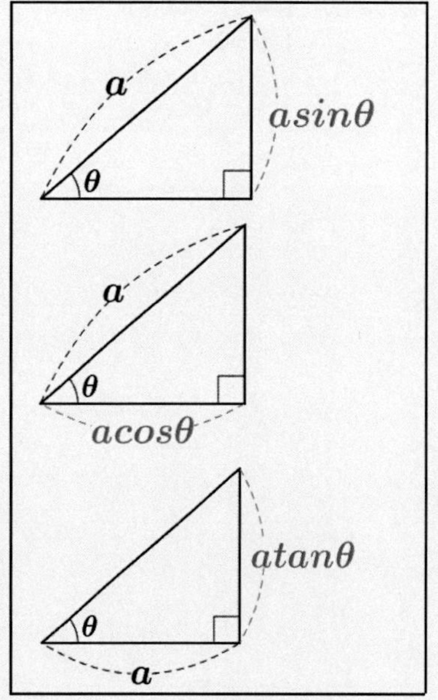
a
asinθ
θ
a
θ
acosθ
atanθ
θ
a

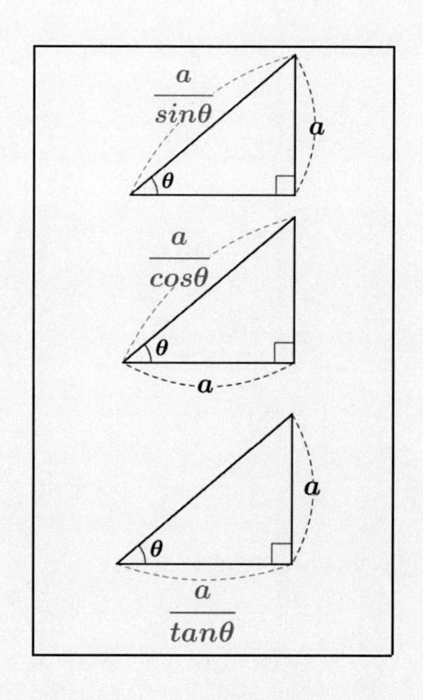
a/sinθ
a
θ
a/cosθ
θ
a
a
θ
a/tanθ

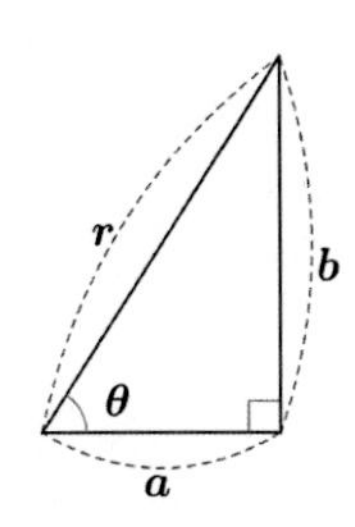

$\sin\theta = \dfrac{b}{r}$

$\cos\theta = \dfrac{a}{r}$

$\tan\theta = \dfrac{b}{a}$

관련 문제

[2019 수능 가형 18번 일부]

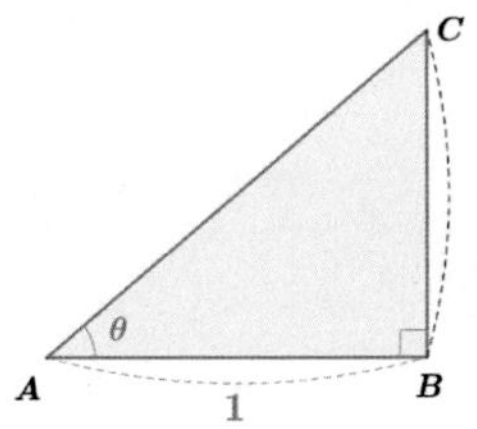

그림과 같이 $\overline{AB}=1$, $\angle B=\dfrac{\pi}{2}$인 직각삼각형 ABC에서 $\overline{BC}$를 삼각함수를 이용하여 나타내시오.

[2019 수능 가형 18번 일부]

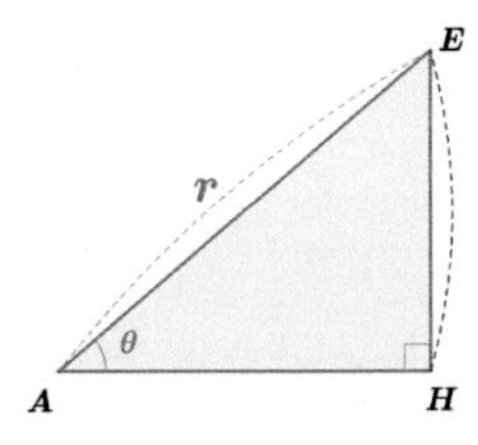

$\overline{EH}$를 삼각함수로 나타내시오.

[2018 수능 가형 14번 일부]

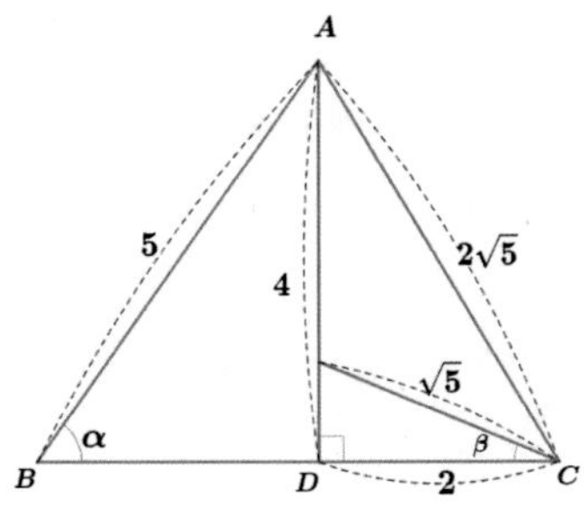

$\sin\alpha, \cos\alpha, \sin\beta, \cos\beta$의 값은?

[2018 수능 가형 17번 일부]

직각삼각형 CFG의 넓이를 삼각함수를 이용하여 나타내시오.

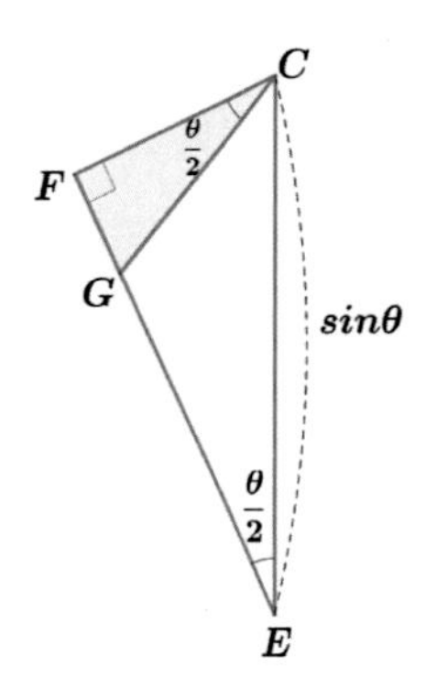

[2017 수능 가형 14번 일부]

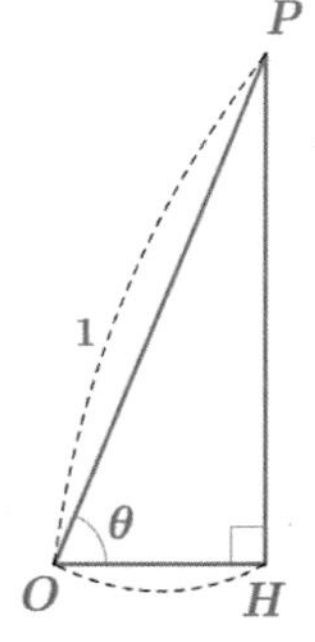

선분 OH의 길이를 삼각함수로 나타내시오.

[2017 수능 가형 14번 일부]

그림과 같이 반지름의 길이가 1이고 중심각의 크기가 $\frac{\pi}{2}$인 부채꼴 OAB가 있다. 호 AB 위의 점 P에서 선분 OA에 내린 수선의 발을 H, 선분 PH와 선분 AB의 교점을 Q라 하자. $\angle POH=\theta$일 때, 삼각형 AQH의 넓이를 삼각함수를 이용하여 나타내시오. (단, $0<\theta<\frac{\pi}{2}$)

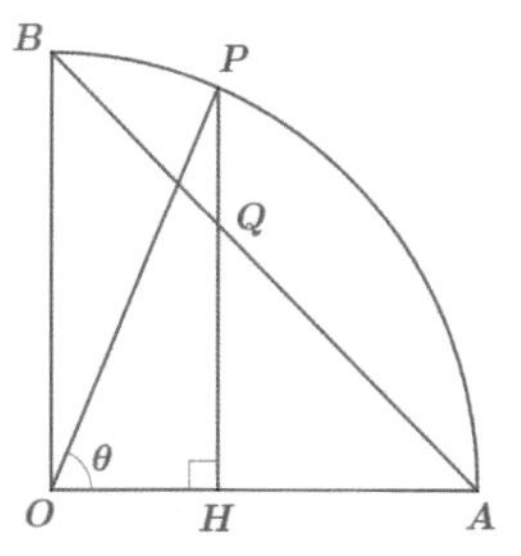

[2016 수능 가형 28번 일부]

다음 그림에서 점P의 좌표를 삼각함수를 이용하여 나타내시오.

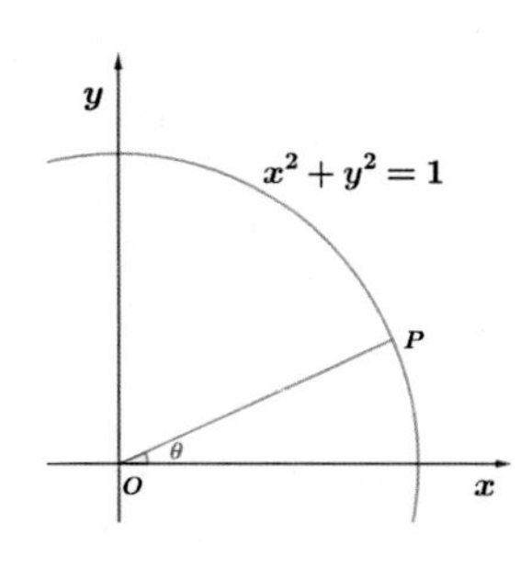

[2015 수능 가형 20번 일부]★★

그림과 같이 반지름의 길이가 1인 원에 외접하고 $\angle CAB = \angle BCA = \theta$인 이등변삼각형 ABC가 있다. $\overline{AB}$를 삼각함수를 이용하여 나타내시오.

$\overline{CD}$를 삼각함수를 이용하여 나타내시오.

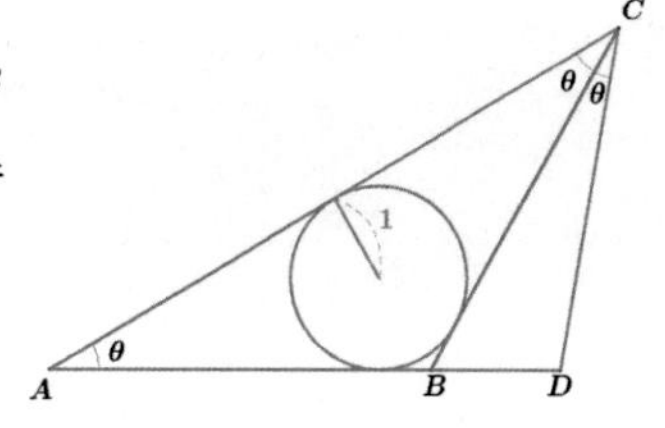

[2019 수능 나형 16번 일부]

다음 그림의 직각삼각형 OA_1B_1에서 $\angle OA_1B_1$의 크기를 구하시오.

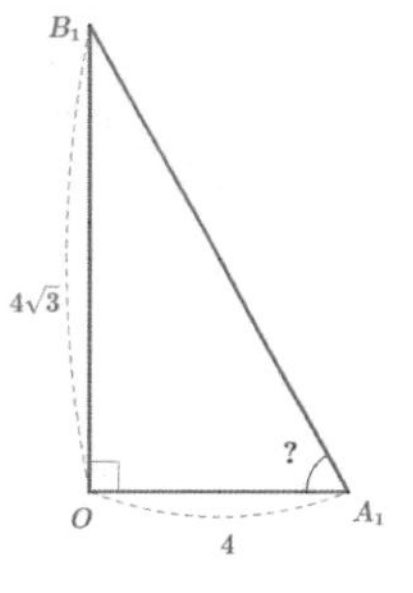

[2014 수능 가형 28번 일부]

다음 그림에서 x를 삼각함수를 이용하여 θ에 대한 식으로 나타내시오.

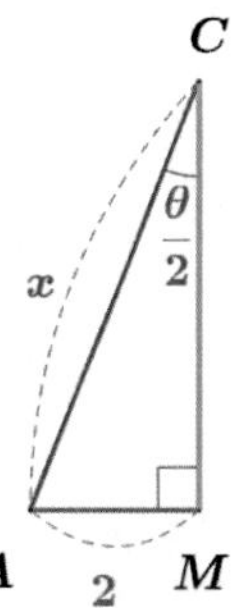

[2012 수능 가형 8번 일부]

삼각형 ABC에서 $\overline{AB}=2, \angle B=90^\circ, \angle C=30^\circ$ 이다. 점 P는 선분 BC의 중점이다. $\overline{PA}$의 값은?

[2012 수능 가형 27번 일부]★★

그림과 같이 중심이 O이고 길이가 2인 선분 AB를 지름으로 하는 원 위의 점 P에서 선분 AB에 내린 수선의 발을 Q, 점 Q에서 선분 OP에 내린 수선의 발을 R, 점 O에서 선분 AP에 내린 수선의 발을 S라 하자.

$\angle PAQ=\theta\left(0<\theta<\frac{\pi}{4}\right)$일 때, 삼각형 AOS의 넓이를 $f(\theta)$, 삼각형 PRQ의 넓이를 $g(\theta)$라 하자.

$f(\theta)$, $g(\theta)$를 삼각함수를 이용하여 θ로 나타내시오.

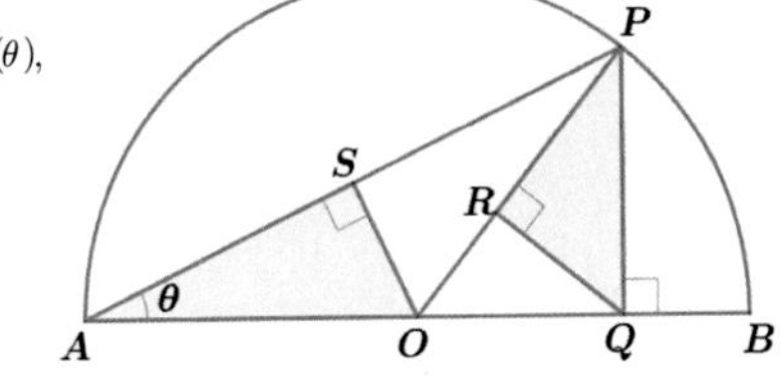

관련 읽을 거리

※ **'삼각비'와 '삼각함수'의 차이점**

-**'삼각비'는** 직각삼각형에서 정의됩니다. 따라서 삼각비는 예각에서만 정의가 되며, 그 값도 항상 양수입니다.

-**'삼각함수'는** 좌표평면에서 좌표로 정의됩니다. 따라서 시초선과 동경 사이의 각의 크기는 모든 각도(예각, 직각, 둔각)에서 정의할 수 있습니다. 특히 점의 위치가 몇 사분면에 있는 지에 따라 삼각함수의 부호가 달라지는 것을 알 수 있습니다.

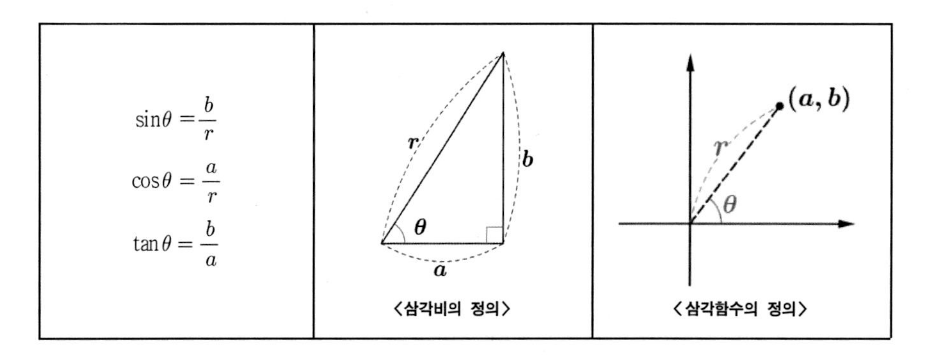

⟨점의 위치(사분면)에 따른 양의 값을 갖는 삼각함수⟩

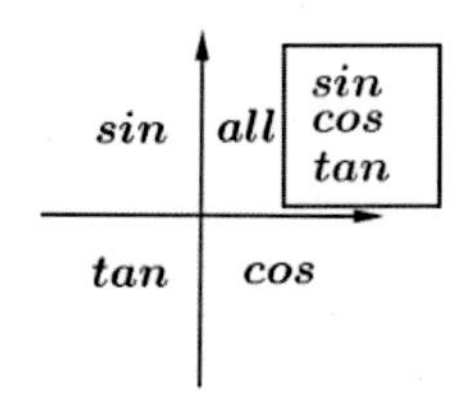

04 중선, 수선, 각의 이등분선

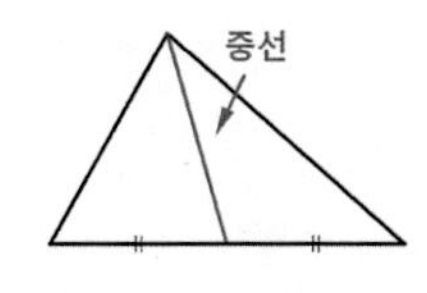

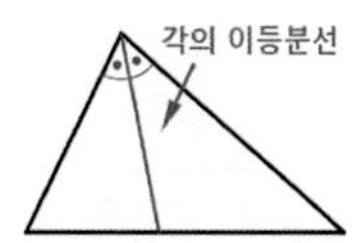

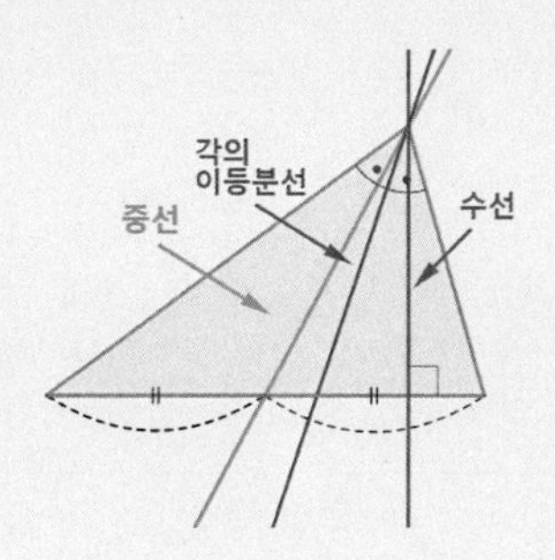

빈출 유형

[특이한 중선] 삼각형 ABC에 대하여

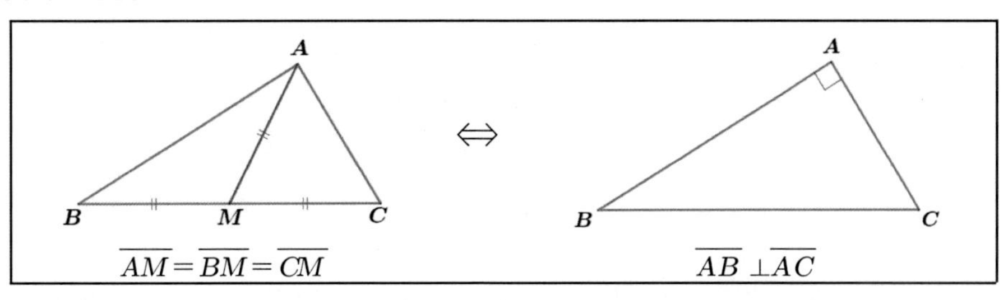

※ **원리**

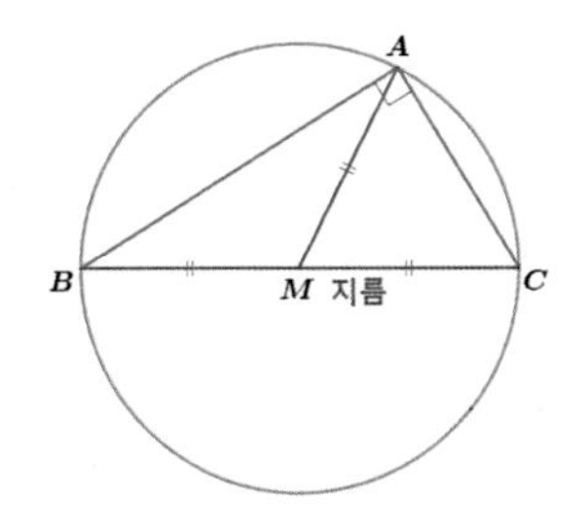

 관련 문제

[2019 수능 가형 18번 일부]

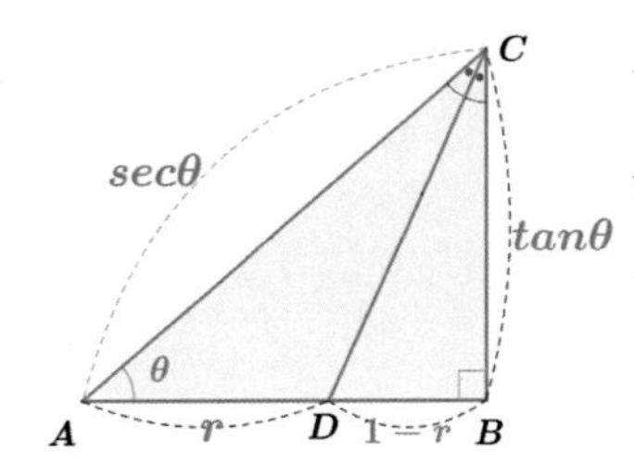

그림과 같이 $\overline{AB}=1$, $\angle B=\frac{\pi}{2}$인 직각삼각형 ABC에서 $\angle C$를 이등분하는 직선과 선분 AB의 교점을 D라 할 때, 선분 AD의 길이인 r을 삼각함수를 이용하여 나타내시오.

관련 읽을 거리

[보조선]

문제 해결의 전략으로 보조선을 이용하는 경우가 많습니다.
중학교 도형 문제의 경우 '평행선'을 자주 활용합니다. 이에 반해 고등학교 도형 문제는 '중선, 수선, 각의 이등분선'을 주로 활용합니다.

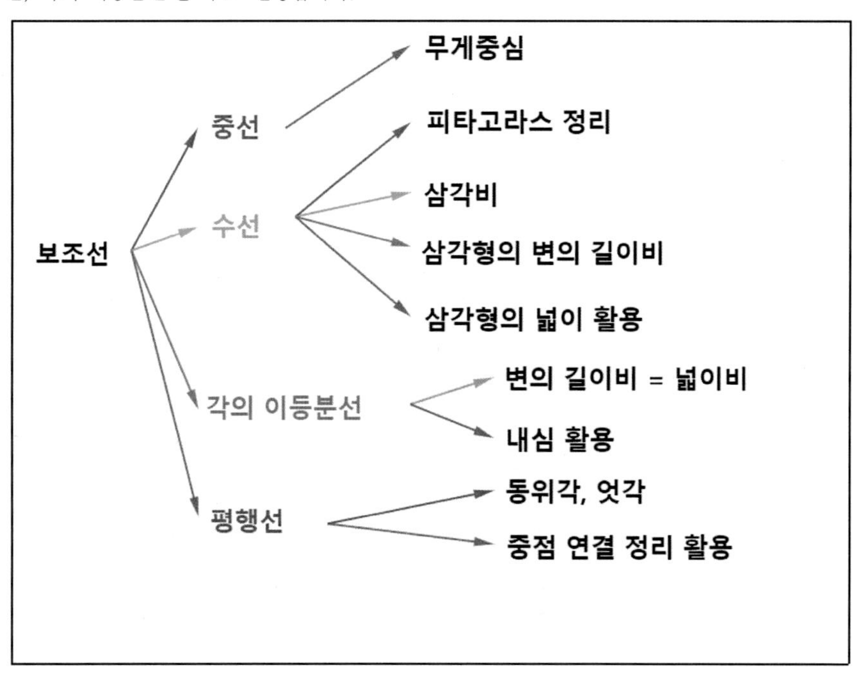

코사인 법칙 - 삼각형의 변의 길이

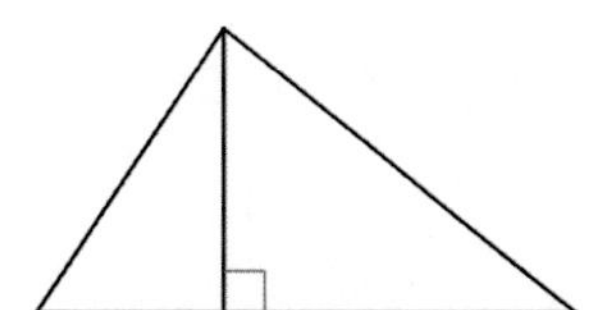

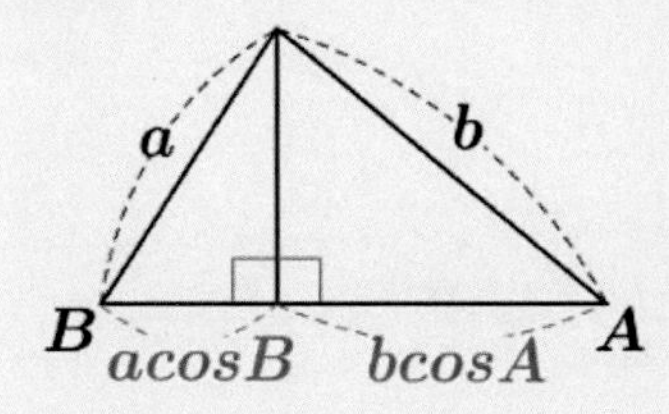

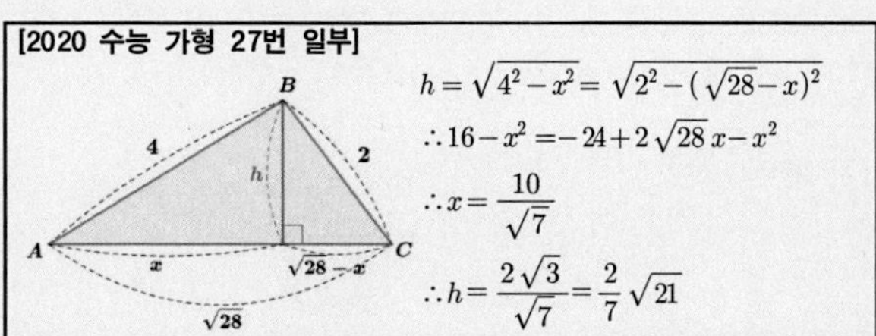

※ 빈출 유형

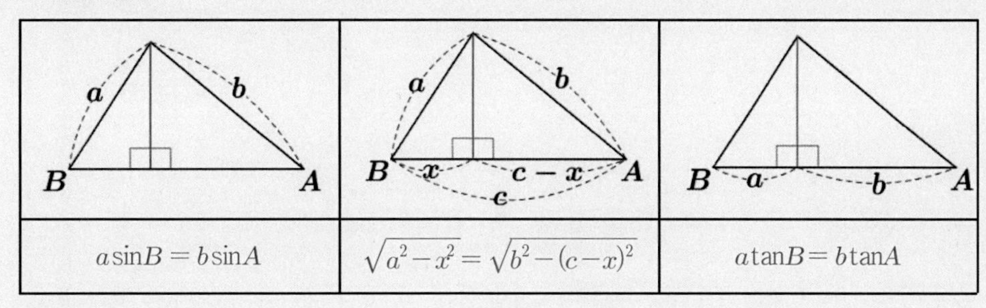

$a\sin B=b\sin A$	$\sqrt{a^2-x^2}=\sqrt{b^2-(c-x)^2}$	$a\tan B=b\tan A$

[제2코사인법칙]

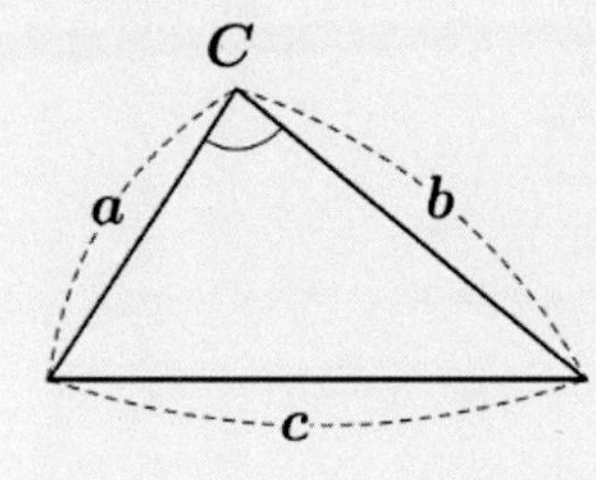

$$c^2=a^2+b^2-2ab\cos C$$

$$\cos C=\frac{a^2+b^2-c^2}{2ab}$$

'세 변과 한 각' 중 1가지만 모를 때 사용한다.

〈제2코사인법칙 암기법!〉

완전제곱식 $c^2=(a-b)^2$ 을 떠올린다.

전개하면 $c^2=a^2+b^2-2ab$이 되고, 코사인법칙인데 코사인이 없으면 어색하므로 변c의 대각인 C의 코사인값 $\cos C$를 마지막 항에 붙여준다.

결국 $c^2=a^2+b^2-2ab\cos C$의 형태가 된다.

예제

$\triangle ABC$에서 $a=2, b=3, c=4, \cos B=\frac{11}{16}$인 경우에 대해 생각해 보자.

Q1. $\triangle ABC$에서 $b=3, c=4, \cos B=\frac{11}{16}$일 때, a의 값은? (단, $a<b<c$)

|풀이| $b^2=a^2+c^2-2ac\cos B$이므로

$3^2=a^2+4^2-2\times a\times 4\times\frac{11}{16}$이다. $\therefore a=2$

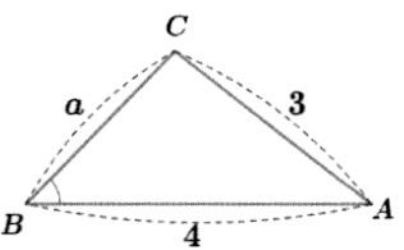

Q2. $\triangle ABC$에서 $a=2, c=4, \cos B=\frac{11}{16}$일 때, b의 값은?

|풀이| $b^2=a^2+c^2-2ac\cos B$이므로

$b^2=2^2+4^2-2\times 2\times 4\times\frac{11}{16}$이다. $\therefore b=3$

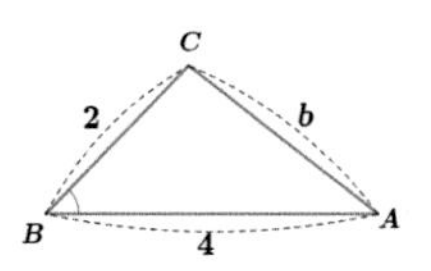

Q3. $\triangle ABC$에서 $a=2, b=3, \cos B=\frac{11}{16}$일 때, c의 값은?

|풀이| $b^2=a^2+c^2-2ac\cos B$이므로

$3^2=2^2+c^2-2\times 2\times c\times\frac{11}{16}$이다. $\therefore c=4$

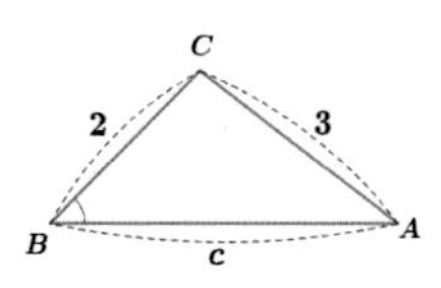

Q4. $\triangle ABC$에서 $a=2, b=3, c=4$일 때, $\cos B$의 값은?

|풀이| $b^2=a^2+c^2-2ac\cos B$이므로

$3^2=2^2+4^2-2\times 2\times 4\times\cos B$이다. $\therefore \cos B=\frac{11}{16}$

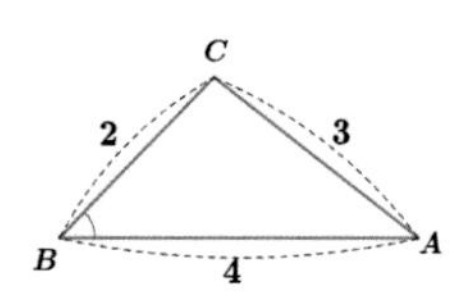

관련 문제

[2016 수능 가형 26번 일부]

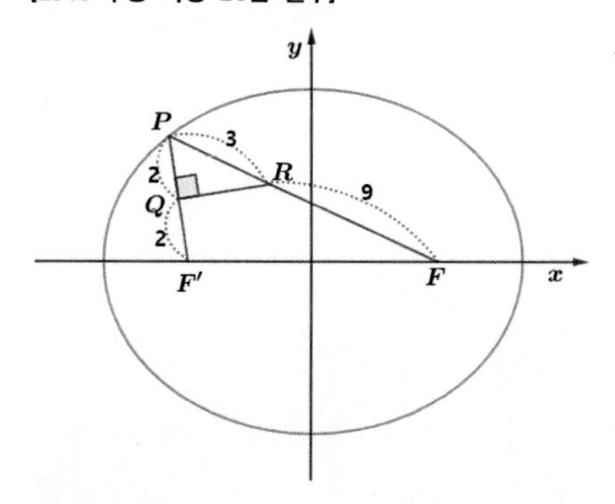

삼각형 PFF'에서 $\overline{F'F}$를 구하면?

[2016 경찰대 19번]

$\triangle$ABC에서 $\overline{AB}=x$, $\overline{BC}=x+1$, $\overline{AC}=x+2$이고 $\angle B=2\theta$, $\angle C=\theta$일 때, $\cos\theta$의 값은?

[2014 3월 학평(고2) 27번 일부]

그림과 같이 원에 내접하는 사각형 $ABCD$가 $\overline{AB}=10$, $\overline{AD}=2$, $\cos(\angle BCD)=\frac{3}{5}$을 만족시킨다. 선분 BD의 길이는?

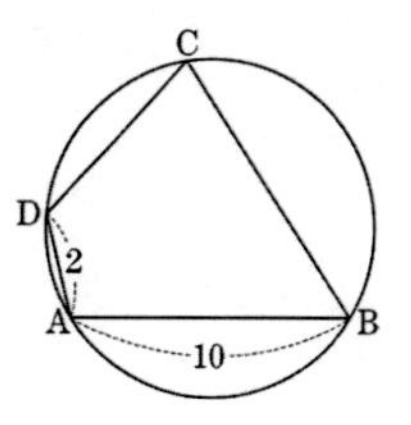

관련 읽을 거리

[제2 코사인법칙 증명] - 벡터를 이용한 증명 ※'기하' 과목

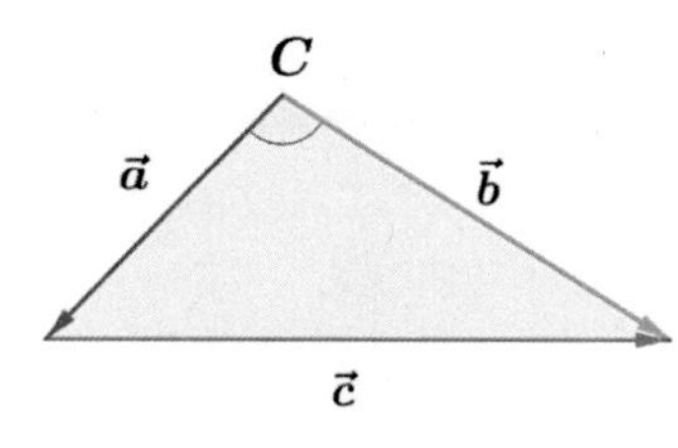

$\vec{c}=\vec{b}-\vec{a}$ 이므로 $|\vec{c}|=|\vec{b}-\vec{a}|$ 이다.

따라서 $|\vec{c}|^2=|\vec{b}-\vec{a}|^2$ 이므로

$|\vec{c}|^2=|\vec{a}|^2+|\vec{b}|^2-2|\vec{a}||\vec{b}|\cos C$ 가 된다.

$\therefore c^2=a^2+b^2-2ab\cos C$

$$\therefore \cos C=\frac{a^2+b^2-c^2}{2ab}$$

06 사인 법칙 - 현과 원주각 사이의 관계

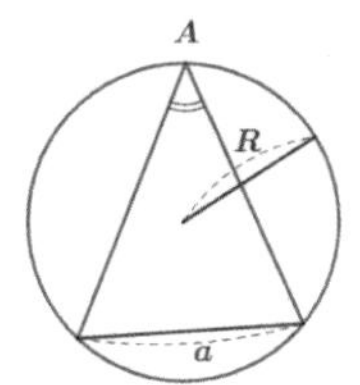

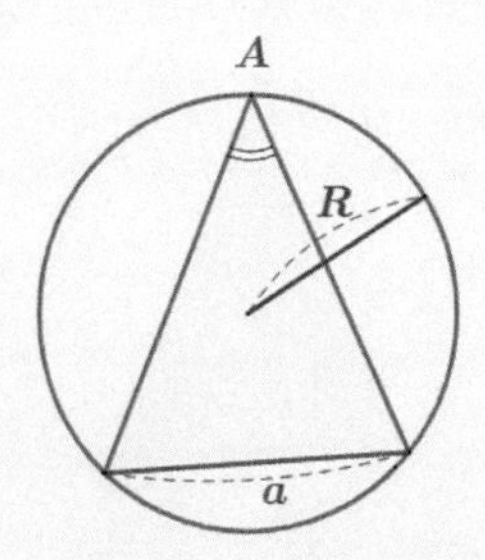

$a=2R\sin A$ ($R=$외접원의반지름의길이)

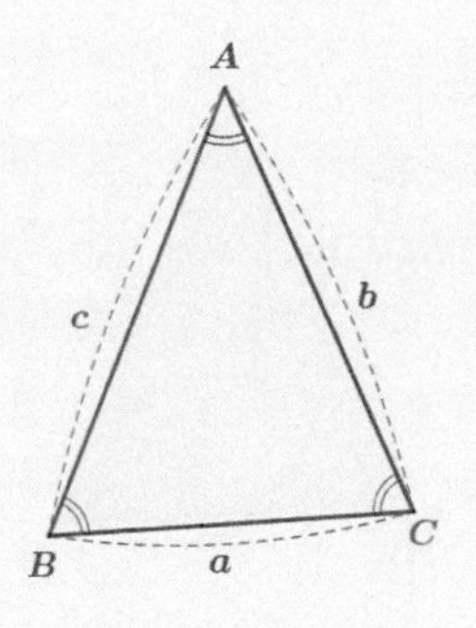

[사인법칙의 다른 표현]

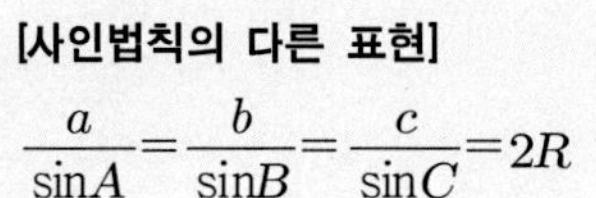

$$\frac{a}{\sin A}=\frac{b}{\sin B}=\frac{c}{\sin C}=2R$$

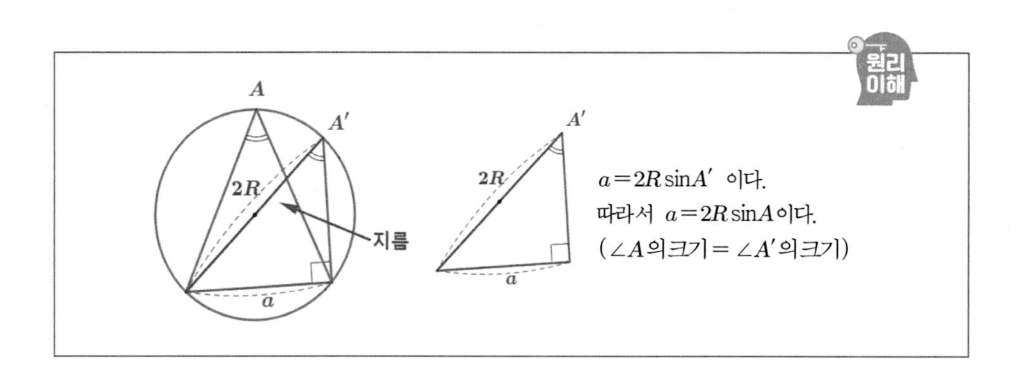

$a=2R\sin A'$ 이다.

따라서 $a=2R\sin A$이다.

($\angle A$의크기$=\angle A'$의크기)

예제

Q. $\triangle ABC$에서 $a=3\sqrt{3}$, $\angle A=60^\circ$, $\angle B=45^\circ$이라 하자.

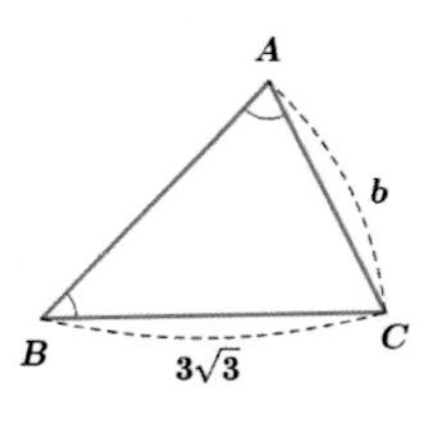

Q1. 선분AC의 길이는?

|풀이| $\dfrac{a}{\sin A}=\dfrac{b}{\sin B}$이므로 $\dfrac{3\sqrt{3}}{\sin 60^\circ}=\dfrac{b}{\sin 45^\circ}$이다.

$\therefore \dfrac{3\sqrt{3}}{\frac{\sqrt{3}}{2}}=\dfrac{b}{\frac{\sqrt{2}}{2}}$ $\therefore b=3\sqrt{2}$

Q2. $\triangle ABC$의 외접원의 반지름의 길이는?

|풀이| $\dfrac{a}{\sin A}=2R$이므로 $\dfrac{3\sqrt{3}}{\sin 60^\circ}=2R$이다.

$\therefore \dfrac{3\sqrt{3}}{\frac{\sqrt{3}}{2}}=2R$ $\therefore R=3$

관련 문제

[2013 수능 가형 29번]★★

삼각형 ABC에서 $\overline{AB}=1$이고 $\angle A=\theta, \angle B=2\theta$이다. 변 AB 위의 점 D를 $\angle ACD=2\angle BCD$가 되도록 잡는다. $\lim_{\theta\to+0}\dfrac{\overline{CD}}{\theta}=a$일 때, $27a^2$의 값을 구하시오. (단, $0<\theta<\dfrac{\pi}{4}$ 이다.)

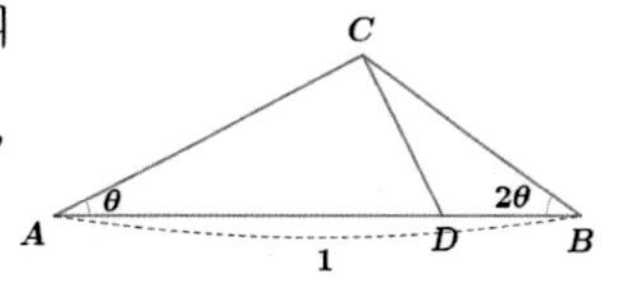

[2016 경찰대 19번 변형]

$\triangle$ABC에서 $\overline{AB}=x$, $\overline{BC}=x+1$, $\overline{AC}=x+2$이고 $\angle B=2\theta$, $\angle C=\theta$일 때, x의 값은?

(사인법칙과 미적분에 나오는 삼각함수의 덧셈정리를 활용할 것)

[2014 3월 학평(고2) 27번]

그림과 같이 원에 내접하는 사각형 $ABCD$가 $\overline{AB}=10$, $\overline{AD}=2$, $\cos(\angle BCD)=\dfrac{3}{5}$을 만족시킨다. 이 원의 넓이가 $a\pi$일 때, a의 값을 구하시오.

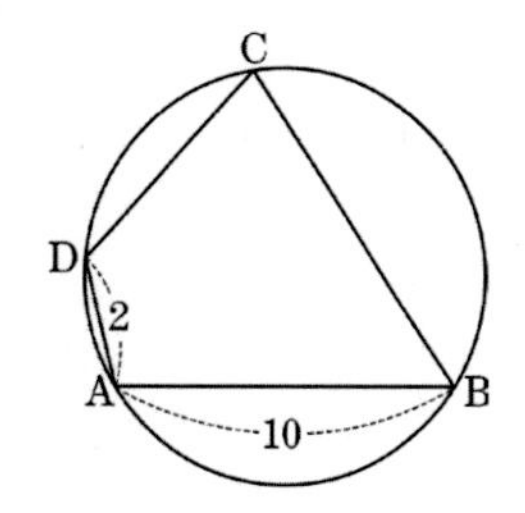

07 각의 이등분선

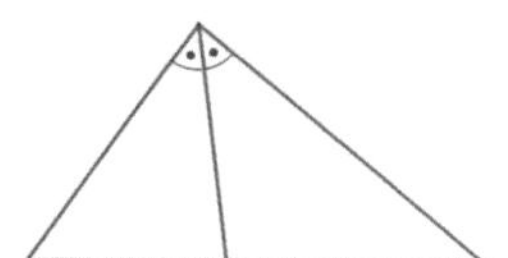

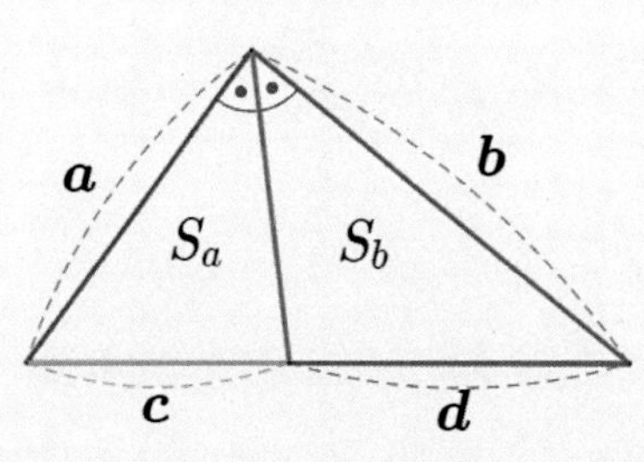

$a:b=c:d=S_a:S_b$

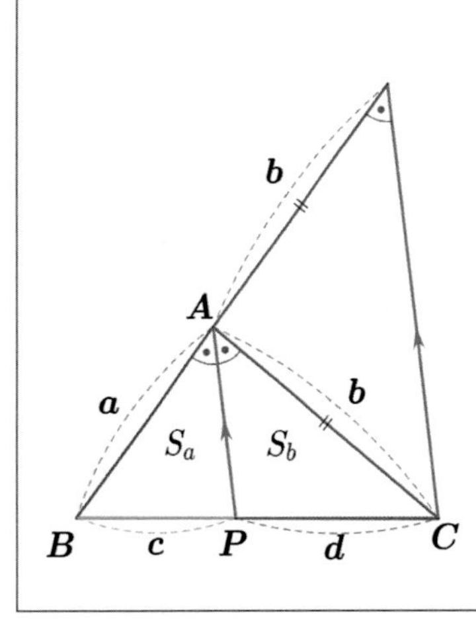

평행선을 그으면, 동위각 엇각에 의해 이등변삼각형이 된다.

평행선의 성질에 의해 $a : b = c : d$ 이다.

한편, $S_a = \triangle ABP$의 넓이$=\dfrac{1}{2}\times c\times$높이

$S_b = \triangle ACP$의 넓이$=\dfrac{1}{2}\times d\times$높이 인데

두 삼각형의 높이가 동일하므로

$S_a : S_b = c : d$ 이다.

따라서 $a:b=c:d=S_a:S_b$ 이다.

 관련 문제

[2016 경찰대 19번 일부]

$\triangle$ABC에서 $\overline{AB}=x$, $\overline{BC}=x+1$, $\overline{AC}=x+2$이고 $\angle B=2\theta$, $\angle C=\theta$일 때, x의 값은?

[2007 10월 학평 가형 19번 변형]

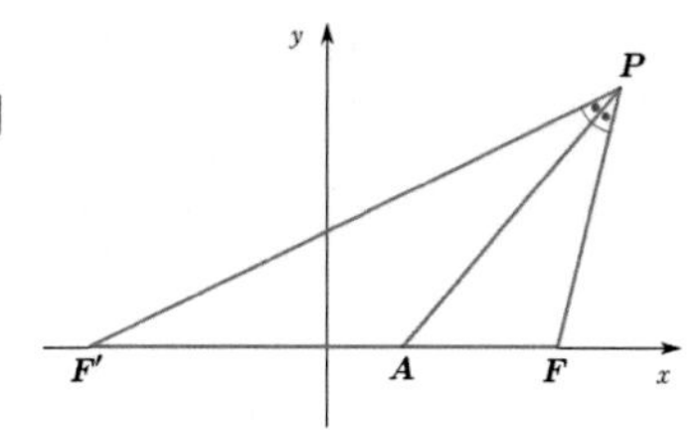

점 $F'(-3,0)$, $F(3,0)$와 점 P에 대하여 $\angle F'PF$의 이등분선이 x축과 점 $A(1,0)$에서 만난다. 또한 $\overline{PF'}-\overline{PF}=4$일 때, $\triangle F'PF$의 둘레의 길이는?

08 직각 & 직각

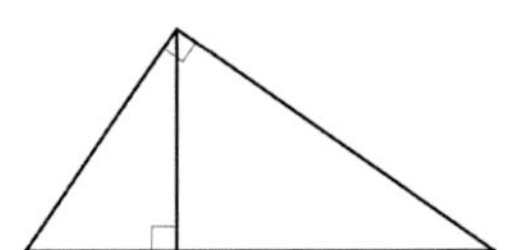

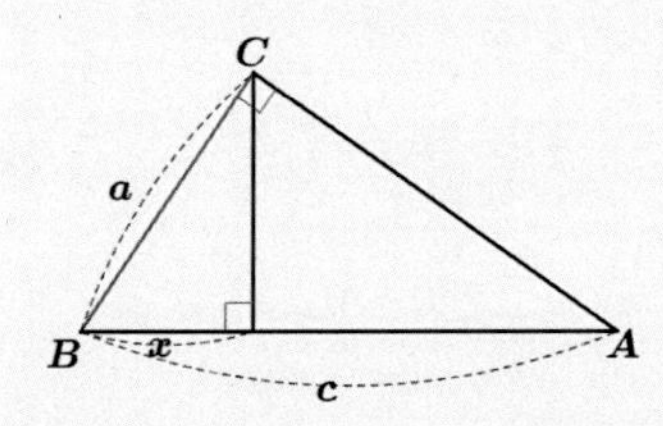

$$a^2 = xc$$

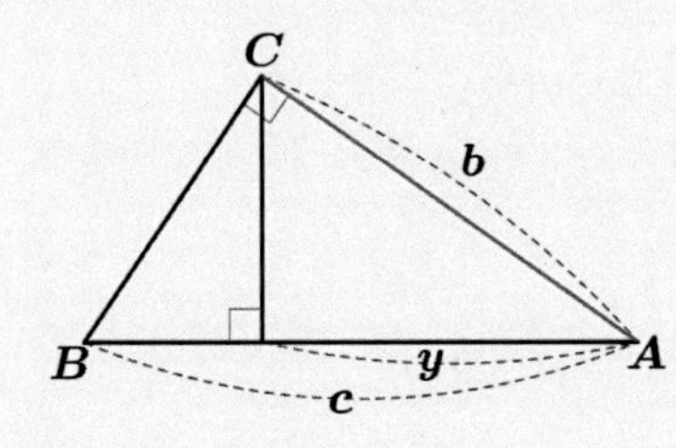

$$b^2 = yc$$

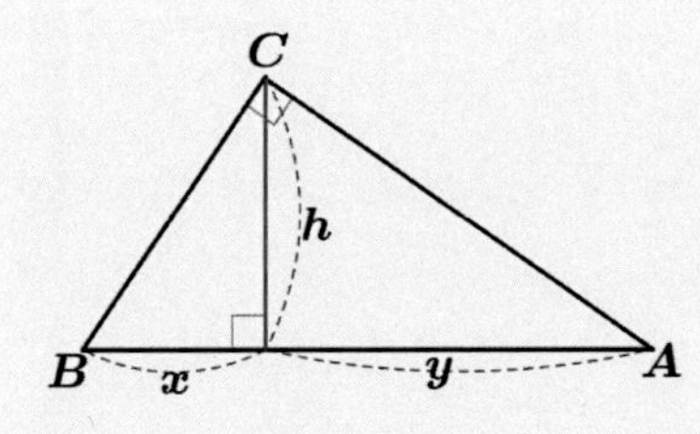

$$h^2 = xy$$

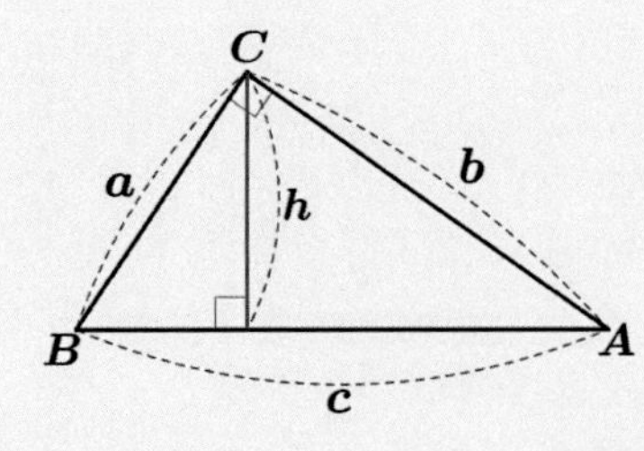

$$h = \frac{ab}{c}$$

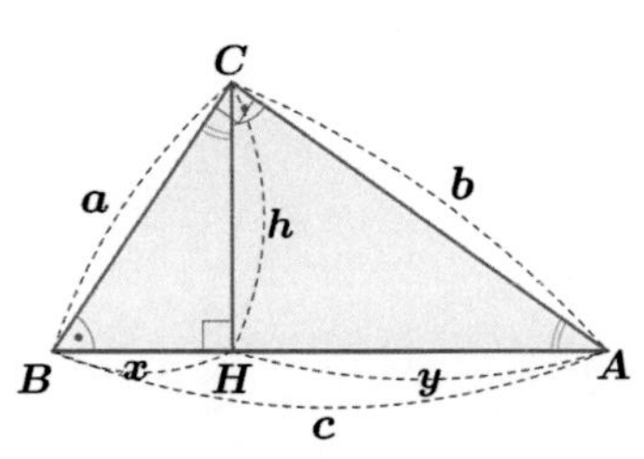

삼각형의 닮음에 의해

$a:c=x:a$이므로 $a^2=xc$이다.

$b:c=y:b$이므로 $b^2=yc$이다.

$h:x=y:h$이므로 $h^2=xy$이다.

$a:c=h:b$ 이므로 $h=\dfrac{ab}{c}$ 이다.

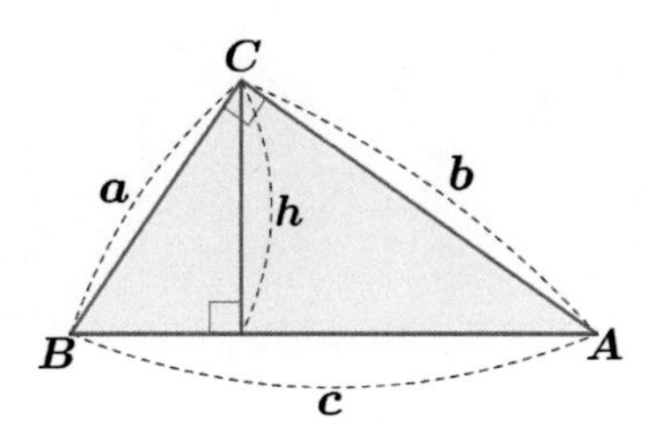

$\triangle ABC$의 넓이$=\dfrac{1}{2}ab=\dfrac{1}{2}ch$ 이므로 $h=\dfrac{ab}{c}$ 이다.

수능 빈출 유형

유형1.

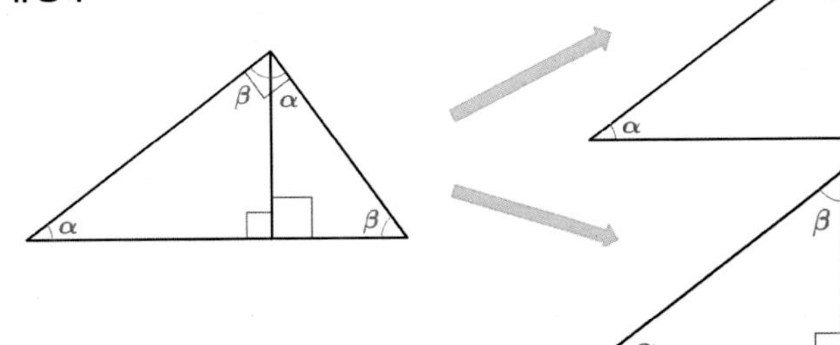

유형2.

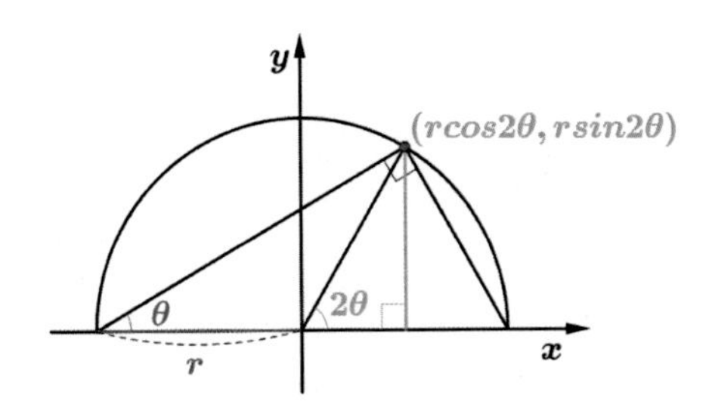

유형3.

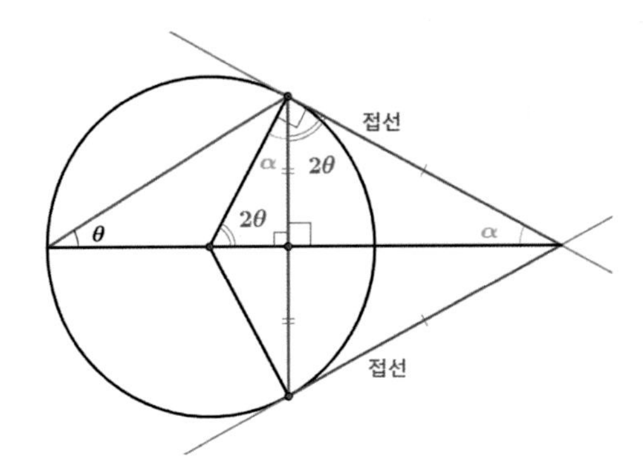

<산술 평균과 기하 평균 사이의 관계>

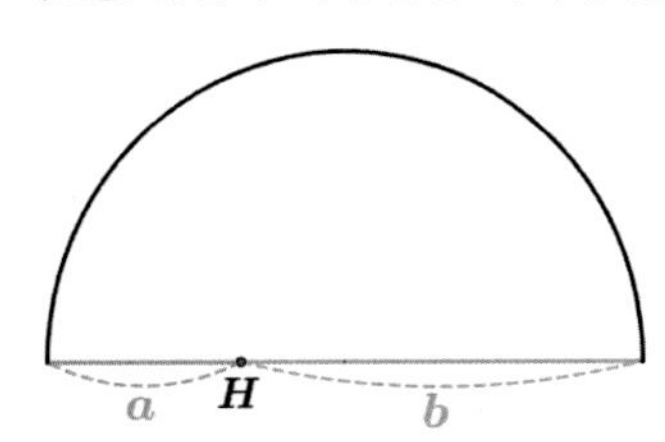

지름이 $a+b$인 반원을 그린다. (단, $a>0, b>0$)
수직인 직선과 반원의 교점을 P 라 하자.

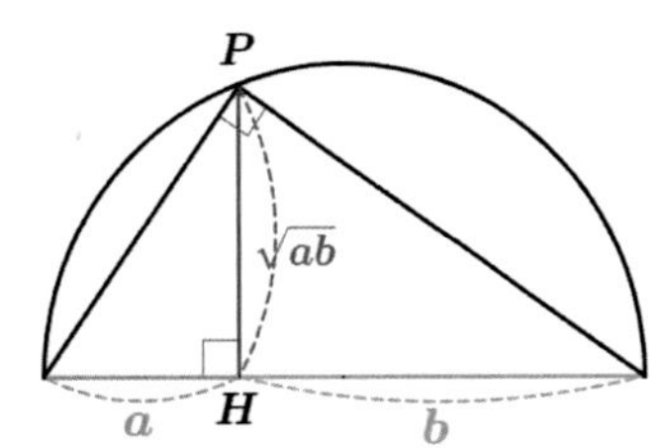

수선 $\overline{PH}$의 길이는 $\sqrt{ab}$이다.

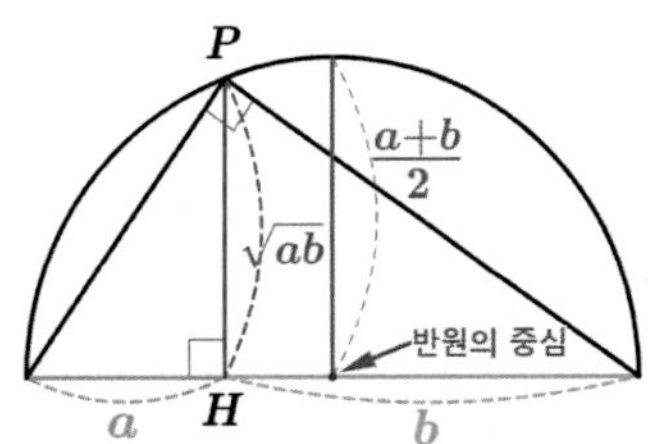

점H가 이동해도 $\sqrt{ab}$는 반지름의 길이 보다 클 수 없다.

따라서, $\frac{a+b}{2} \geq \sqrt{ab}$ 가 된다.

(특히 '$a=b$'일 때, $\frac{a+b}{2}=\sqrt{ab}$='반지름의 길이'이다.)

〈산술평균〉 :

a와 b의 산술평균 $= \dfrac{a+b}{2}$

〈기하평균〉 : 기하적 의미의 평균

a와 b의 기하평균 $= \sqrt{ab}$

두 변의 길이가 a, b인 직사각형**과 같은 넓이를 갖는** 정사각형의 한 변의 길이

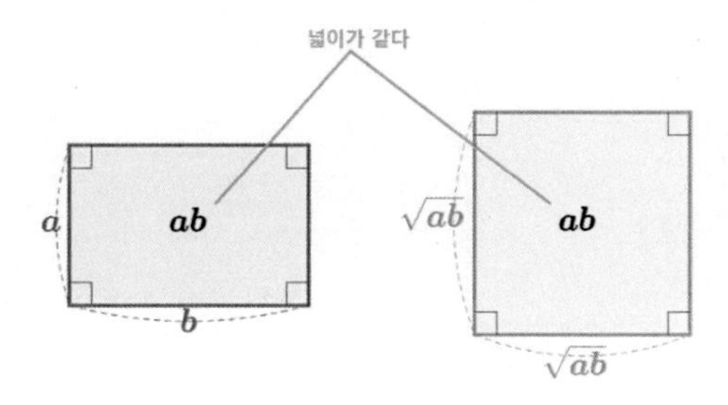

 관련 문제

[2010 4월 학평 나형 25번]

그림과 같이 $\angle B=90^\circ$ 이고 선분 BC의 길이가 $6\sqrt{5}$인 직각삼각형 ABC의 꼭짓점 B에서 빗변 AC에 내린 수선의 발을 D라 하자. 세 선분 AD, CD, AB의 길이가 이 순서대로 등차수열을 이룰 때, 선분 AC의 길이를 구하시오.

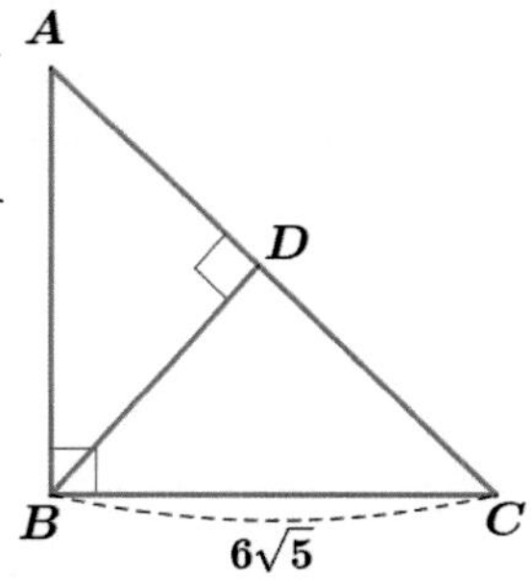

09 삼각형의 넓이

idea
떠올리기

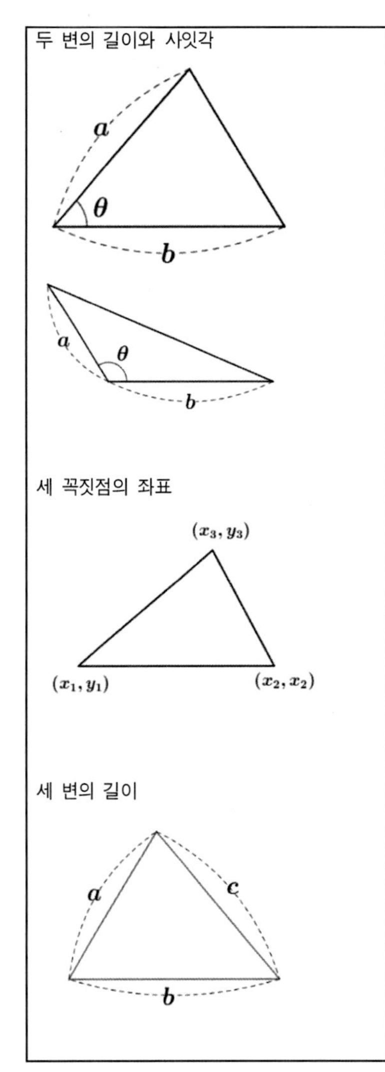
두 변의 길이와 사잇각
a
θ
b
a
θ
b
세 꼭짓점의 좌표
(x_3, y_3)
(x_1, y_1)
(x_2, x_2)
세 변의 길이
a
c
b

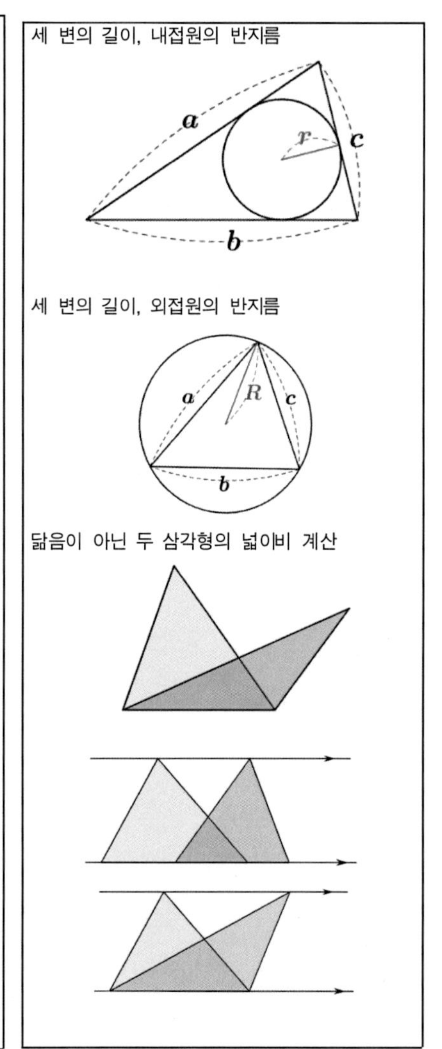
세 변의 길이, 내접원의 반지름
a
r
c
b
세 변의 길이, 외접원의 반지름
a
R
c
b
닮음이 아닌 두 삼각형의 넓이비 계산

[두 변의 길이와 사잇각]

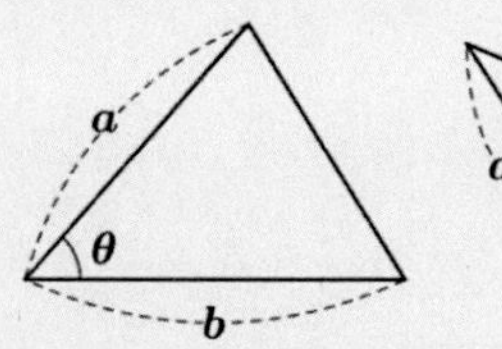

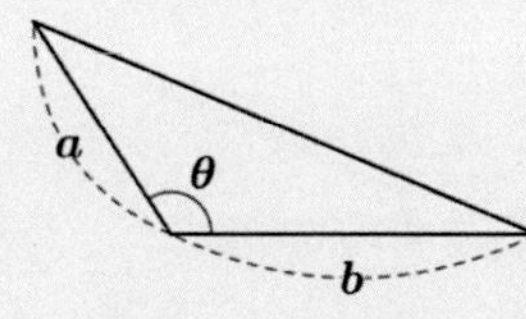

$$S=\frac{1}{2}ab\sin\theta$$

(θ가 예각이든 둔각이든 상관없음)

[세 꼭짓점의 좌표]

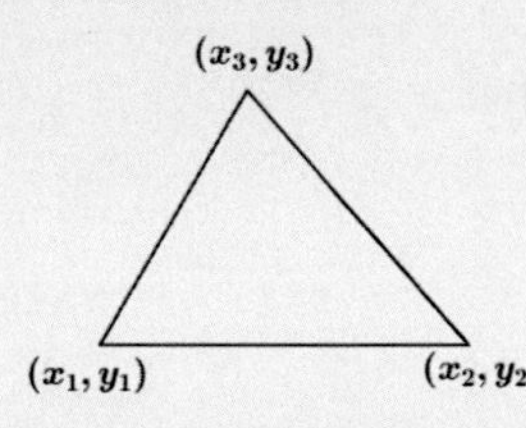

$$S=\frac{1}{2}\begin{vmatrix} x_1 & x_2 & x_3 & x_1 \\ y_1 & y_2 & y_3 & y_1 \end{vmatrix}$$

$$=\frac{1}{2}\left|(x_1y_2+x_2y_3+x_3y_1)-(x_2y_1+x_3y_2+x_1y_3)\right|$$

〈빠른 계산 법〉

한 점을 원점 $(0,0)$이 되도록, 세 점을 평행이동하여 계산한다.

문제) 세 꼭짓점이 $(1,2),(4,5),(3,6)$인 삼각형의 넓이를 구하시오.

|풀이| $(1,2),(4,5),(3,6) \rightarrow (0,0),(3,3),(2,4)$

따라서 넓이는 $\frac{1}{2}|3\times4-3\times2|=\frac{1}{2}|12-6|=3$ 이다.

[세 변의 길이 (헤론의 공식)]

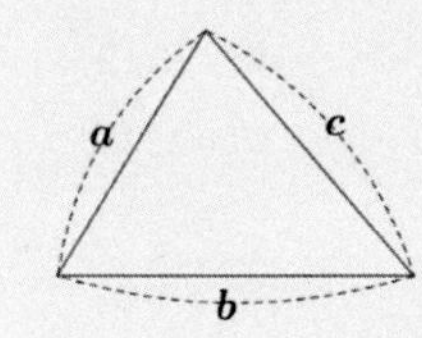

$$S=\sqrt{s(s-a)(s-b)(s-c)}\ \left(s=\frac{a+b+c}{2}\right)$$

[세 변의 길이, 외접원의 반지름]

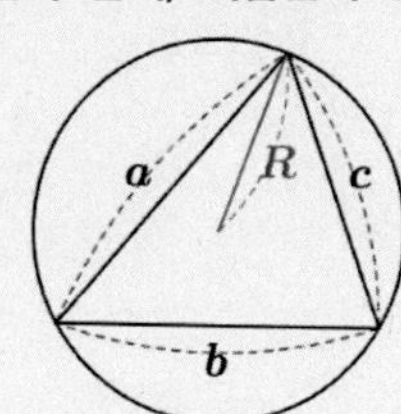

$$S=\frac{abc}{4R}=2R^2\sin A\sin B\sin C$$

[내접원의 반지름]

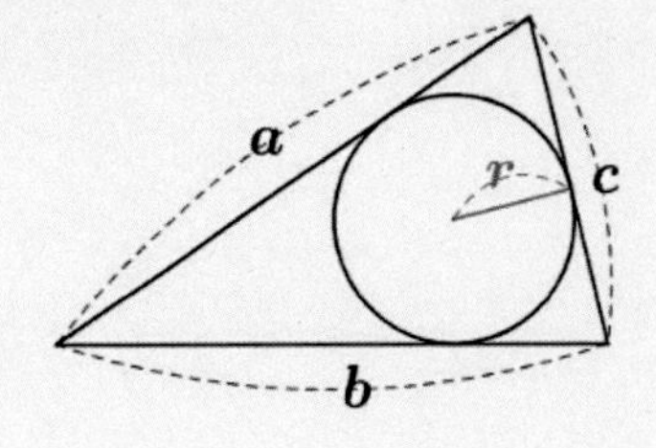

$S=rs \quad \left(단, s=\dfrac{a+b+c}{2}\right)$

[닮음이 아닌 두 삼각형의 넓이비 계산]

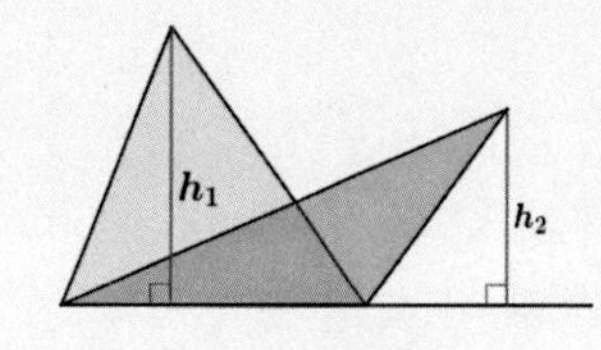

$S_1 : S_2 = h_1 : h_2$ (높이비)

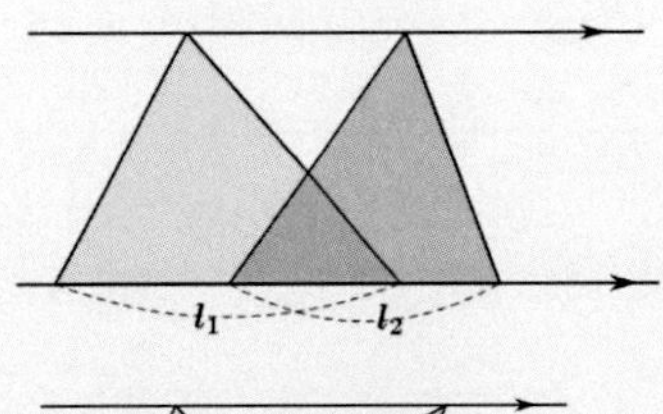

$S_1 : S_2 = l_1 : l_2$ (밑변의 길이비)

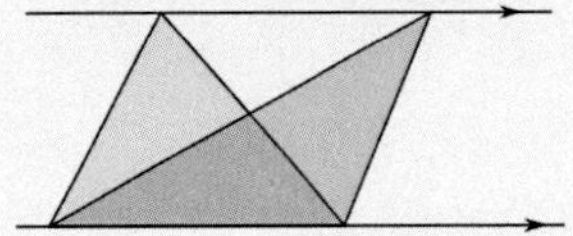

$S_1 = S_2$

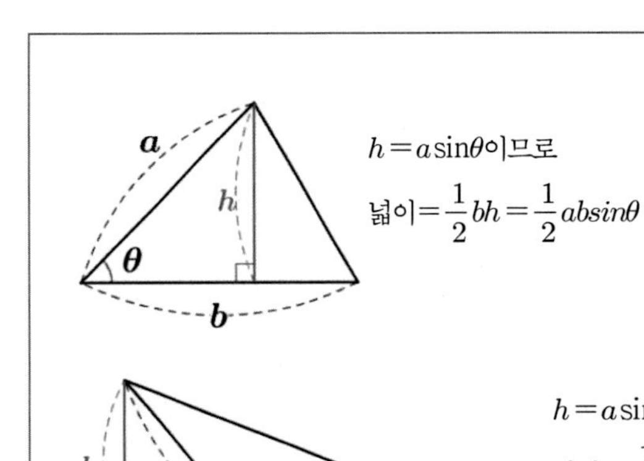

$h=a\sin\theta$이므로

넓이$=\dfrac{1}{2}bh=\dfrac{1}{2}absin\theta$

$h=a\sin(\pi-\theta)$이므로

넓이$=\dfrac{1}{2}bh=\dfrac{1}{2}absin(\pi-\theta)=\dfrac{1}{2}ab\sin\theta$이다.

[헤론의 공식 유도]

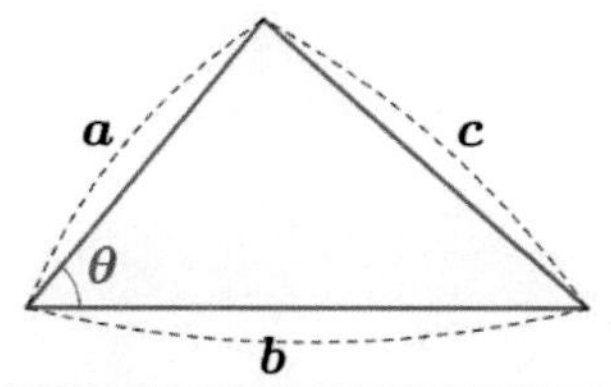

이용되는 공식 :

(1)삼각형의 넓이 $S=\frac{1}{2}absin\theta$

(2)사인과 코사인의 관계 $\sin^2\theta+\cos^2\theta=1$

(3)코사인 제2법칙 $c^2=a^2+b^2-2ab\cos\theta$

(4)합차공식 $a^2-b^2=(a+b)(a-b)$

삼각형의 넓이 $S=\frac{1}{2}absin\theta$ 이다. ∵(1)삼각형의 넓이

따라서 $S=\frac{1}{2}ab\sqrt{\sin^2\theta}=\frac{1}{2}ab\sqrt{1-\cos^2\theta}$ ∵(2)사인과 코사인의 관계

$=\frac{1}{2}ab\sqrt{1^2-\left(\frac{a^2+b^2-c^2}{2ab}\right)^2}$ ∵(3)코사인 제2법칙

$=\frac{1}{2}ab\sqrt{1+\frac{a^2+b^2-c^2}{2ab}}\sqrt{1-\frac{a^2+b^2-c^2}{2ab}}$ ∵(4)합차공식

$=\frac{1}{2}ab\sqrt{\frac{a^2+2ab+b^2-c^2}{2ab}}\sqrt{\frac{-a^2+2ab-b^2+c^2}{2ab}}$ ∵(통분)

$=\frac{1}{2}ab\sqrt{\frac{(a+b)^2-c^2}{2ab}}\sqrt{\frac{c^2-(a-b)^2}{2ab}}$

$=\frac{1}{2}ab\sqrt{\frac{(a+b+c)(a+b-c)}{2ab}}\sqrt{\frac{(a-b+c)(-a+b+c)}{2ab}}$ ∵(4)합차공식

$=\sqrt{\frac{(a+b+c)(b+c-a)(a+c-b)(a+b-c)}{16}}$

$=\sqrt{\frac{a+b+c}{2}\times\frac{b+c-a}{2}\times\frac{a+c-b}{2}\times\frac{a+b-c}{2}}$

$=\sqrt{s(s-a)(s-b)(s-c)}\quad\left(s=\frac{a+b+c}{2}\right)$

[외접원의 반지름]

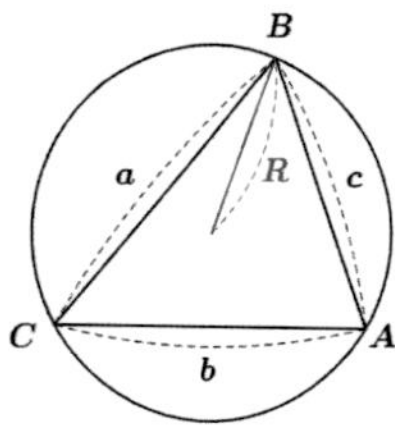

$S=\frac{1}{2}ab\sin C=\frac{1}{2}ab\times\frac{c}{2R}=\frac{abc}{4R}$ (∵사인법칙)

$S=\frac{1}{2}ab\sin C=\frac{1}{2}\times 2R\sin A\times 2R\sin B\times \sin C$(∵사인법칙)

$=2R^2\sin A\sin B\sin C$

[내접원의 반지름]

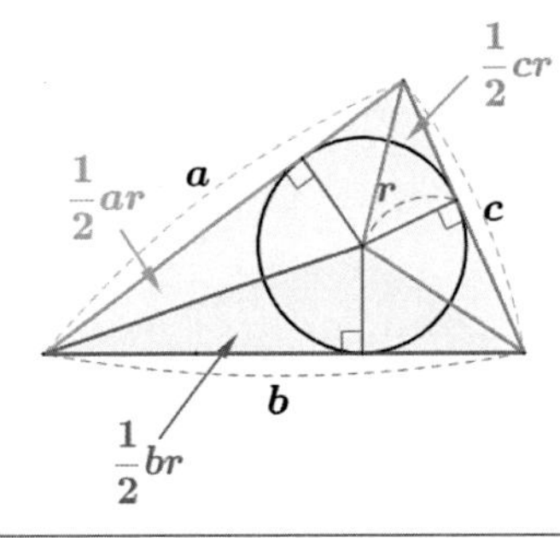

$S=\frac{1}{2}(ar+br+cr)=r\left(\frac{a+b+c}{2}\right)=rs$ $\left(단, s=\frac{a+b+c}{2}\right)$

예제

Q1. $S_1=6, S_2=8$ 일 때, x의 값은?

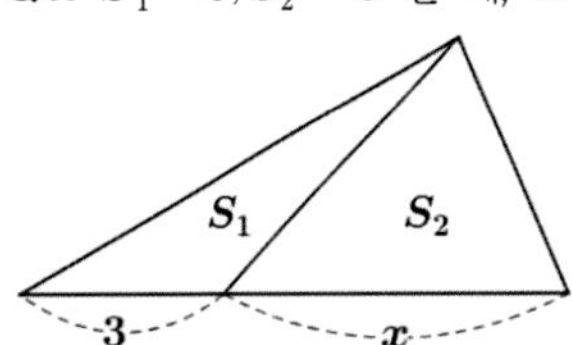

|풀이| $S_1:S_2=3:x$ 이므로 $6:8=3:x$ 이다.

따라서 $x=4$이다.

Q2. $S_1=6$일 때, S_2의 값은?

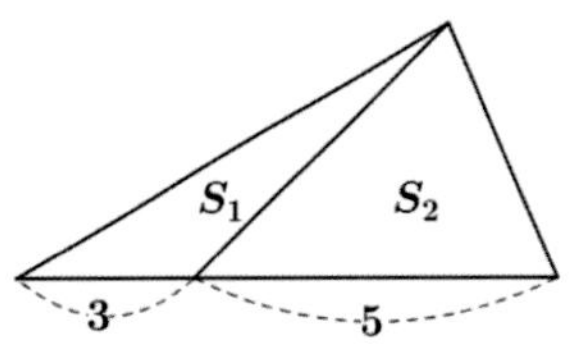

|풀이| $S_1:S_2=3:5$ 이므로 $6:S_2=3:5$이다.

따라서 $S_2=10$이다.

Q3. $\triangle ABC$의 넓이가 15일 때, $\triangle DBC$의 넓이는?

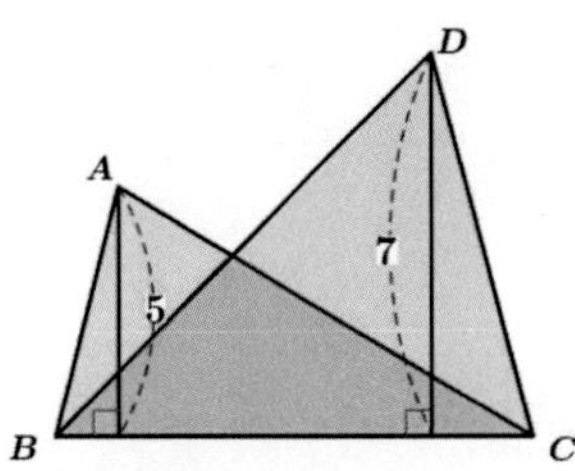

|풀이| 밑변의 길이가 같으므로, $\triangle ABC$: $\triangle DBC$ $=5:7$이다.

따라서 $15:S=5:7$이다.

$S=21$이다.

Q4. $\triangle ABC$의 넓이가 8일 때, $\triangle DBC$의 넓이는?

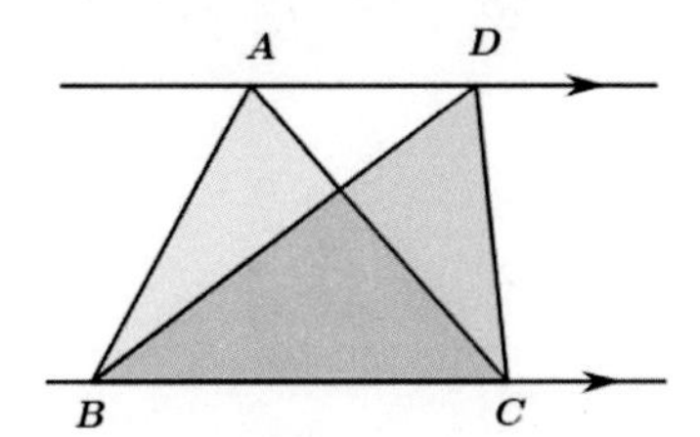

|풀이| $\triangle ABC$ $=$ $\triangle DBC$ 이므로 $\triangle DBC=8$ 이다.

Q5. $\triangle ABC$의 넓이가 20일 때, $\triangle ADE$의 넓이는? ★★

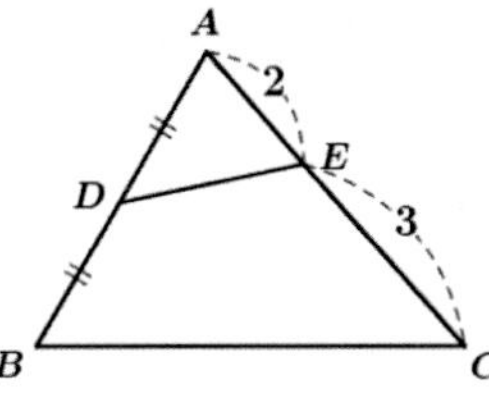

|풀이| $\triangle ADC$의 넓이 $=\triangle BCD$의 넓이이므로,

$\triangle ADC=\dfrac{1}{2}\times 20=10$이다.

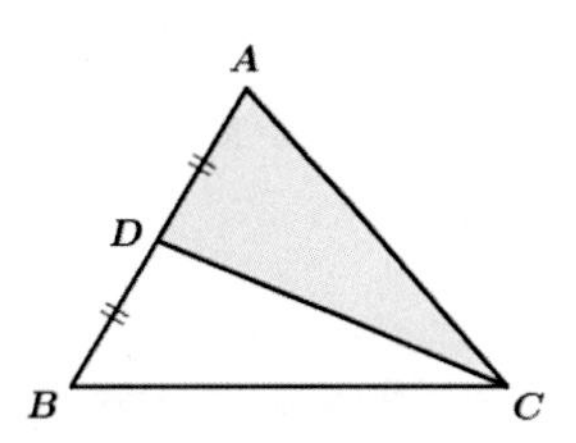

A 2 E D 3 B C

$\triangle ADE$의 넓이 : $\triangle DEC$의 넓이 $=2:3$이므로

$\triangle ADE$의 넓이 $=10\times\dfrac{2}{5}$ $=4$이다.

Q6. 한 변의 길이가 6인 정삼각형ABC 가 있다.
점 G는 삼각형 ABC 의 무게중심이고,
점P는 점A와 점G 의 중점,
점Q는 점B와 점G를 $1:2$로 내분하는 점,
점R은 점C와 점G를 $3:5$로 내분하는 점이다.
이때 삼각형 PQR의 넓이는?

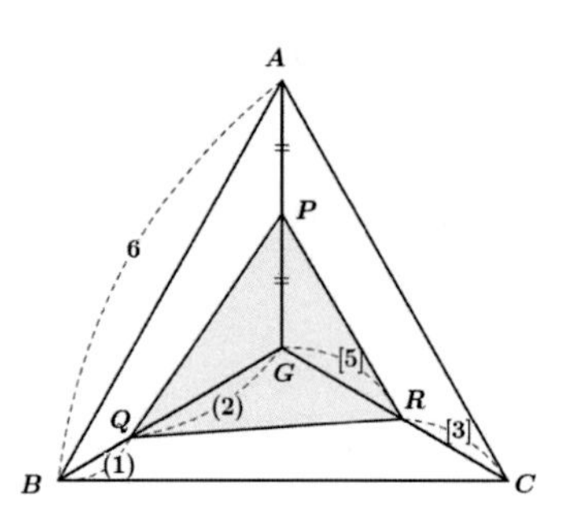

|풀이| 정삼각형 ABC의 넓이는 $\dfrac{\sqrt{3}}{4}\times 6^2 = 9\sqrt{3}$이다.

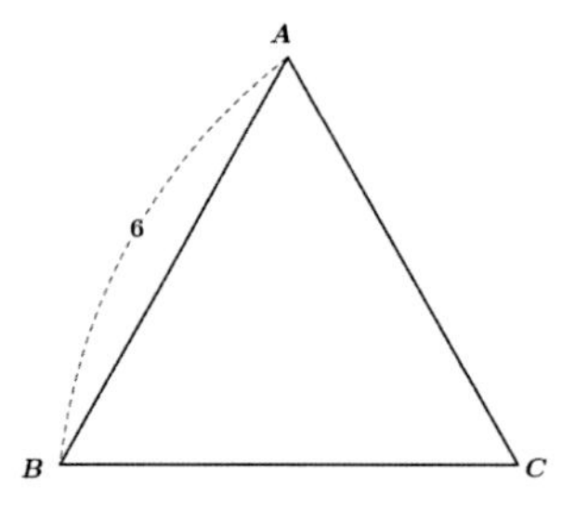

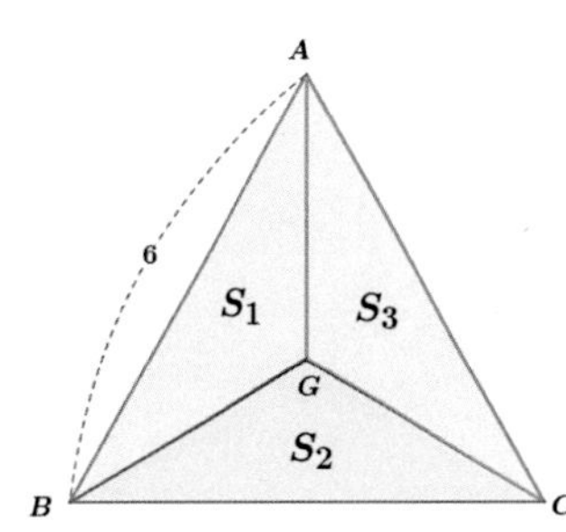

점 G는 정삼각형 ABC의 무게 중심이므로,
$S_1 = S_2 = S_3$ 이다.
따라서 $S_1 = \dfrac{1}{3}\times 9\sqrt{3} = 3\sqrt{3}$이다.

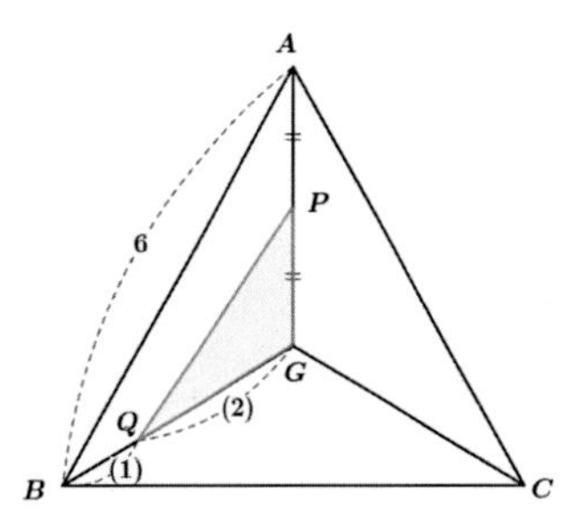

$\triangle PQG$의 넓이$=3\sqrt{3}\times\dfrac{1}{2}\times\dfrac{2}{3}=\sqrt{3}$이다.

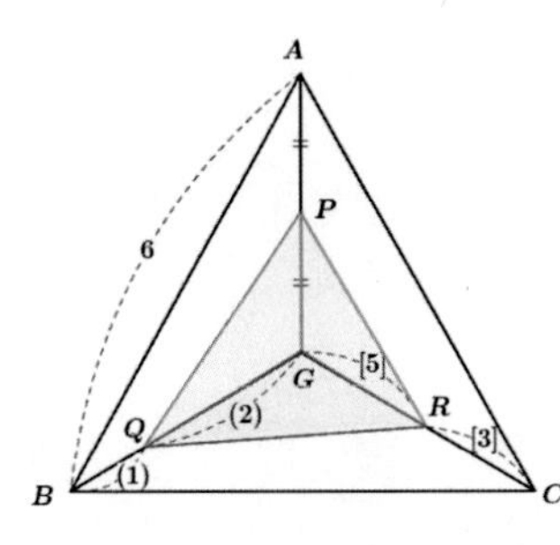

같은 원리로,

$\triangle GQR$의 넓이 $=3\sqrt{3}\times\dfrac{2}{3}\times\dfrac{5}{8}=\dfrac{5}{4}\sqrt{3}$이다.

$\triangle GRP$의 넓이 $=3\sqrt{3}\times\dfrac{1}{2}\times\dfrac{5}{8}=\dfrac{15}{16}\sqrt{3}$이다.

따라서 $\triangle PQR$의 넓이 $=S_1+S_2+S_3=\dfrac{51}{16}\sqrt{3}$ 이다.

Q7. x의 값을 구하시오. ★★

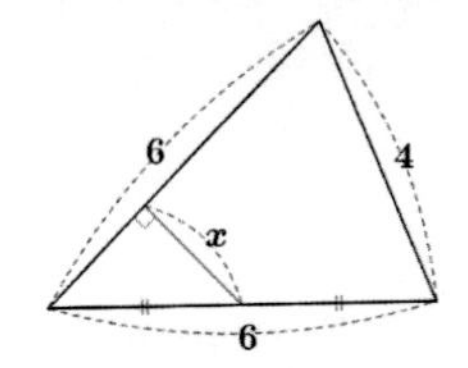

|풀이| 이등변삼각형이므로 '수선=중선'이다.

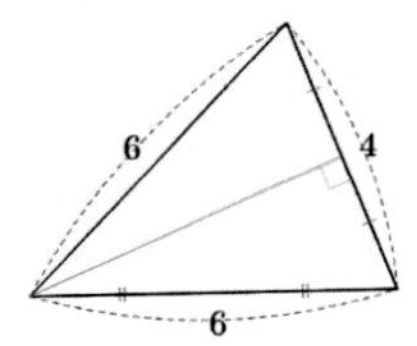

피타고라스 정리에 의해 수선의 길이는 $\sqrt{6^2-2^2}=\sqrt{32}$이다.

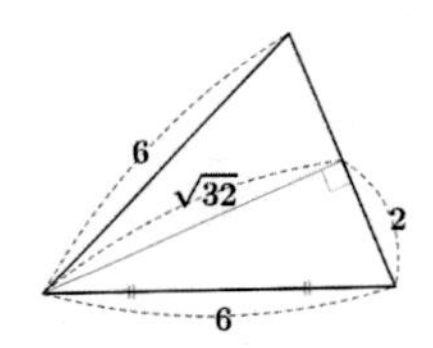

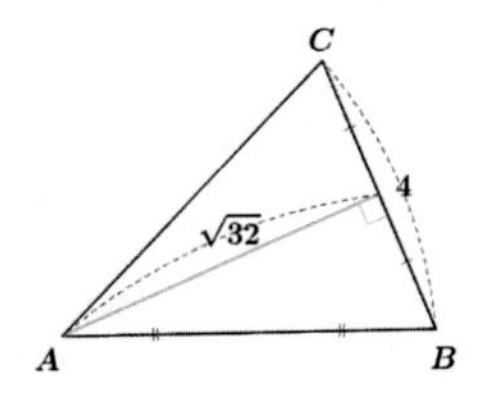

따라서 $\triangle ABC$의 넓이는 $\dfrac{1}{2}\times4\times\sqrt{32}=8\sqrt{2}$ 이다.

한편 "$\triangle AMC$의 넓이 : $\triangle BMC$의 넓이=1:1"이므로 "$\triangle AMC$의 넓이=$\frac{1}{2}\triangle ABC$의 넓이"이다.

즉, $\triangle AMC$의 넓이$=\frac{1}{2}\times 8\sqrt{2}=4\sqrt{2}$이다.

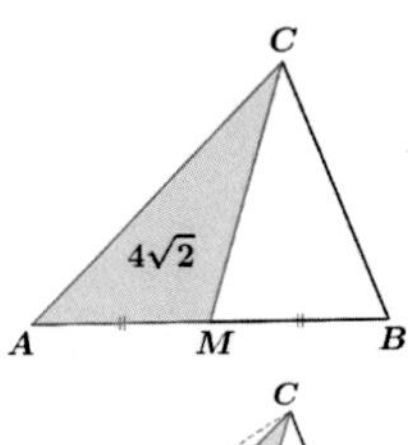

$\triangle AMC$의 넓이$=\frac{1}{2}\times 6\times x=3x$ 이므로

$3x=4\sqrt{2}$이다.

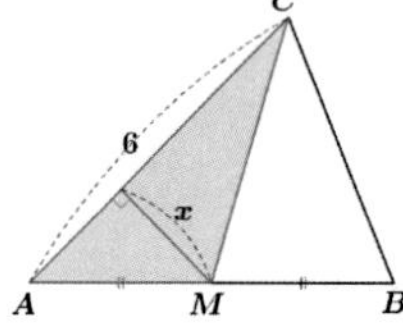

결국 $x=\frac{4\sqrt{2}}{3}$이다.

 관련 문제

[2019 수능 가형 18번 일부]

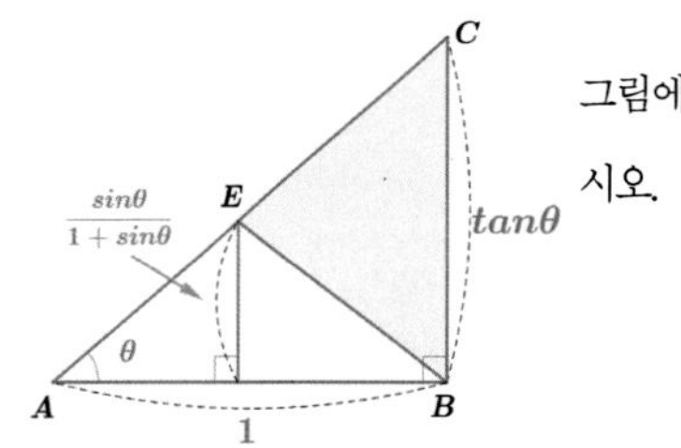

그림에서 삼각형 BCE의 넓이를 삼각함수를 이용하여 나타내시오.

[2016 수능 가형 28번 일부]

그림과 같이 좌표평면에서 원 $x^2+y^2=1$과 곡선 $y=\ln(x+1)$이 제 1사분면에서 만나는 점을 A라 하자.
점 $B(1,0)$ 에 대하여 호 AB 위의 점 P에서 y축에 내린 수선의 발을 H, 선분 PH와 곡선 $y=\ln(x+1)$이 만나는 점을 Q 라 하자. $\angle POB=\theta$ 라 할 때, 삼각형 OPQ의 넓이를 삼각함수를 이용하여 나타내시오.

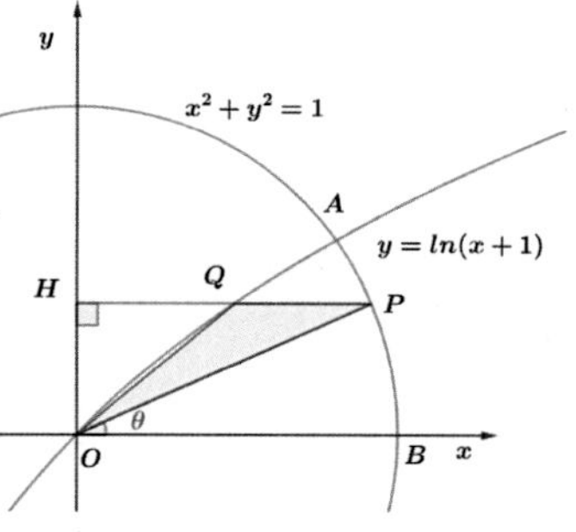

[2015 수능 가형 20번 일부]

$\triangle BDC$의 넓이를 삼각함수를 이용하여 나타내시오.

[2015 수능 가형 20번 일부]

그림과 같이 반지름의 길이가 1인 원에 외접하고, $\angle CAB = \angle BCA = \theta$인 이등변삼각형 ABC가 있다. 선분 AB의 연장선 위에 점 A가 아닌 점 D를 $\angle DCB = \theta$가 되도록 잡는다. 삼각형 BCD의 넓이를 삼각함수를 이용하여 나타내시오.

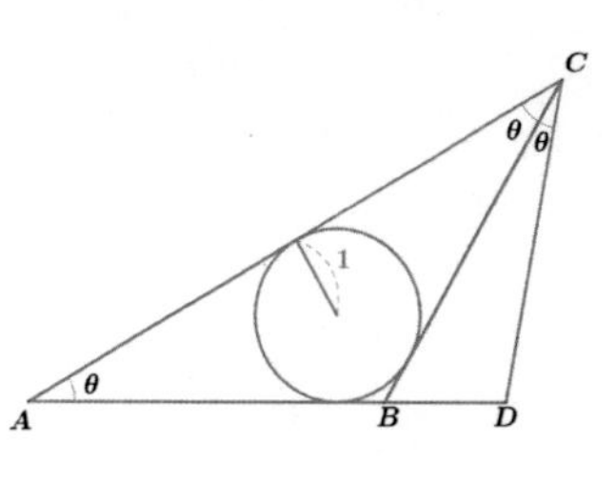

[2019 수능 나형 16번 일부]

그림과 같이 $\overline{OA_1}=4$, $\overline{OB_1}=4\sqrt{3}$인 직각삼각형 OA_1B_1이 있다. 중심이 O이고 반지름의 길이가 $\overline{OA_1}$인 원이 선분 OB_1과 만나는 점을 B_2라 하자. 삼각형 OA_1B_1의 내부와 부채꼴 OA_1B_2의 내부에서 공통된 부분을 제외한 ◣ 모양의 도형에 색칠하여 얻은 그림을 R_1이라 하자. 색칠된 부분의 넓이를 구하시오.

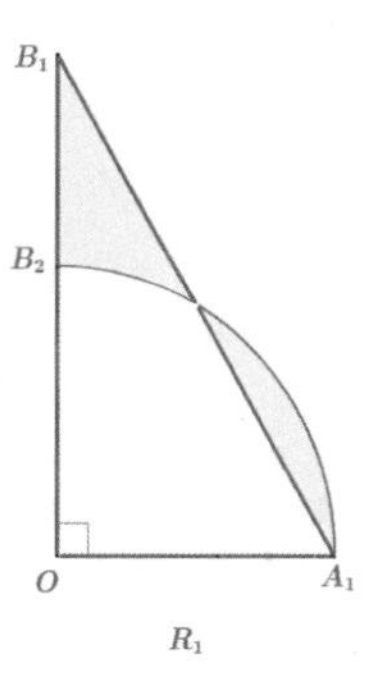

R_1

[2018 수능 나형 19번 일부]

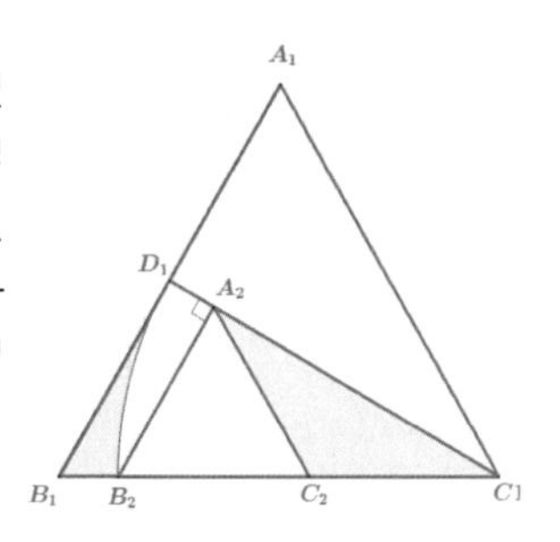

그림과 같이 한 변의 길이가 1인 정삼각형 $A_1B_1C_1$ 이 있다. 선분 A_1B_1의 중점을 D_1이라 하고, 선분 B_1C_1위의 $\overline{C_1D_1}=\overline{C_1B_2}$인 점 B_2에 대하여 중심이 C_1인 부채꼴$C_1D_1B_2$를 그린다. 점 B_2에서 선분 C_1D_1에 내린 수선의 발을 A_2, 선분 C_1B_2의 중점을 C_2라 하자. 두 선분 B_1B_2, B_1D_1 과 호D_1B_2로 둘러싸인 영역과 삼각형 $C_1A_2C_2$의 내부에 색칠된 부분의 넓이를 구하시오.

[2017 수능 나형 17번 일부]

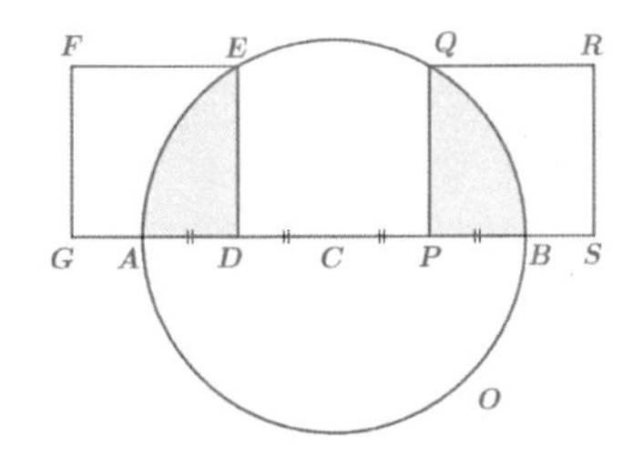

그림과 같이 길이가 4인 선분 AB를 지름으로 하는 원 O가 있다. 원의 중심을 C라 하고, 선분 AC의 중점과 선분 BC의 중점을 각각 D, P라 하자. 선분 AC의 수직이등분선과 선분 BC의 수직이등분선이 원 O의 위쪽 반원과 만나는 점을 각각 E, Q라 하자. 선분 DE를 한 변으로 하고 원 O와 점 A에서 만나며 선분 DF가 대각선인 정사각형 $DEFG$를 그리고, 선분 PQ를 한 변으로 하고 원 O와 점 B에서 만나며 선분 PR이 대각선인 정사각형 $PQRS$를 그린다. 원 O의 내부와 정사각형 $DEFG$의 내부의 공통부분인 ◺모양의 도형과 원 O의 내부와 정사각형 $PQRS$의 내부의 공통부분인 ◺모양의 도형에 색칠하자. 색칠된 부분의 넓이는?

[2014 수능 가형 28번]

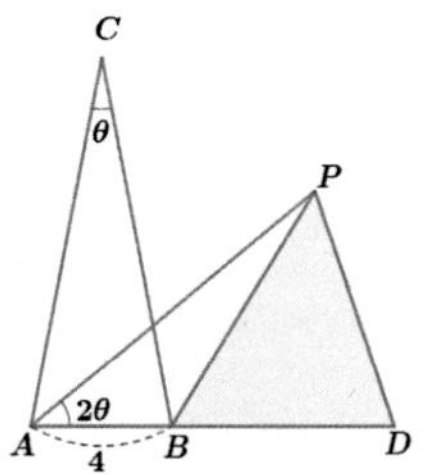

그림과 같이 길이가 4 인 선분 AB를 한 변으로 하고, $\overline{AC}=\overline{BC}$, $\angle ACB=\theta$ 인 이등변삼각형 ACB가 있다. 선분AB 의 연장선 위에 $\overline{AC}=\overline{AD}$ 인 점 D 를 잡고, $\overline{AC}=\overline{AP}$이고 $\angle PAB=2\theta$인 점 P를 잡는다. 삼각형 BDP 의 넓이를 $S(\theta)$라 하자.

(1) $S(\theta)$를 θ에 대한 식으로 나타내시오.

(2) $\lim_{\theta \to +0}(\theta \times S(\theta))$값을 구하시오. (단, $0<\theta<\frac{\pi}{6}$)

[2012 수능 가형 27번]

그림과 같이 중심이 O이고 길이가 2인 선분 AB를 지름으로 하는 원 위의 점 P에서 선분 AB에 내린 수선의 발을 Q, 점 Q에서 선분 OP에 내린 수선의 발을 R, 점 O에서 선분 AP에 내린 수선의 발을 S라 하자.

$\angle PAQ=\theta\left(0<\theta<\frac{\pi}{4}\right)$일 때, 삼각형 AOS의 넓이를 $f(\theta)$, 삼각형 PRQ의 넓이를 $g(\theta)$라 하자.

$\lim_{\theta \to +0} \frac{\theta^2 f(\theta)}{g(\theta)}=\frac{q}{p}$일 때, p^2+q^2의 값을 구하시오. (단, p와 q는 서로소인 자연수이다.)

[2011 수능 가형 10번 일부]

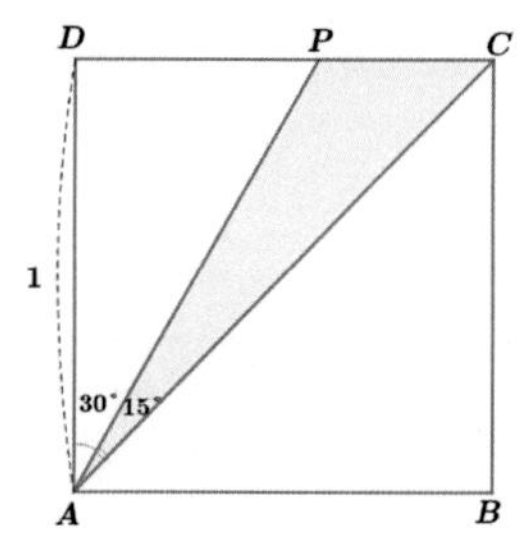

정사각형 $ABCD$의 한변의 길이가 1일 때, 삼각형 PAC의 넓이를 구하시오.

관련 읽을 거리

[왜? '원'과 '삼각형'이 자주 출제 되는가?]
'원'은 각이 없는 모양을 만들 때 '길이 정보' 하나 만으로 만들 수 있는 형태이며, 모든 원은 반지름의 길이와 상관없이 '모양이 닮음'이다. 곡선의 가장 중요한 형태이므로 원이 자주 출제된다.

'모든 다각형은 삼각형으로 분리할 수 있다.' 기하 문제는 측량에서 출발하였고, 결국 '길이, 넓이, 부피'를 계산하기 위해 활용된다. 이때 각진 모든 물체는 다각형으로 표현이 가능하고 모든 다각형은 삼각형으로 분리할 수 있으므로, 모든 다각형, 다면체의 '길이, 넓이, 부피'는 삼각형, 사면체들의 '길이, 넓이, 부피'의 합으로 계산할 수 있다. 이런 이유로 학교 수학에서도 삼각형의 '길이, 넓이'를 물어보는 문제를 자주 출제하는 것이다.

삼각형의 닮음, 합동

삼각형의 닮음 조건 (S는 $Side$ 변, A는 Angle 각)

SSS닮음
- 세 쌍의 대응변 길이의 비가 같다.

SAS닮음
- 두 쌍의 대응변 길이의 비가 같고, 그 끼인각의 크기가 같다.

AA닮음
- 두 쌍의 대응각의 크기가 서로 같다.

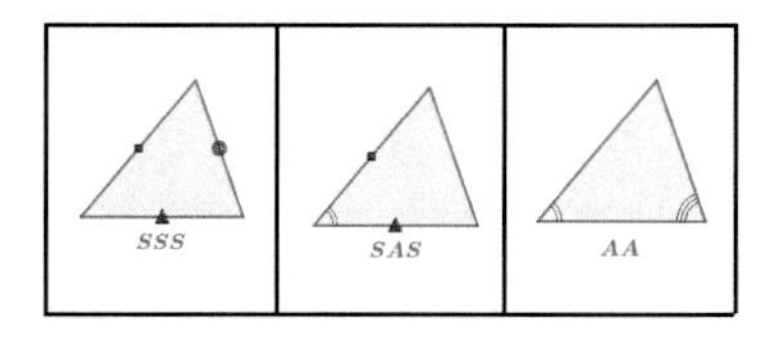

삼각형의 합동 조건

SSS합동
- 세 변의 길이가 서로 같다.

SAS합동
- 두 변의 길이와 끼인각의 크기가 서로 같다.

ASA합동
- 두 각과 사이에 있는 변의 길이가 서로 같다.

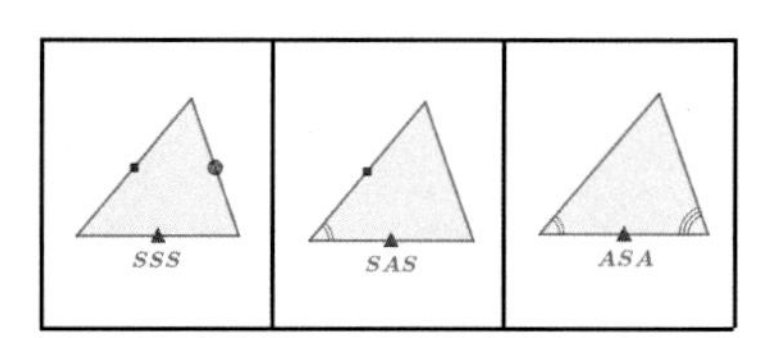

직각삼각형의 합동 조건(R은 Right Angle 직각, H 는 $Hypotenuse$ 빗변)

RHS합동
- 빗변의 길이와 다른 한 변의 길이가 서로 같다.

RHA합동
- 빗변의 길이와 다른 한 내각의 크기가 서로 같다.

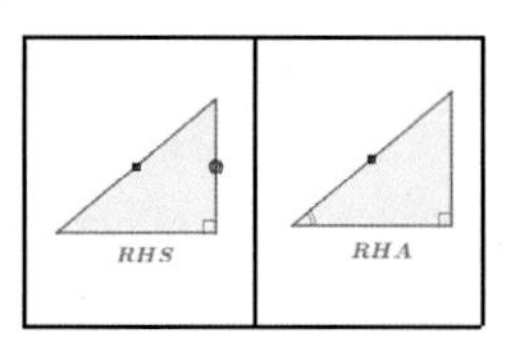

10 겉넓이, 부피, 닮음비

[구의 겉넓이, 구의 부피]

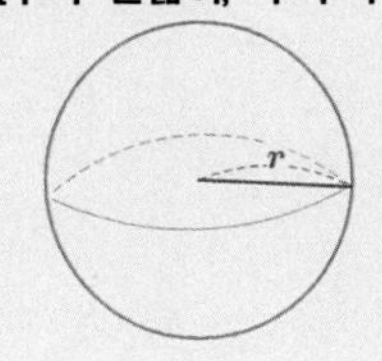

겉넓이 $= 4\pi r^2$

부피 $= \frac{4}{3}\pi r^3$

[원기둥의 옆넓이]

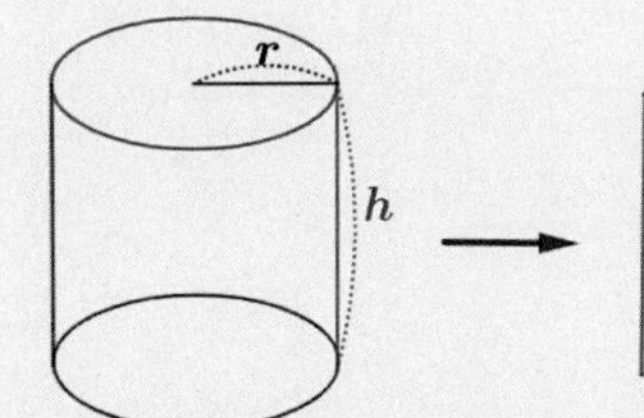

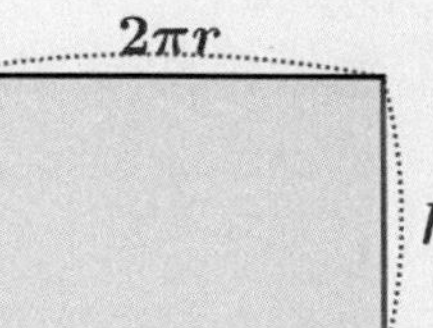

옆넓이$= 2\pi r \times h$

[부채꼴의 호의 길이, 넓이]

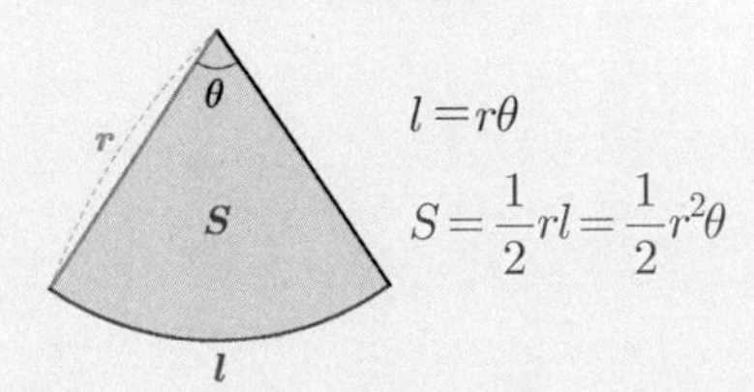

$l = r\theta$

$S = \frac{1}{2}rl = \frac{1}{2}r^2\theta$

[원뿔의 옆넓이]

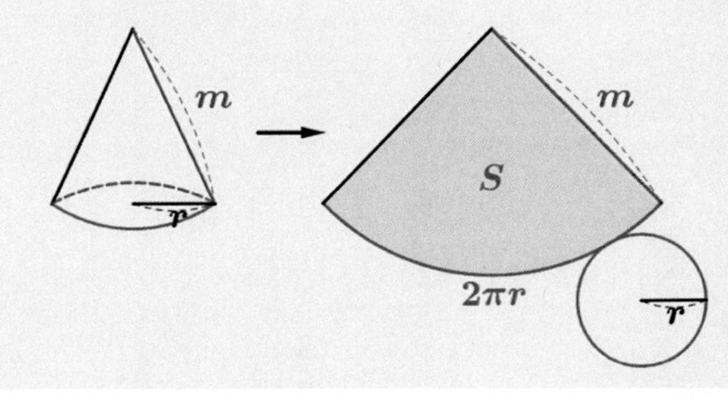

옆넓이$= \frac{m \times 2\pi r}{2} = m\pi r$

※Torus의 겉넓이, 부피

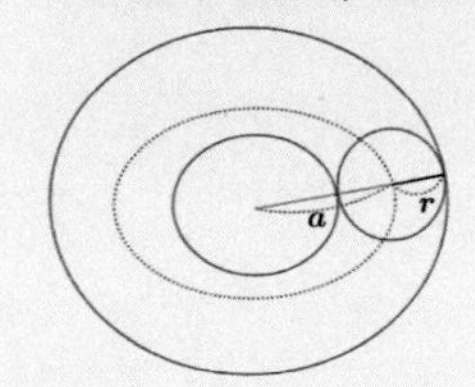

겉넓이 $= 2\pi r \times 2\pi a$

부피 $= \pi r^2 \times 2\pi a$

관련 읽을 거리 

[닮은 도형의 닮음비(길이비)]

두 물체의 모양이 똑같은 경우 두 물체는 닮았다고 한다. 두 도형이 닮은 경우 같은 특징점을 연결한 선분끼리 항상 동일한 비율을 갖고, 이를 '닮음비'라 한다. **따라서 닮음비를 계산하는 방법은 공통의 특징점을 잡는 것에서부터 시작된다.** 어떤 특징점을 잡느냐에 따라 다른 풀이가 유도되므로 여러 풀이과정이 도출될 수 있다. 하지만 문제를 푸는 많은 학생들이 해설에 나오는 방법만이 유일하다고 잘못 생각하는 경우가 있다. 가장 효율적인 풀이가 무엇인지 자신의 풀이와 비교해 보는 습관이 필요하다.

※ 특징점 예시

i) 점A, 점B를 특징점으로 잡은 경우

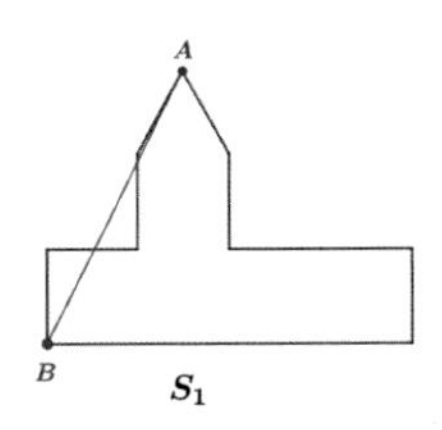

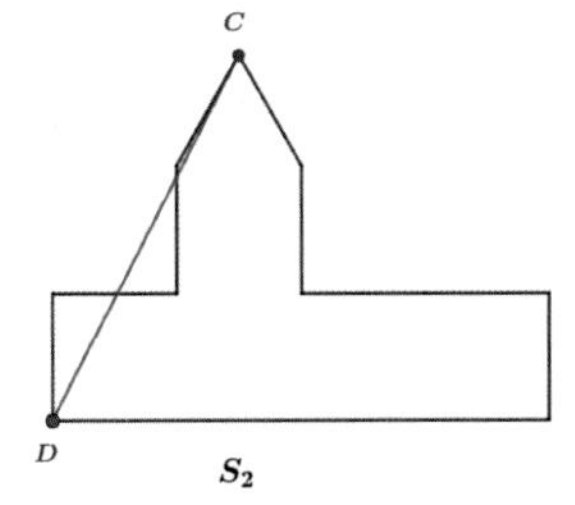

닮음비(길이비) $S_1 : S_2 = \overline{AB} : \overline{CD}$ 이다.

ii) 점A', 점B'을 특징점으로 잡은 경우

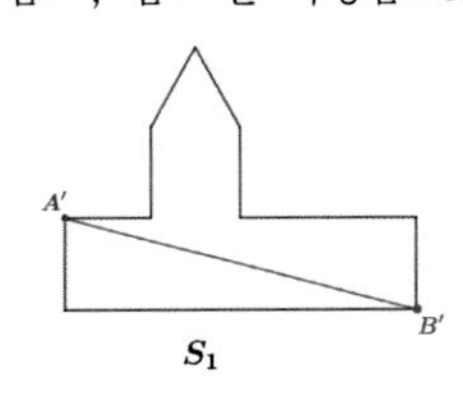

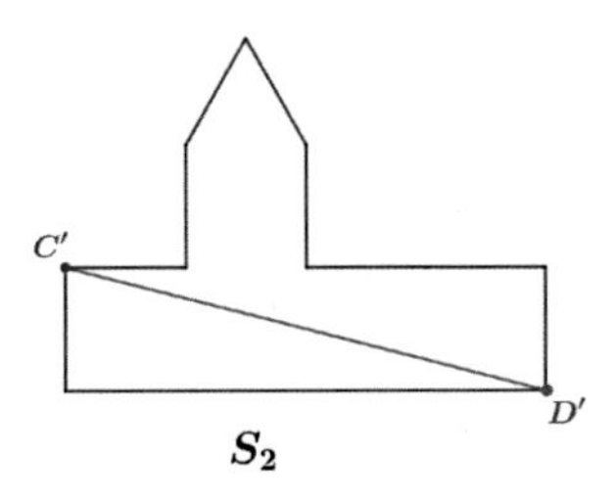

닮음비(길이비) $S_1 : S_2 = \overline{A'B'} : \overline{C'D'}$ 이다.

〈수능 출제 경향〉

[2016 수능 가형 13번]

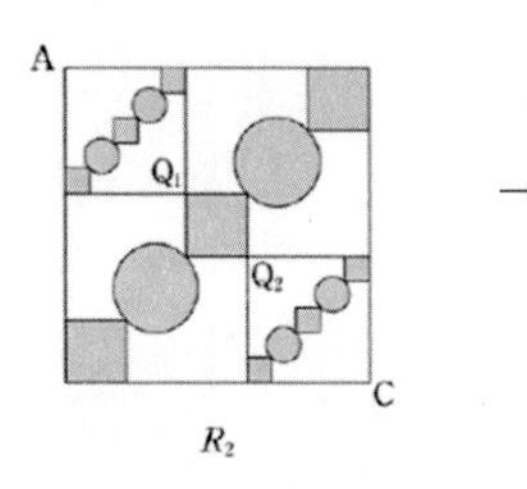

→

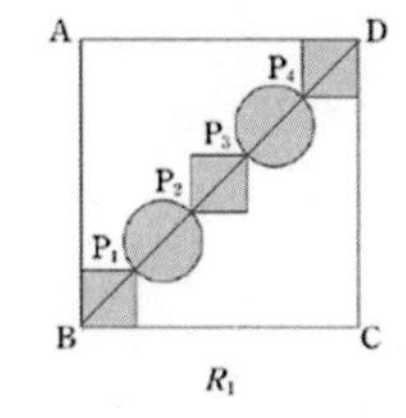

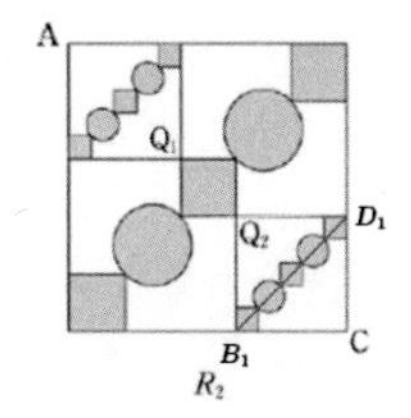

[2019 수능 나형 16번]

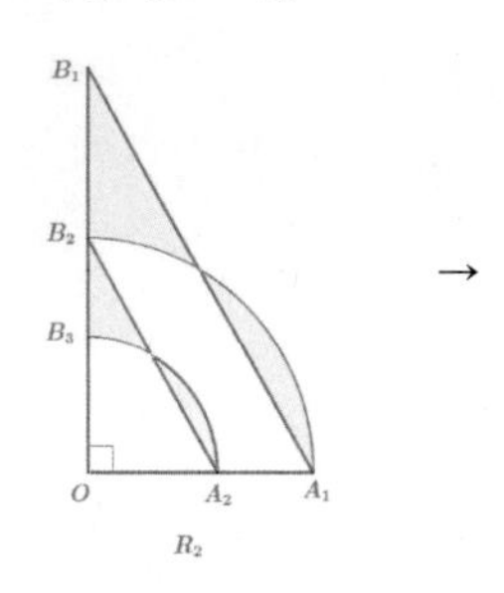

→

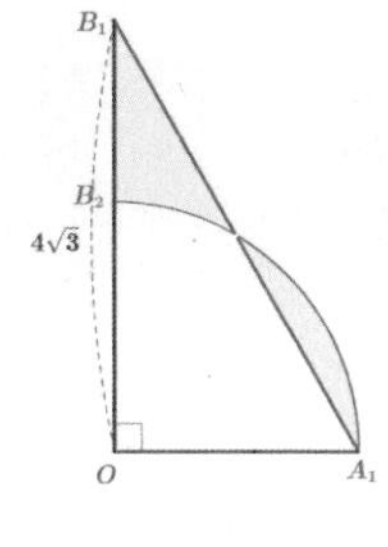

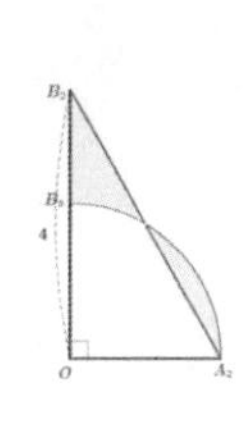

[2018 수능 나형 19번]

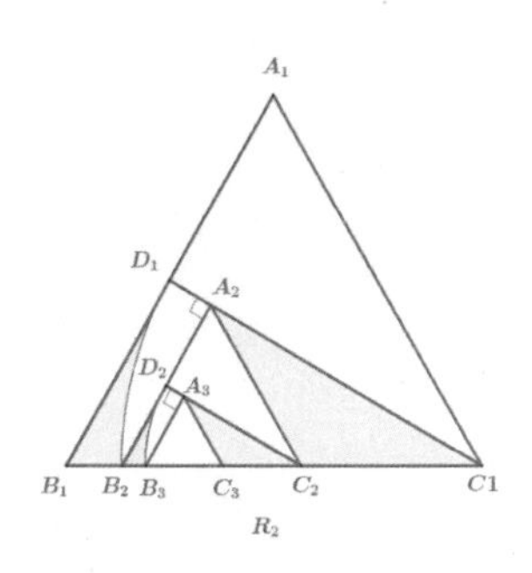

→

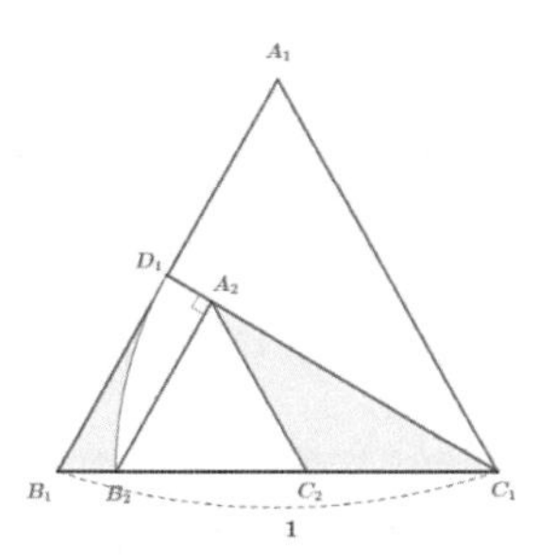

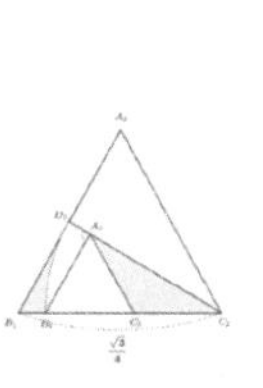

[2017 수능 나형 17번]

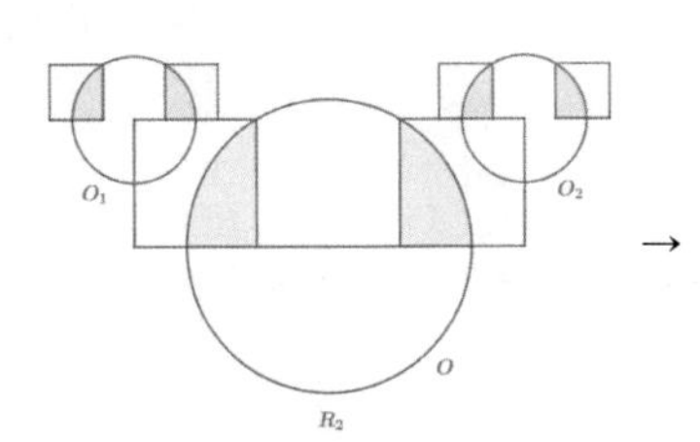

→

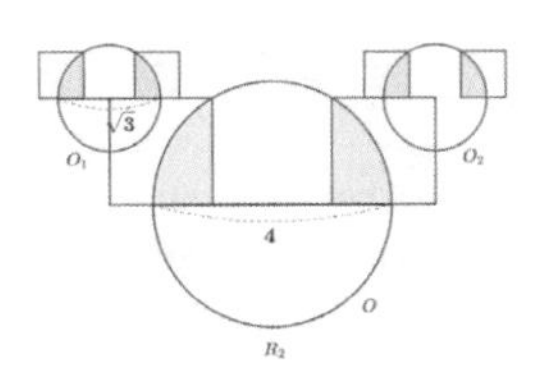

특히, 닮음인 두 도형의 닮음비가 $a:b$일 때, 넓이비는 $a^2:b^2$이 된다.
또한 닮음인 두 입체의 닮음비가 $a:b$일 때, 부피비는 $a^3:b^3$이 된다.

관련 읽을 거리

<걸리버 여행기 이야기>

걸리버 여행기에서 저자는 걸리버의 키를 소인국 사람들 키의 12배로 묘사하였다. 그리고 걸리버의 옷을 만들기 위해 필요한 옷감은 소인국 한 사람의 옷을 만들기 위해 필요한 옷감의 144배라고 하였고, 걸리버의 한 끼 식사량은 소인국 한 사람의 기준으로 1,728인분의 양이라고 저술하였다.

여기에는 수학적인 원리가 숨어 있다. 소인국 사람과 걸리버의 길이비(키)가 $1:12$이므로, 넓이비(옷감의 양)은 $1^2:12^2=1:144$이고, 부피비(식사량)은 $1^3:12^3=1:1,728$이기 때문에 위와 같이 저술하였다.

소설 속에서 찾을 수 있는 수학적인 안목이 돋보이는 부분이라고 생각한다. 그러나 과학적인 부분은 고려하지 못한 것 같다. 실제로 동물이 섭취하는 음식의 양은 동물의 부피비에 정비례하는 것이 아니라고 알려져 있으며, 걸리버에게 소인국 사람 270명의 식사량이 적당하다는 주장도 있다.

관련 문제

[2016 수능 가형 13번 일부]

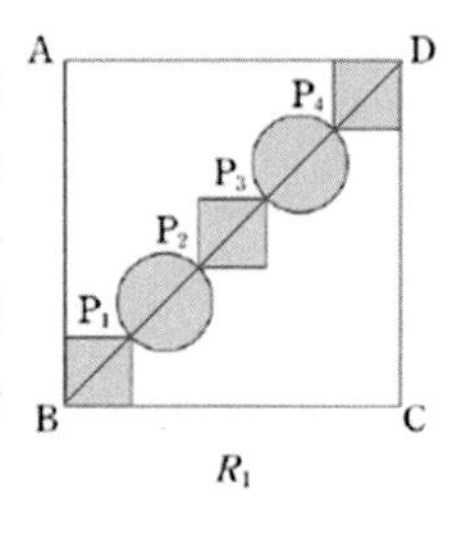

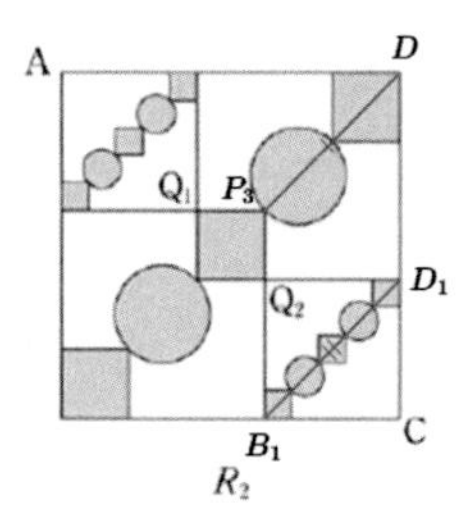

그림과 같이 한 변의 길이가 5인 정사각형 $ABCD$의 대각선 BD의 5등분점을 점 B에서 가까운 순서대로 각각 P_1, P_2, P_3, P_4라 하고, 선분 BP_1, P_2P_3, P_4D 를 각각 대각선으로 하는 정사각형과 선분 P_1P_2, P_3P_4 를 각각 지름으로 하는 원을 그린 후, 모양의 도형에 색칠하여 얻은 그림을 R_1이라 하자.

그림 R_1에서 선분 P_2P_3 을 대각선으로 하는 정사각형의 꼭짓점 중 점 A와 가장 가까운 점을 Q_1, 점 C와 가장 가까운 점을 Q_2 라 하자. 선분 AQ_1 을 대각선으로 하는 정사각형과 선분 CQ_2 를 대각선으로 하는 정사각형을 그리고, 새로 그려진 2개의 정사각형 안에 그림 R_1을 얻는 것과 같은 방법으로 모양의 도형을 각각 그리고 색칠하여 얻은 그림을 R_2 라 하자. 이때 선분 B_1D_1의 길이는?

[2019 수능 나형 16번 일부]

그림과 같이 $\overline{OA_1}=4$, $\overline{OB_1}=4\sqrt{3}$인 직각삼각형 OA_1B_1이 있다. 중심이 O이고 반지름의 길이가 $\overline{OA_1}$인 원이 선분 OB_1과 만나는 점을 B_2라 하자. 삼각형 OA_1B_1의 내부와 부채꼴 OA_1B_2의 내부에서 공통된 부분을 제외한 ◺ 모양의 도형에 색칠하여 얻은 그림을 R_1이라 하자. 그림 R_1에서 점 B_2를 지나고 선분 A_1B_1에 평행한 직선이 선분 OA_1과 만나는 점을 A_2, 중심이 O이고 반지름의 길이가 $\overline{OA_2}$인 원이 선분 OB_2와 만나는 점을 B_3이라 하자. 삼각형 OA_2B_2의 내부와 부채꼴 OA_2B_3의 내부에서 공통된 부분을 제외한 ◺ 모양의 도형에 색칠하여 얻은 그림을 R_2라 하자. $\triangle OA_1B_1$과 $\triangle OA_2B_2$사이의 닮음비를 구하시오.

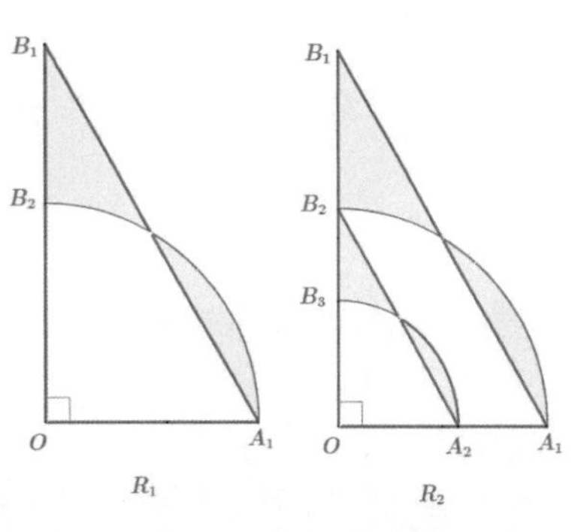

[2018 수능 나형 19번 일부]

그림과 같이 한 변의 길이가 1인 정삼각형 $A_1B_1C_1$ 이 있다. 선분 A_1B_1의 중점을 D_1이라 하고, 선분 B_1C_1 위의 $\overline{C_1D_1}=\overline{C_1B_2}$인 점 B_2에 대하여 중심이 C_1인 부채꼴$C_1D_1B_2$를 그린다. 점 B_2에서 선분 C_1D_1에 내린 수선의 발을 A_2, 선분 C_1B_2의 중점을 C_2라 하자. 두 선분 B_1B_2, B_1D_1 과 호D_1B_2로 둘러싸인 영역과 삼각형 $C_1A_2C_2$의 내부에 색칠하여 얻은 그림을 R_1이라 하자.

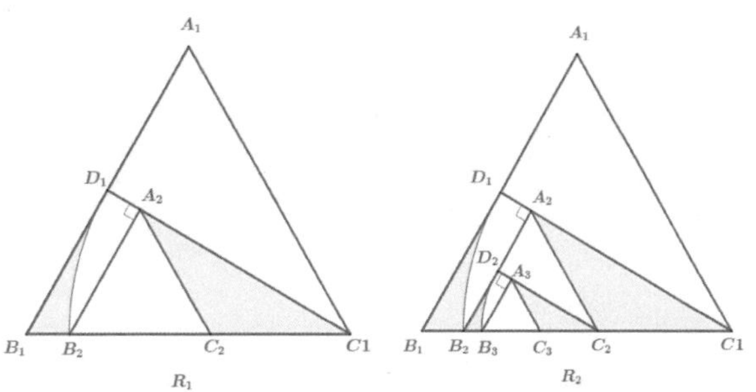

그림 R_1에서 선분 A_2B_2의 중점을 D_2라 하고, 선분 B_2C_2 위의 $\overline{C_2D_2}=\overline{C_2B_3}$인 점 B_3에 대하여 중심이 C_2인 부채꼴 $C_2D_2B_3$을 그린다. 점 B_3에서 선분 C_2D_2에 내린 수선의 발을 A_3, 선분 C_2B_3의 중점을 C_3이라 하자. 두 선분 B_2B_3, B_2D_2와 호 D_2B_3으로 둘러싸인 영역과 삼각형 $C_2A_3C_3$의 내부에 색칠하여 얻은 그림을 R_2라 하자. $\triangle A_1B_1C_1$과 $\triangle A_2B_2C_2$의 닮음비를 구하시오.

[2017 수능 나형 17번 일부]

그림과 같이 길이가 4인 선분 AB를 지름으로 하는 원 O가 있다. 원의 중심을 C라 하고, 선분 AC의 중점과 선분 BC의 중점을 각각 D, P라 하자. 선분 AC의 수직이등분선과 선분 BC의 수직이등분선이 원 O의 위쪽 반원과 만나는 점을 각각 E, Q라 하자. 선분 DE를 한 변으로 하고 원 O와 점 A에서 만나며 선분 DF가 대각선인 정사각형 $DEFG$를 그리고, 선분 PQ를 한 변으로 하고 원 O와 점 B에서 만나며 선분 PR이 대각선인 정사각형 $PQRS$를 그린다.

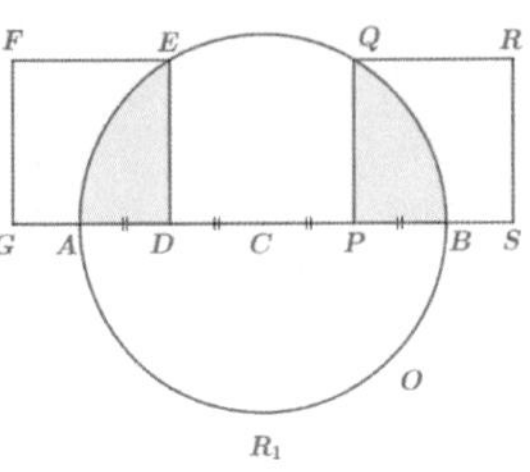

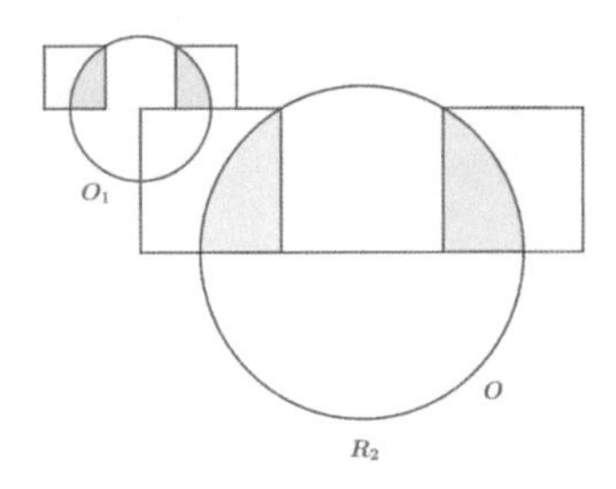

그림 R_1에서 점 F를 중심으로 하고 반지름의 길이가 $\frac{1}{2}\overline{DE}$인 원 O_1을 그린다. 원 O_1에 그림 R_1을 얻은 것과 같은 방법으로 만들어지는 그림을 R_2라 하자. 원 O와 원O_1의 닮음비는?

[2012 수능 가형 14번 일부]

반지름의 길이가 1인 원이 있다. 그림과 같이 가로의 길이와 세로의 길이의 비가 $3:1$인 직사각형을 이 원에 내접하도록 그리고, 원의 내부와 직사각형의 외부의 공통부분에 색칠한다. 이때 색칠된 부분의 넓이는?

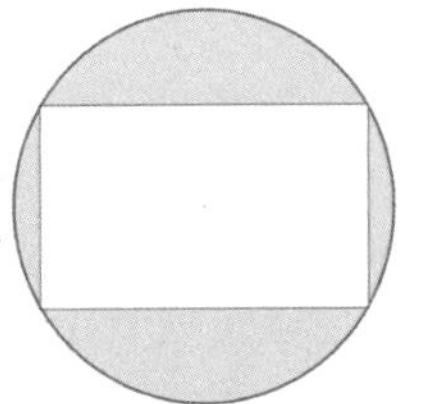

[2011 수능 가형 5번 일부]

반지름의 길이가 1인 색칠된 부채꼴 OQ_1Q_2의 호의 길이를 구하시오.

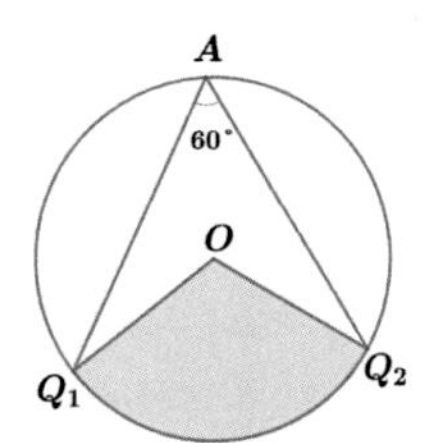

[2019 수능 가형 18번 일부]

부채꼴 ADE의 넓이를 삼각함수를 이용하여 나타내시오.

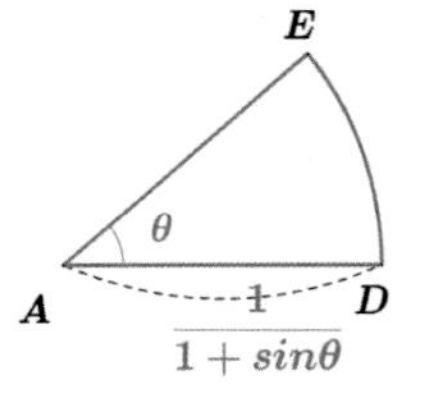

[평면 도형 - 두께가 없다]
[입체 도형 - 두께가 있다.]

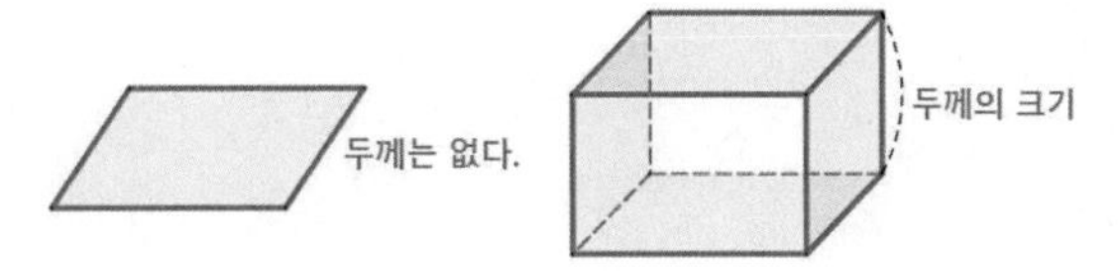

[각기둥] - 두 밑면이 서로 평행하고, 합동인 다각형으로 이루어진 기둥 모양의 입체

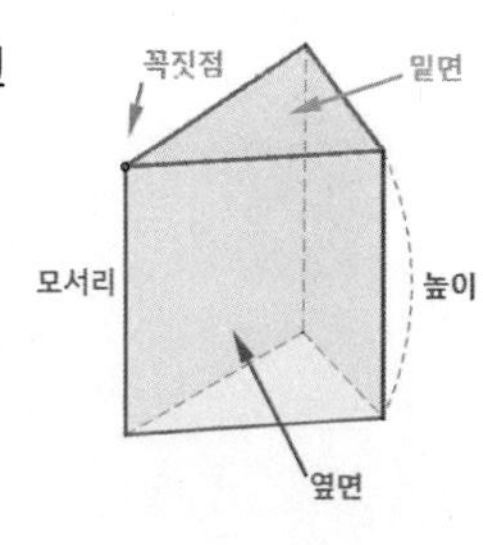

[각뿔] - 다각형인 밑면 한 개와 한 점을 공유하는 삼각형의 옆면들로 이루어진 입체

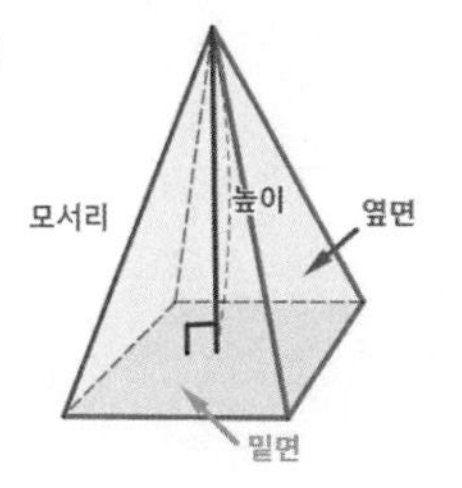

[각뿔대] - 각뿔을 밑면에 평행하게 잘랐을 때, 잘린 부분과 밑면 사이의 부분으로 이루어진 도형

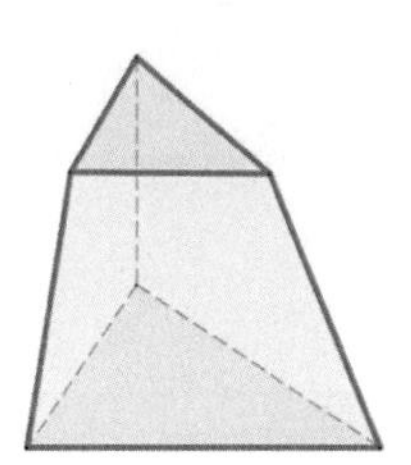

[단면] - 입체도형을 평면으로 잘랐을 때 생기는 면

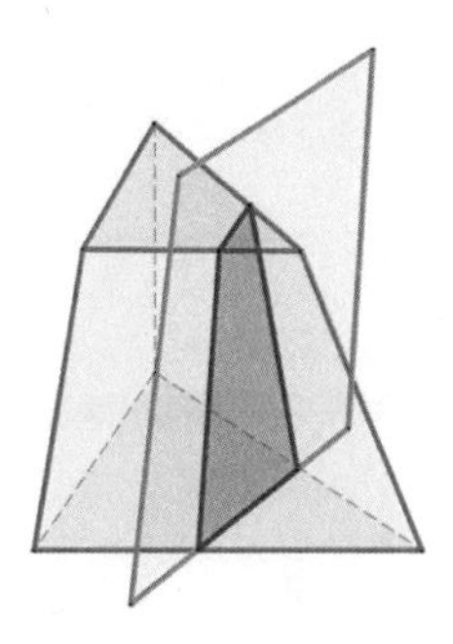

11 원(구)

유형1. 고정점 A, B를 기준으로 $\angle APB = \frac{\pi}{2}$인 점$P$를 나타내면?

유형2. 고정점 A를 기준으로 거리가 m으로 일정한 점들을 나타내면?

유형3. 고정 벡터 $\vec{a}$ 가 있을 때, $|\vec{p}-\vec{a}|=m$인 $\vec{p}$의 종점들을 나타내면?

유형4. 고정점 A, B를 기준으로 $|\overline{AP}|:|\overline{BP}|=m:n$인 점$P$를 나타내면?

유형1.

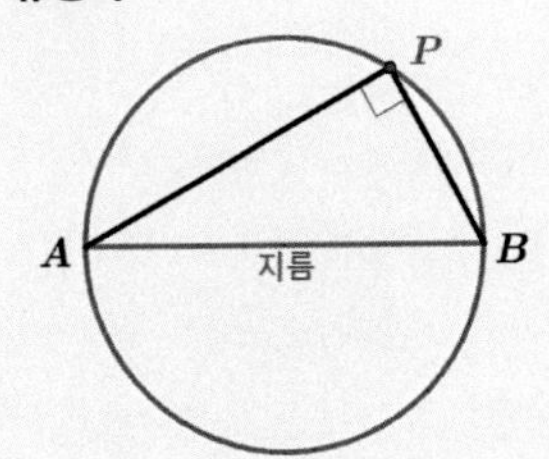

고정점 A, B에 대해

$\overline{AP} \perp \overline{BP}$

※'기하' 과목에서의 표현 $\overrightarrow{AP} \perp \overrightarrow{BP}$

$\overrightarrow{AP} \cdot \overrightarrow{BP} = 0$

고정점 A, B를 기준으로 $\angle APB = \frac{\pi}{2}$인 점$P$의 모임 $\Longleftrightarrow$ 점A, B를 지름의 양끝점으로 하는 원 위의 점P

점A, B를 지름의 양끝점으로 하는 원 위의 점P $\Longrightarrow$ $\angle APB = \frac{\pi}{2}$

유형2.

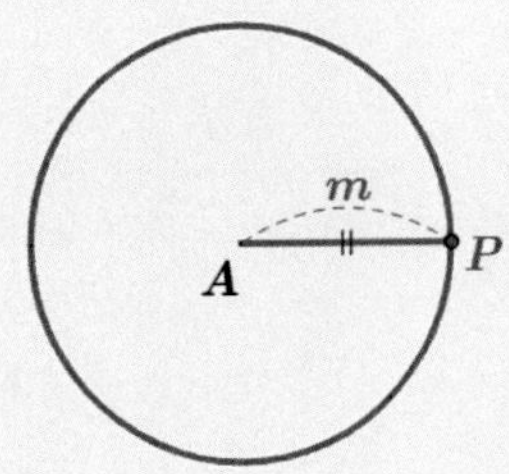

고정점 A와 상수m에 대해

$|\overline{AP}|=m$

※'기하'과목에서의 표현 $|\overrightarrow{AP}|=m$

$\overrightarrow{AP} = \overrightarrow{OP} - \overrightarrow{OA} = \vec{p} - \vec{a}$
이므로

유형3. ※ '기하' 과목

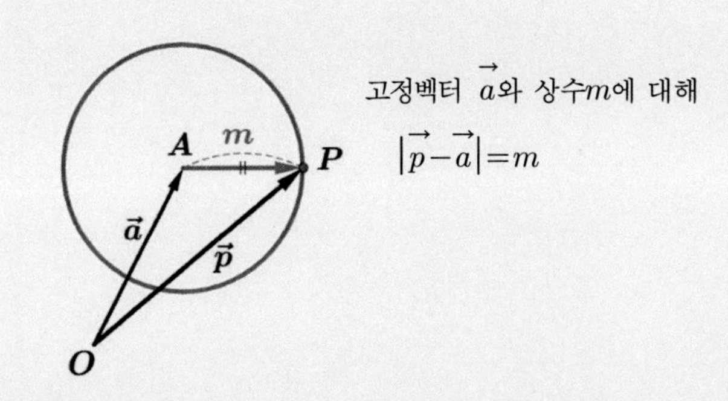

고정벡터 $\vec{a}$와 상수m에 대해

$|\vec{p}-\vec{a}|=m$

유형4. 아폴로니우스의 원

점 A, B를 $m:n$으로 나누는 내분점 C와 외분점D를 지름의 양끝점으로 하는 원

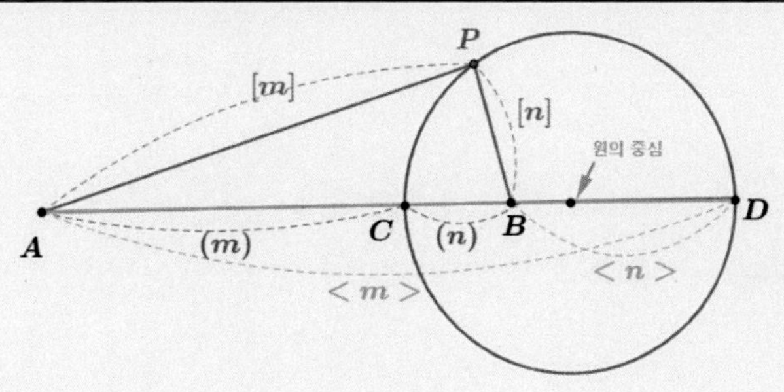

관련 읽을 거리

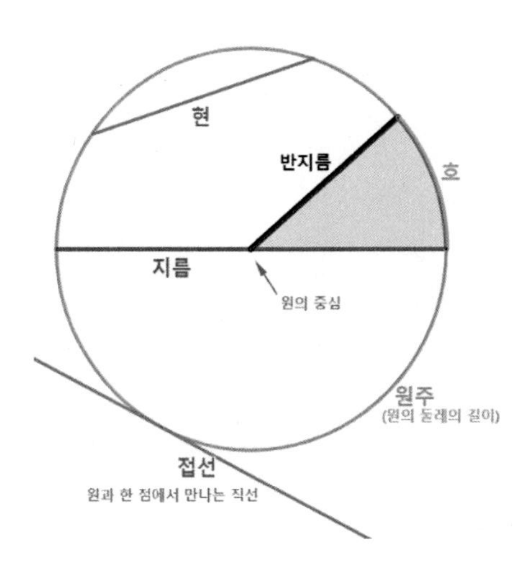

못을 하나 박고, 길이가 변하지 않는 끈을 가지고 못에 묶은 후 반대편에 연필을 매달아 그림을 그리면 원의 모양이 만들어 진다. '한 점으로부터 일정한 거리를 유지한 점들의 모임'으로 원을 정의한다. 즉, 중심의 위치와 반지름을 정하면 유일한 원이 만들어 지고, 모든 원은 모양이 같다. 원의 내부에 그릴 수 있는 가장 긴 현이 지름이고, 우리는 원주(원의 둘레)를 지름으로 나눈 값을 π로 약속하고 사용한다.

원을 정의하는 다른 방법은 '고정된 두 점을 양끝으로 하는 각도가 $\frac{\pi}{2}$인 점들의 모임'이다.

12 원과 현

[현의 수직이등분선]

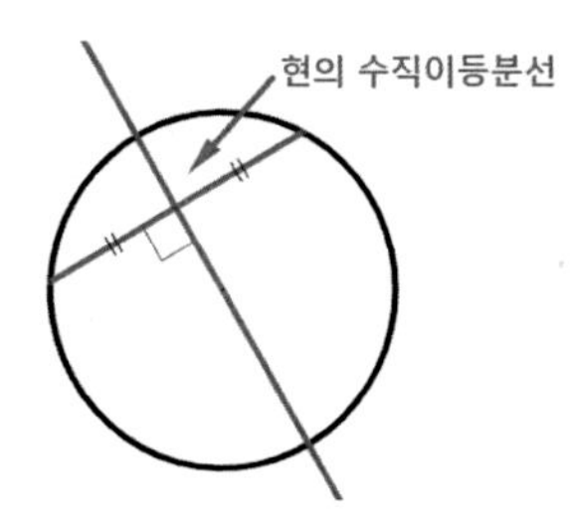

[원의 중심에서 현에 내린 수선]

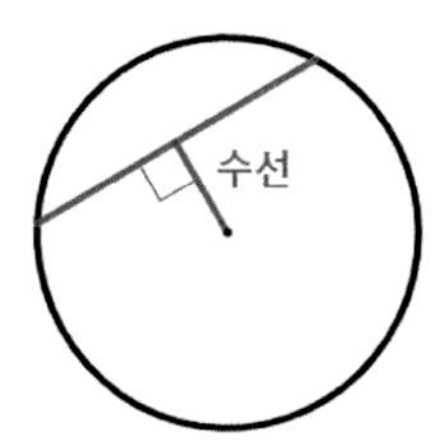

[원의 중심에서 현에 내린 중선]

[두 원의 교점을 연결한 선분] (공통현)

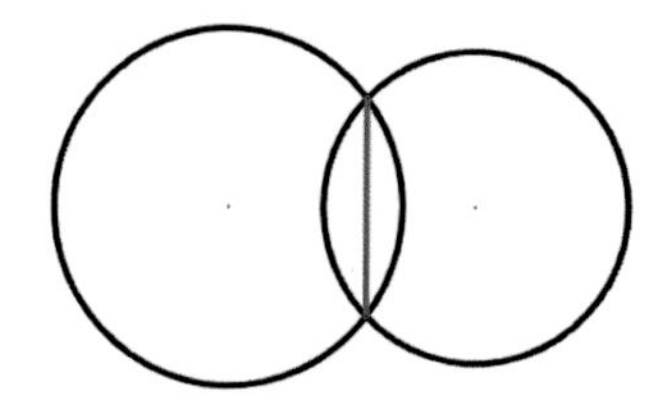

유형1. 현의 수직이등분선 ⟹ 원의 중심을 지난다

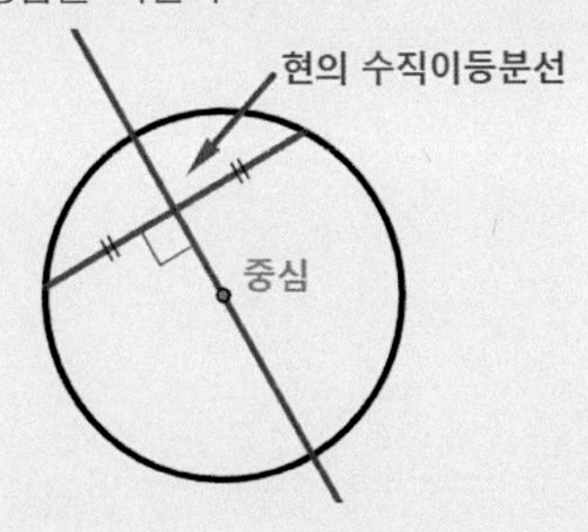

유형2. 원의 중심에서 현에 내린 '수선 ⇔ 중선'

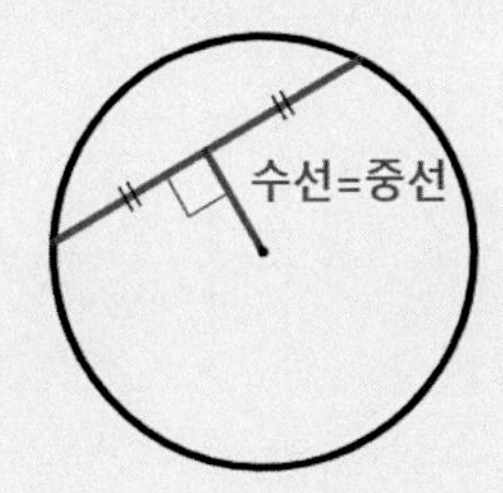

유형3. '두 원의 중심을 연결한 선분'은 '두 원의 교점을 연결한 선분(공통현)'을 수직이등분한다.

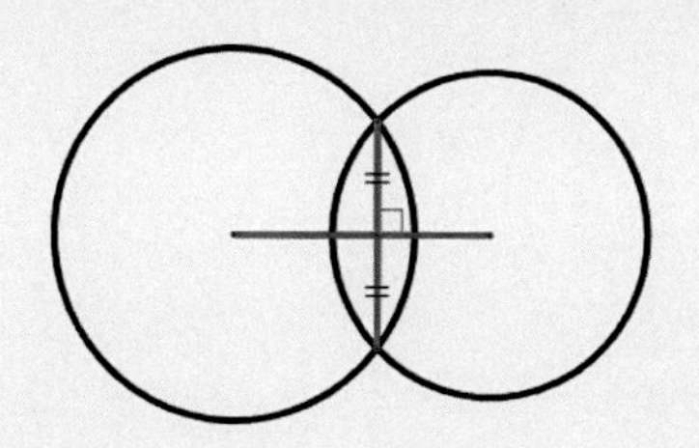

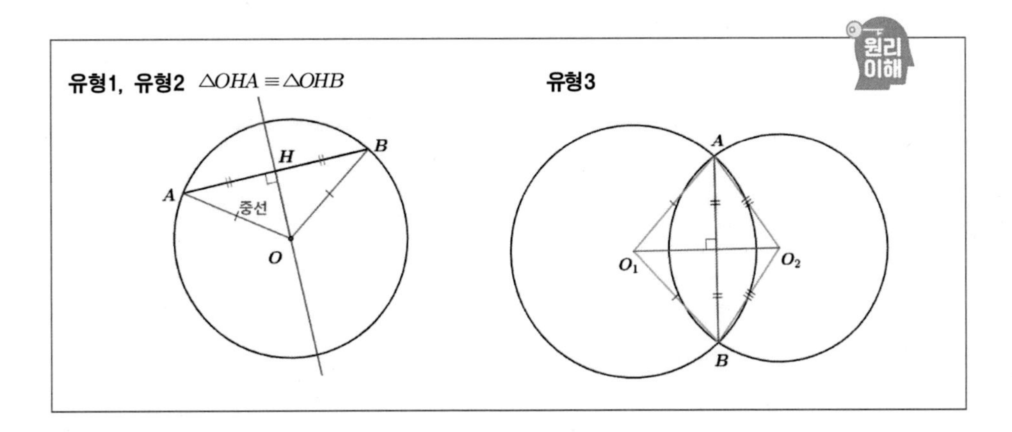

13 원의 접선

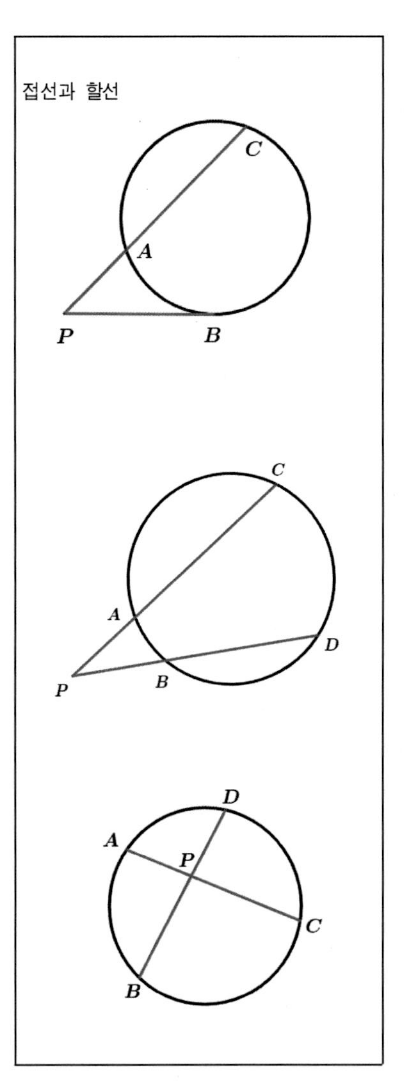

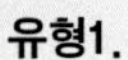

유형1.

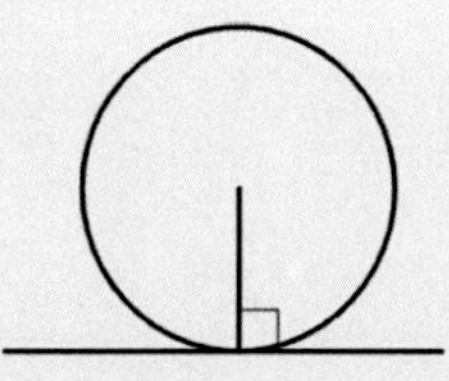

'원의 중심에서 접점을 연결한 선분'은 '접선'과 직교한다.
(수직으로 만난다.)

유형2.

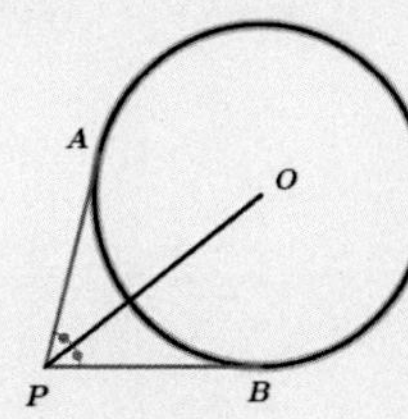

원의 중심에서 두 접선의 교점을 연결한 선분은 두 접선 사이의 각을 이등분한다.

유형3.

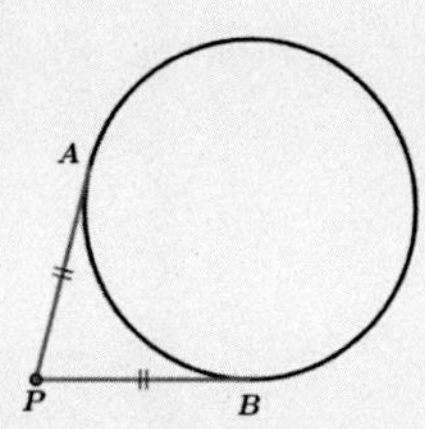

원의 외부의 한 점에서 원에 접선을 그으면 두 선분의 길이는 같다.

유형4.

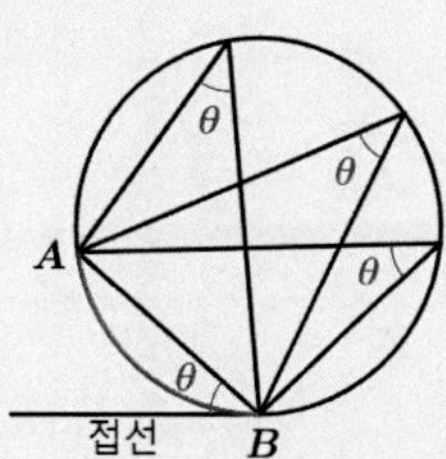

그 호의 원주각은 접선과 현이 이루는 각과 같다.

유형5.

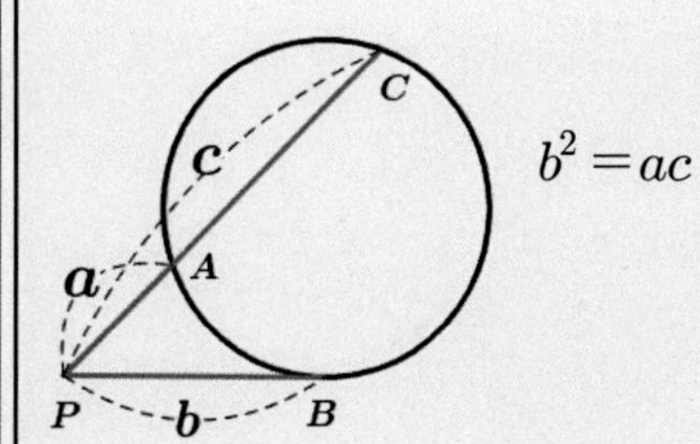

$b^2 = ac$

유형6.

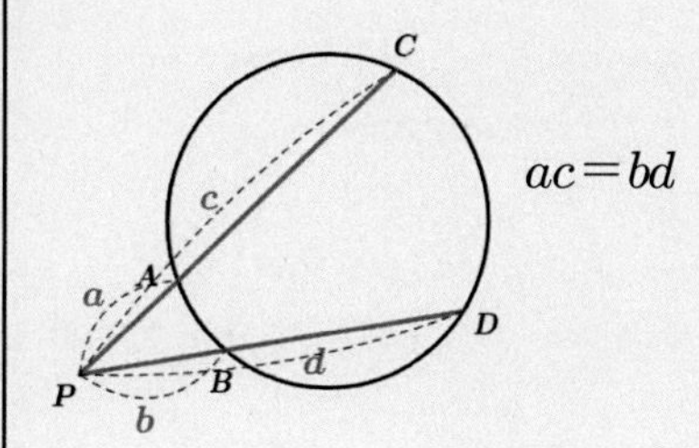

$ac = bd$

유형7.

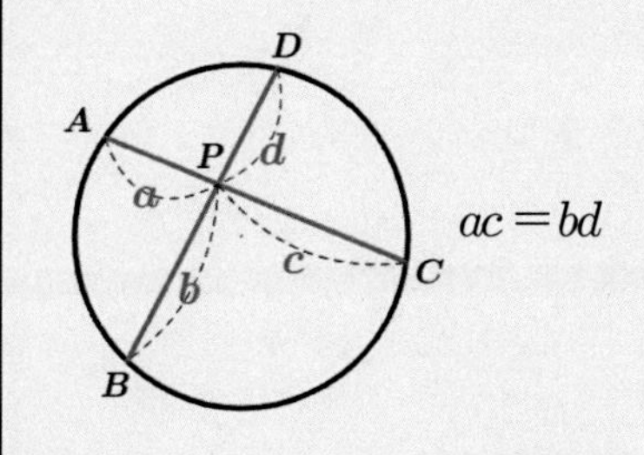

$ac = bd$

유형4.

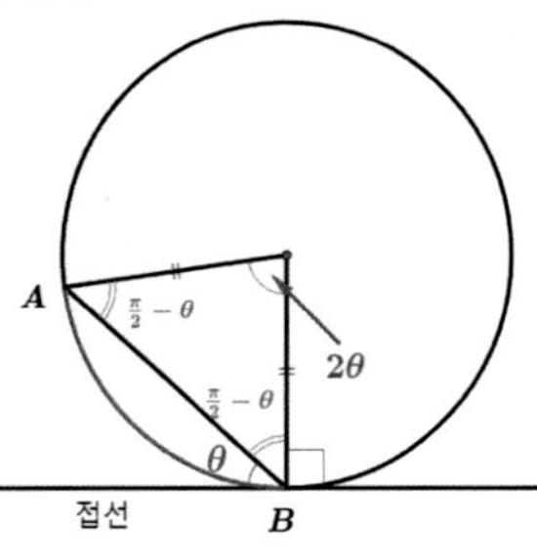

접선이므로 중심각은 2θ가 된다.

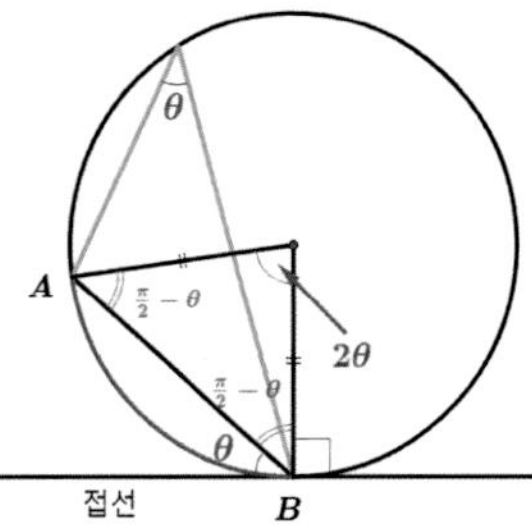

따라서 원주각은 θ가 된다.

유형6.

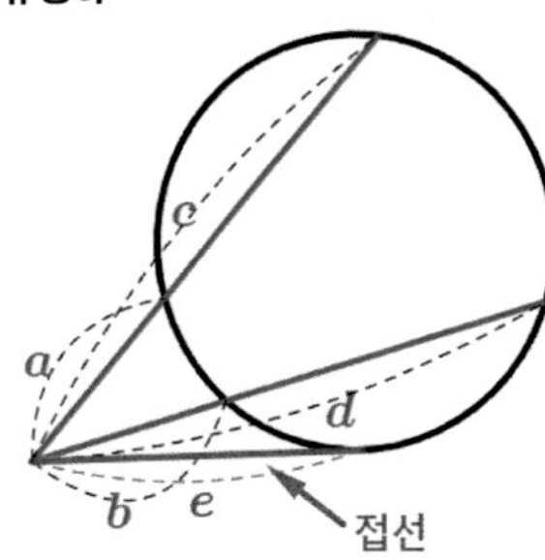

$ac=e^2$이고, $bd=e^2$이므로 $ac=bd$이다.

관련 문제

[2009 6월 학평 수학 I 8번 고2]

그림과 같이 한 원이 y축과 직선 $y=ax$에 동시에 접한다. 각각의 접점 A, B와 원 위의 한 점 P에 대하여 $\angle APB$의 크기가 $\frac{\pi}{3}$일 때, a의 값은? (단, $a>0$)

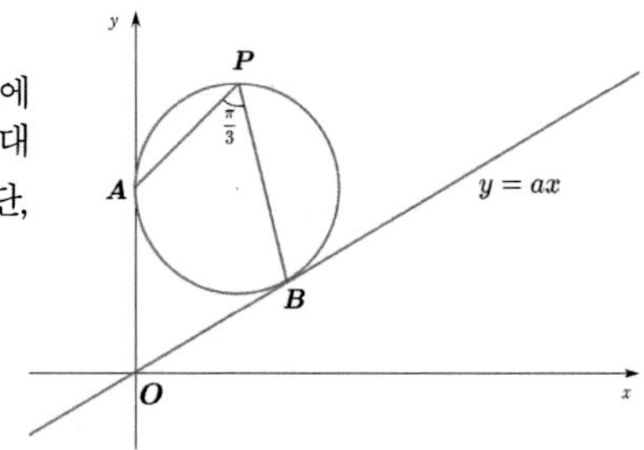

관련 읽을 거리

같은 호에 대한 '원주각 : 중심각 = 1 : 2'

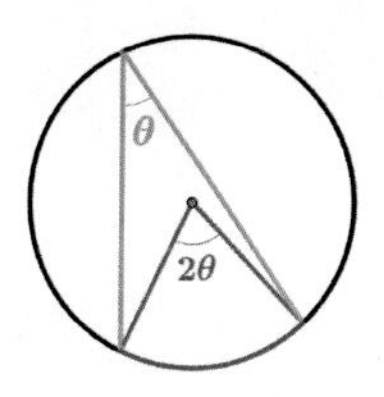

[접선] - 원과 한 점에서 만나는 직선
[할선] - 원을 분할하는 선 (원과 두 점에서 만나는 직선)

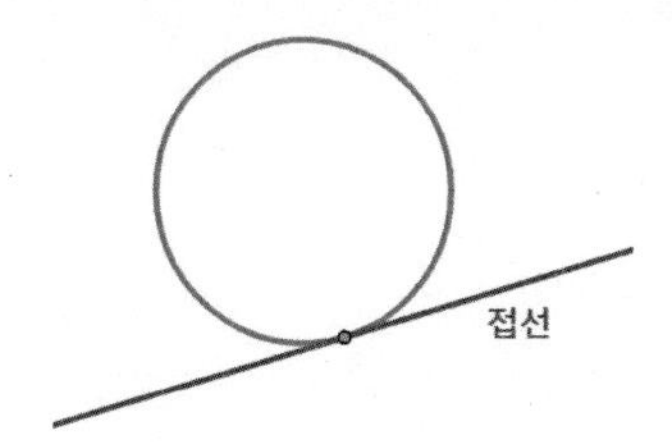

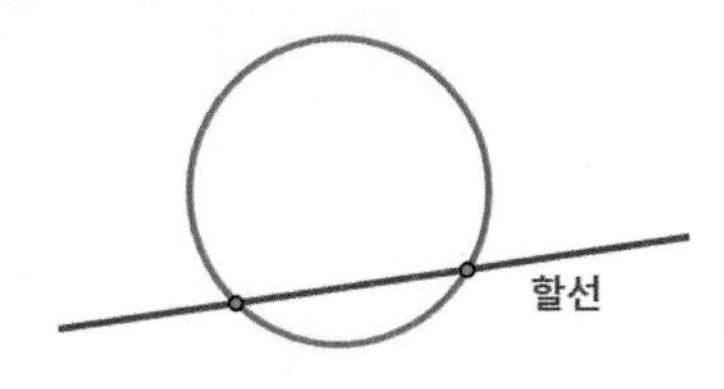

[원의 반지름] - 원의 중심과 원 위의 한 점을 이은 선분
[원의 지름] - 원의 중심을 지나면서 원 위의 두 점을 이은 선분

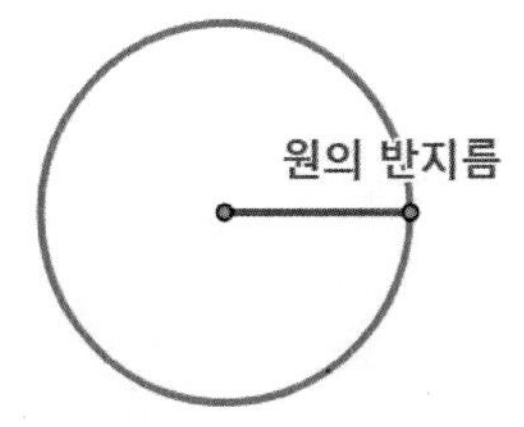

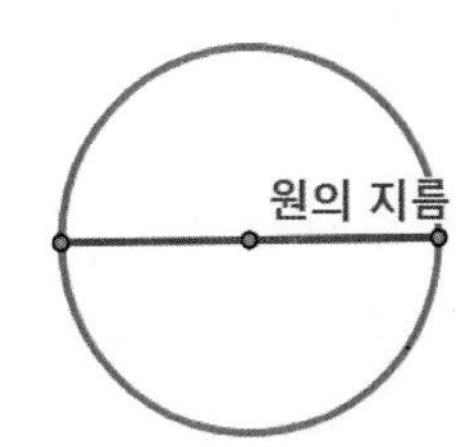

14 두 원의 공통접선

[공통 외접선]

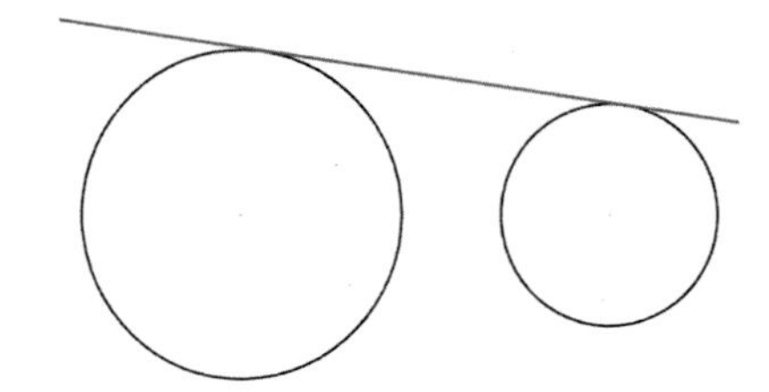

[공통 내접선]

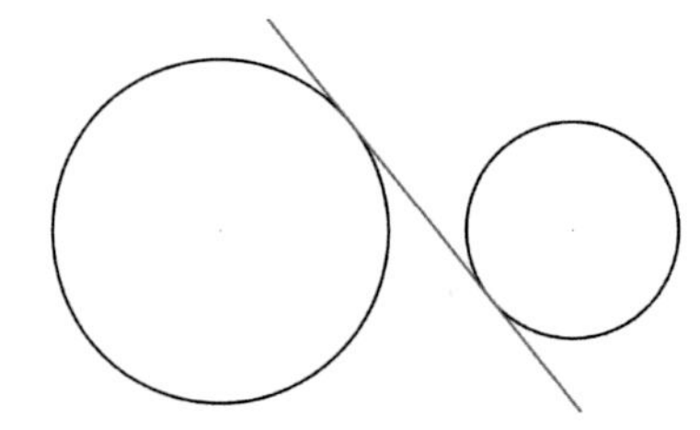

[공통접선]

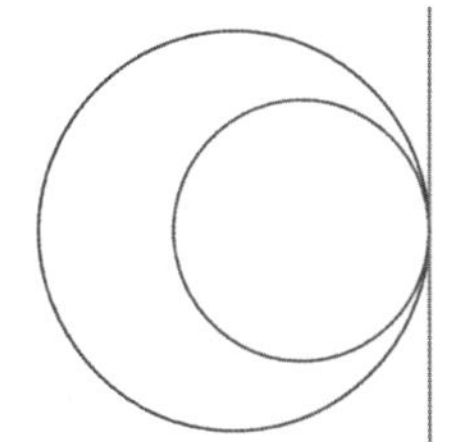

[공통접선]

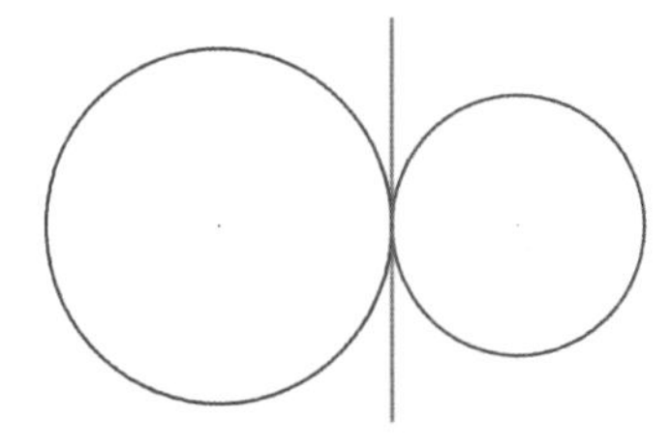

[공통 외접선]

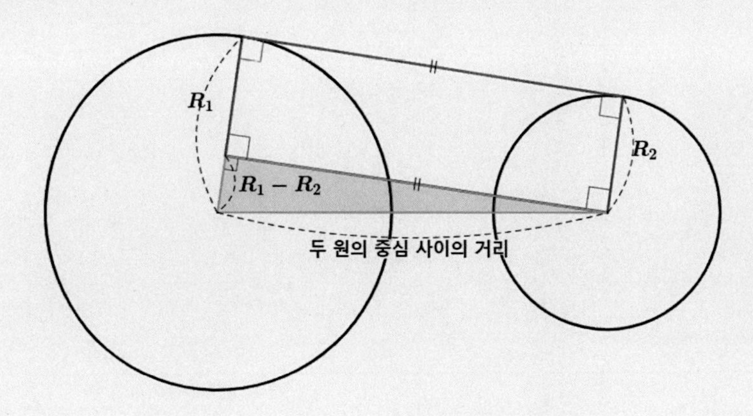

[공통 내접선]

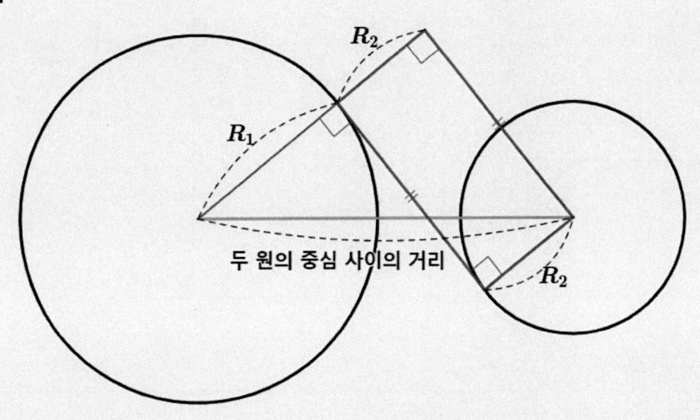

[공통접선]

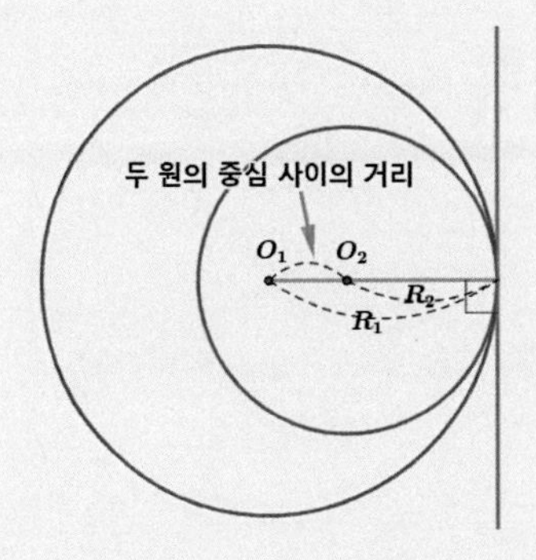

[공통접선]

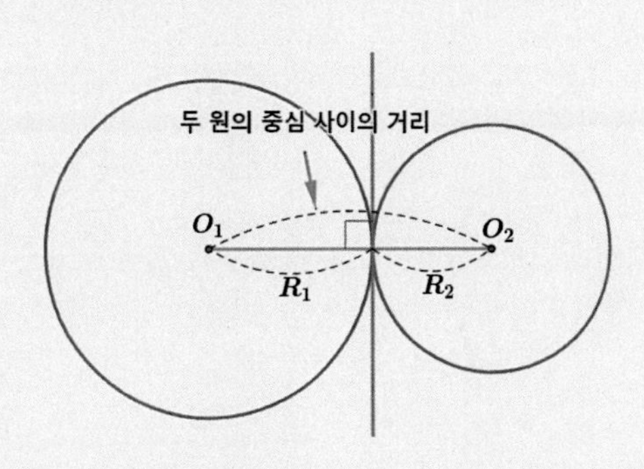

15 접한다 - 평면에서

원이 축에 접한다.
원과 원이 접한다.
원과 정삼각형이 접한다.
원과 정사각형이 접한다.

[원이 축에 접한다.]

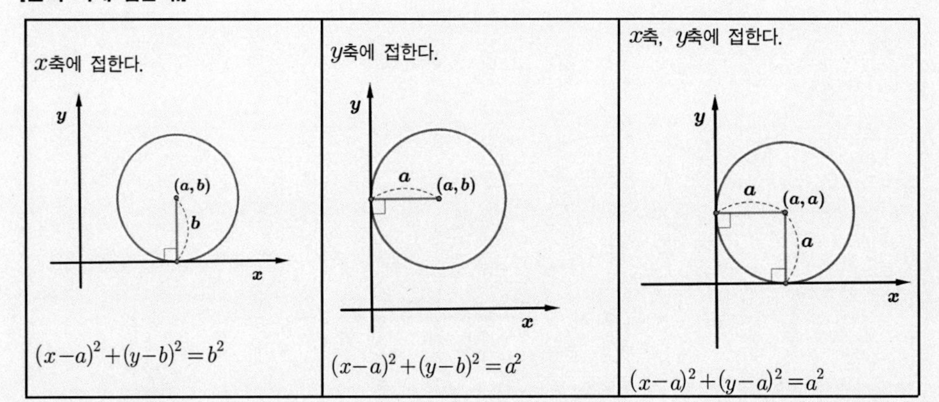

[원과 원이 접한다.]

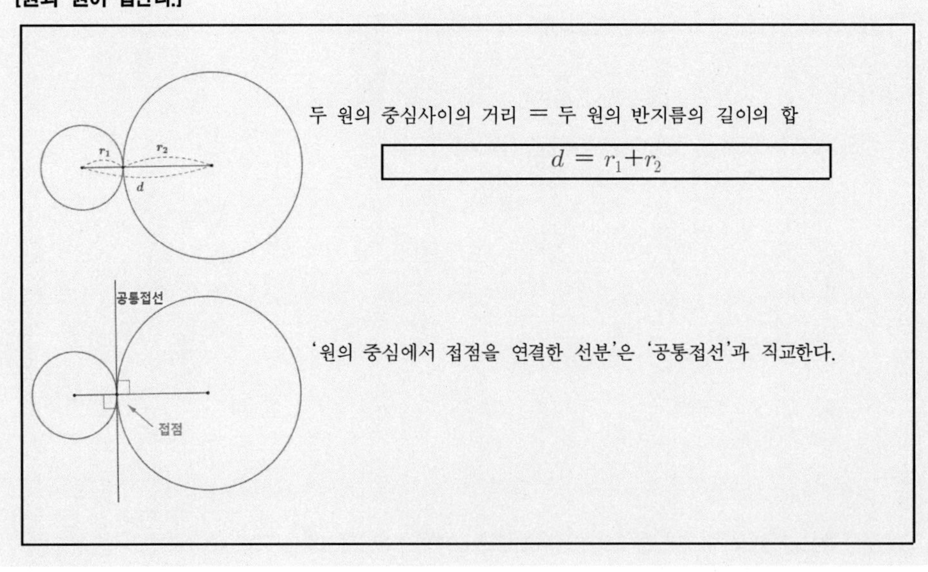

[원과 정삼각형이 접한다. (정삼각형의 내접원, 외접원)]

내접원	외접원
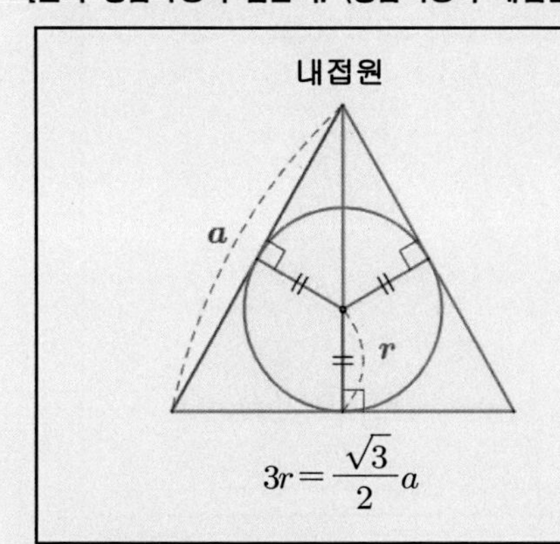 $3r=\dfrac{\sqrt{3}}{2}a$	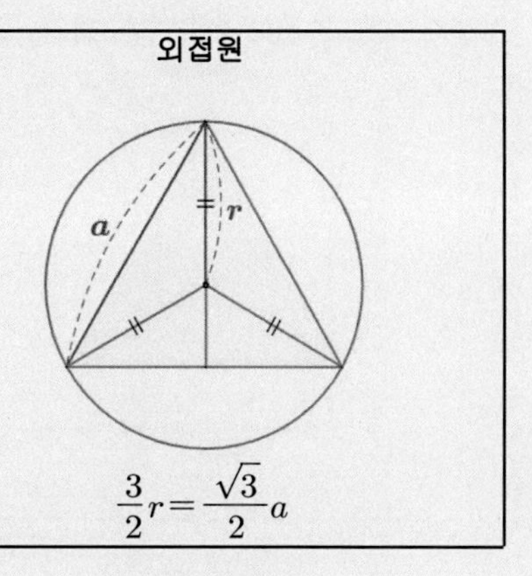 $\dfrac{3}{2}r=\dfrac{\sqrt{3}}{2}a$

[원과 정사각형이 접한다.]

정사각형의 내접원	정사각형의 외접원
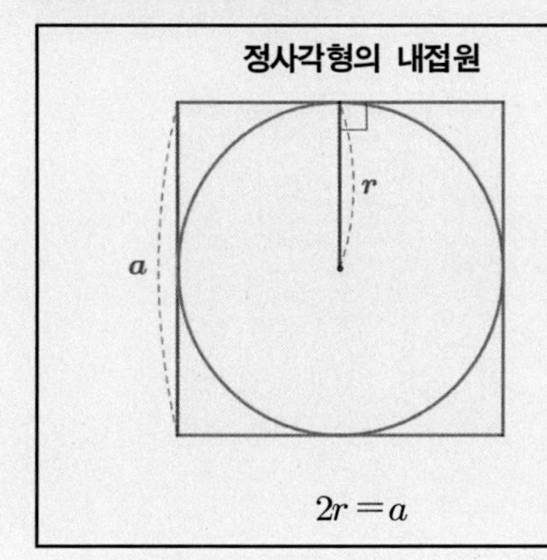 $2r=a$	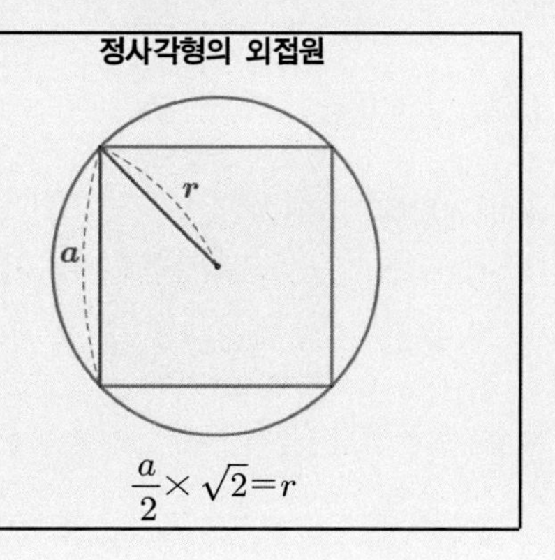 $\dfrac{a}{2}\times\sqrt{2}=r$

원리이해

정삼각형의 내접원	정삼각형의 외접원
'정삼각형의 내심=정삼각형의 무게중심'이므로 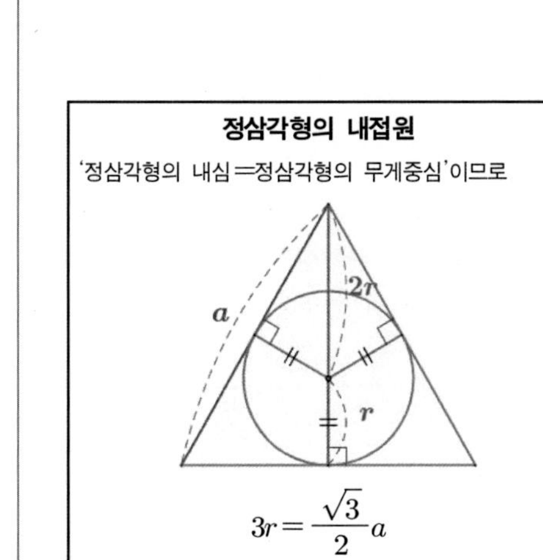 $3r=\dfrac{\sqrt{3}}{2}a$	'정삼각형의 외심=정삼각형의 무게중심'이므로 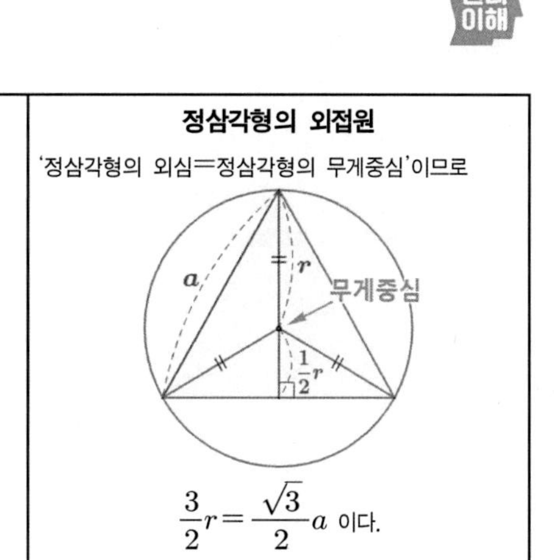 $\dfrac{3}{2}r=\dfrac{\sqrt{3}}{2}a$ 이다.

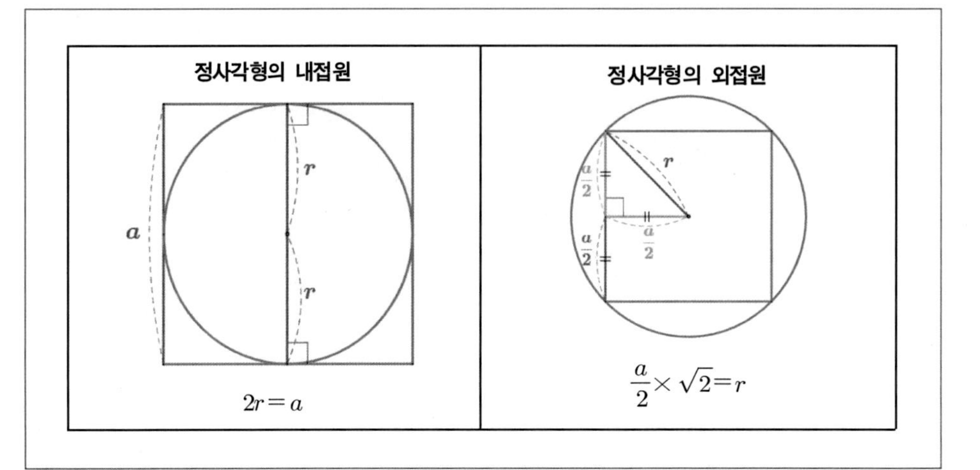

 관련 문제

[2019 서울대 면접 문항 일부]

한 변의 길이가 a인 정삼각형의 외접원의 반지름의 길이를 r이라 고 하자. 이때, a를 r에 대한 식으로 나타내시오.

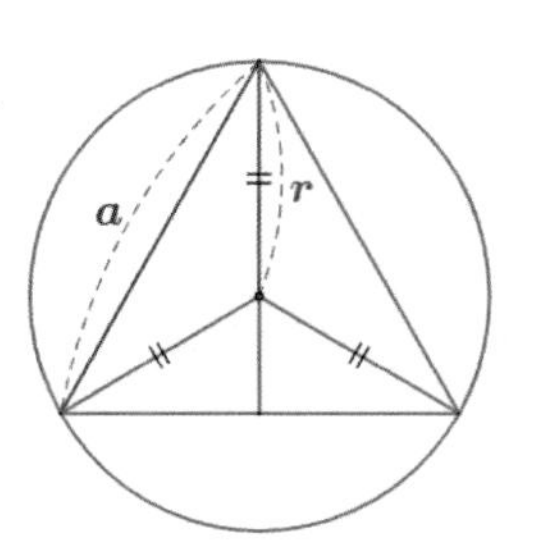

[2009 6월 학평 수학II 27번 고2]

그림과 같이 원 $x^2+y^2=4$와 x축에 동시에 접하고 반지름의 길이가 1인 원이 있다. 이 두 원의 접점 T와 이 두 원의 공통내접선이 y축과 만나는 점 A에 대하여 선분 $\overline{AT}$의 길이를 l이라 할 때, l^2의 값을 구하시오.

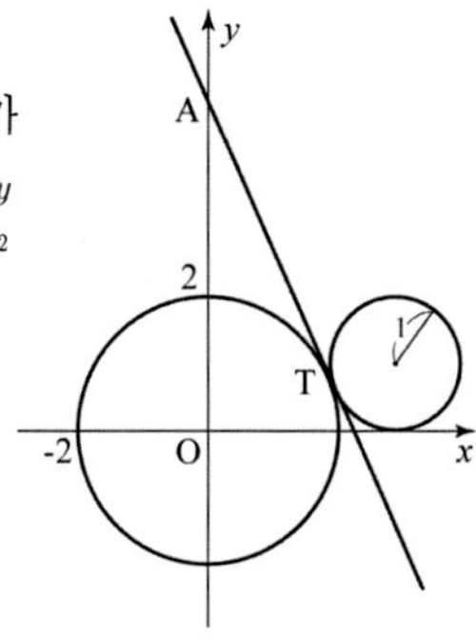

16 거리의 최대, 최소

점과 직선

점과 원

직선과 원

l

O

직선과 타원

평행한 두 직선

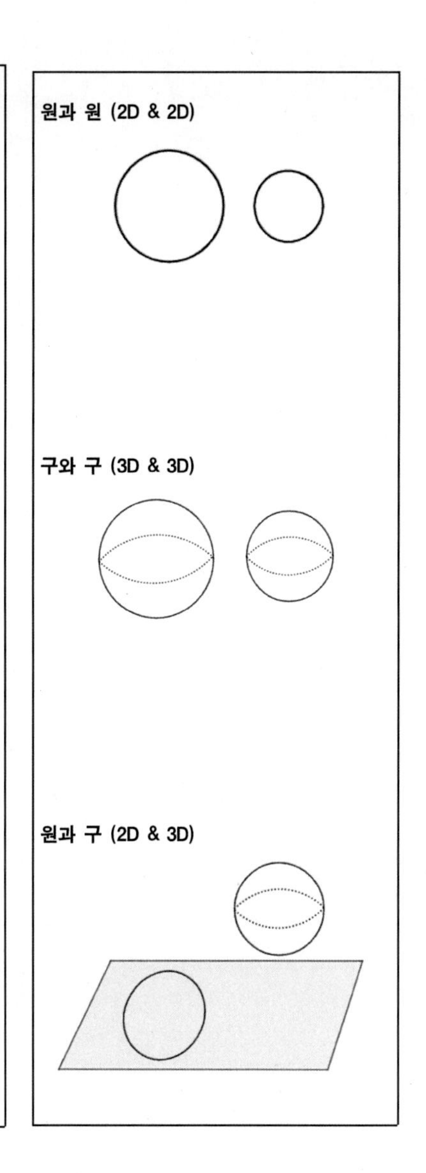

점과 직선

직각일 때 '최단 거리'이다.

점과 원, 직선과 원

원의 중심을 연결한 선분과의 교점에서 '최단거리', '최장거리'이다.

직선과 타원

원과 원 (2D & 2D)

구와 구 (3D & 3D)

원과 구 (2D & 3D)

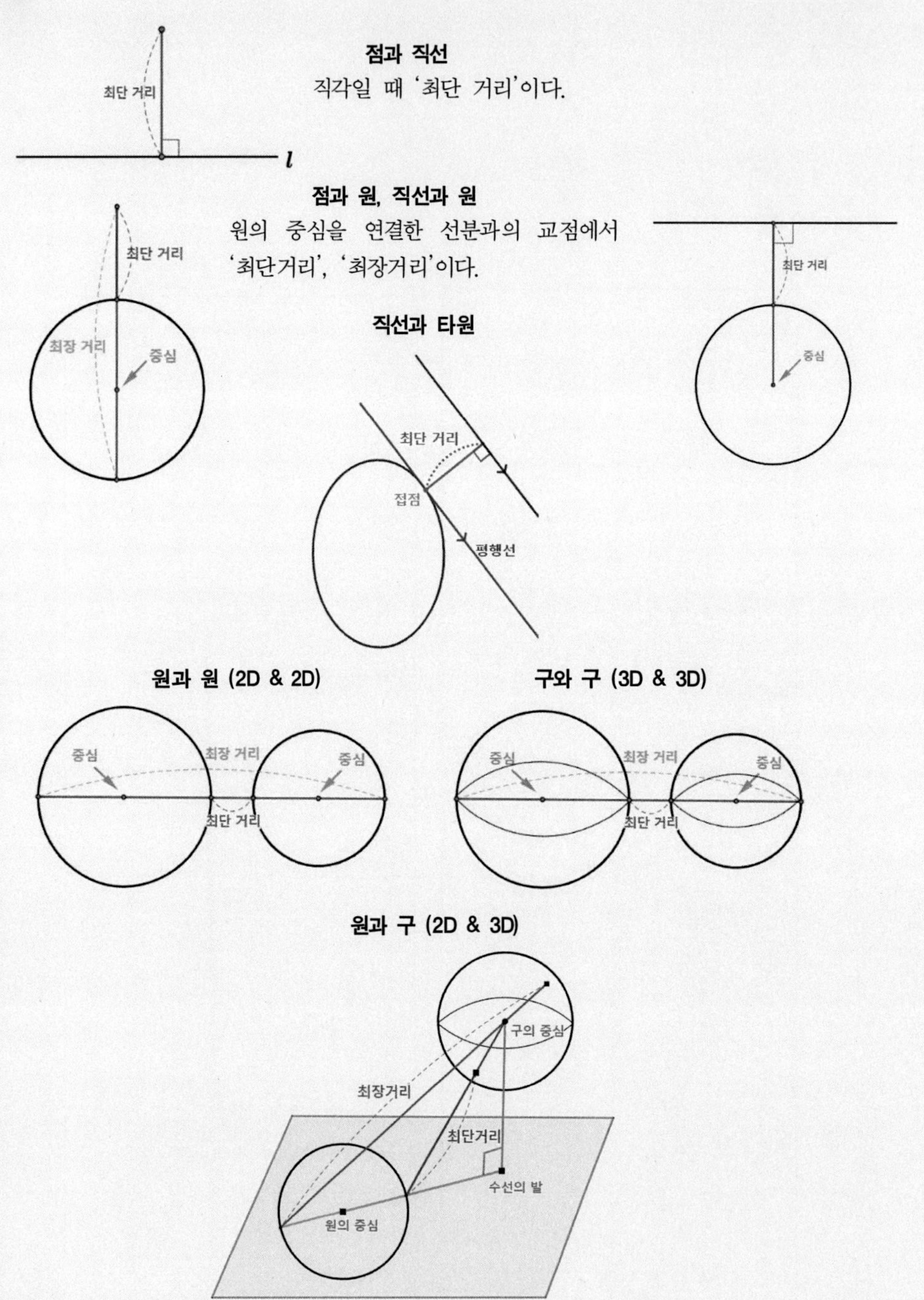

원리 이해

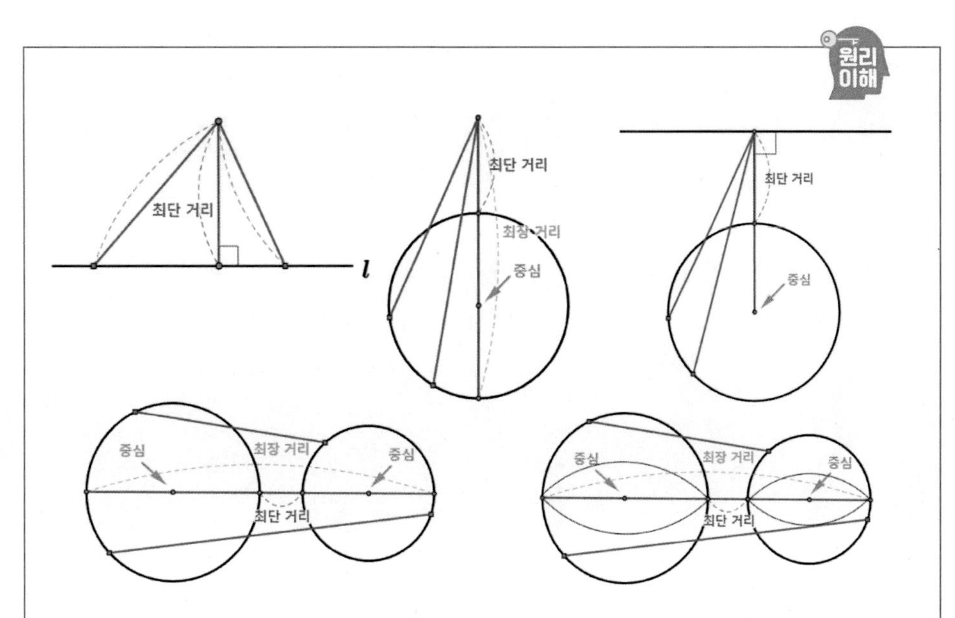

[원과 구 (2D & 3D)] 구의 중심에서 원을 포함하는 평면에 수선의 발을 내린다.
수선의 발과 원의 중심을 연결한 직선과 원의 교점을 이용하여 원과 구 사이의 '최대 거리'와 '최소 거리'를 아래 그림처럼 구한다.

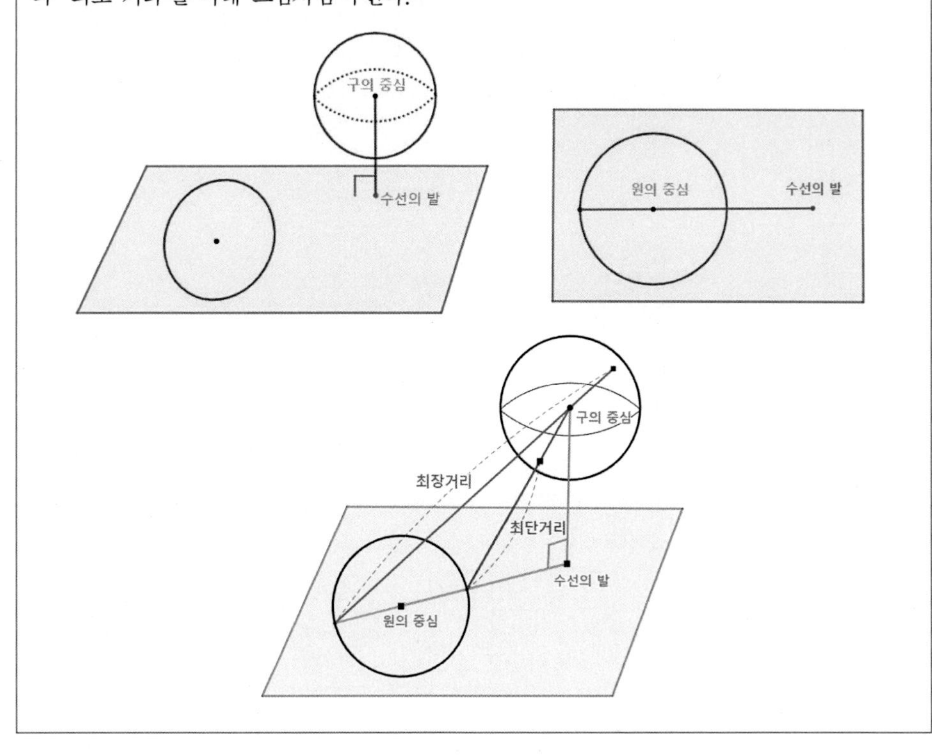

17 점과 직선 사이의 거리

(x_1, y_1)

$ax+by+c=0$

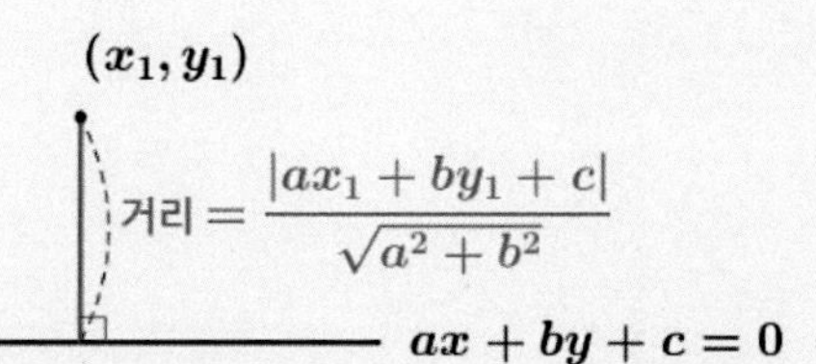

예제

Q. 점$(2, 3)$과 직선 $3x-4y-9=0$ 사이의 거리를 구하시오.

|풀이| $\dfrac{|3\times2-4\times3-9|}{\sqrt{3^2+(-4)^2}}=\dfrac{15}{5}=3$

Q. 두 직선 $x+2y=0$, $2x+4y+4\sqrt{5}=0$ 사이의 거리를 구하시오.

|풀이| 두 직선이 평행하므로 직선 $x+2y=0$ 위의 임의의 점으로부터 직선 $2x+4y+4\sqrt{5}=0$까지의 거리를 구하면 된다.
따라서 직선 $x+2y=0$ 위의 점 $(0,0)$을 선택하자.

$$\therefore \frac{|2\times0+4\times0+4\sqrt{5}|}{\sqrt{2^2+4^2}}=\frac{4\sqrt{5}}{2\sqrt{5}}=2$$

관련 읽을 거리

[점과 평면사이의 거리도 구할 수 있다?]

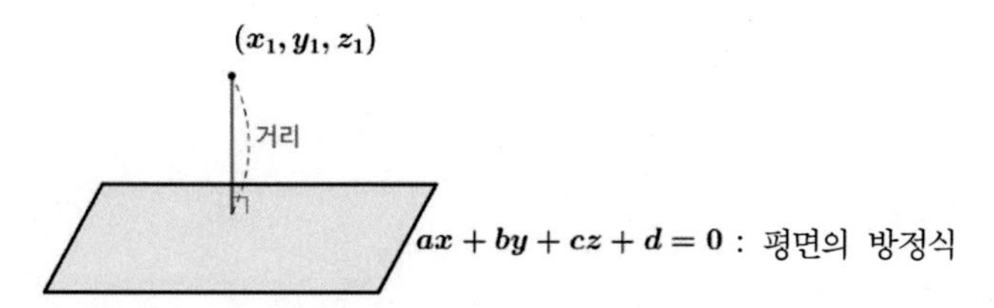

|풀이|

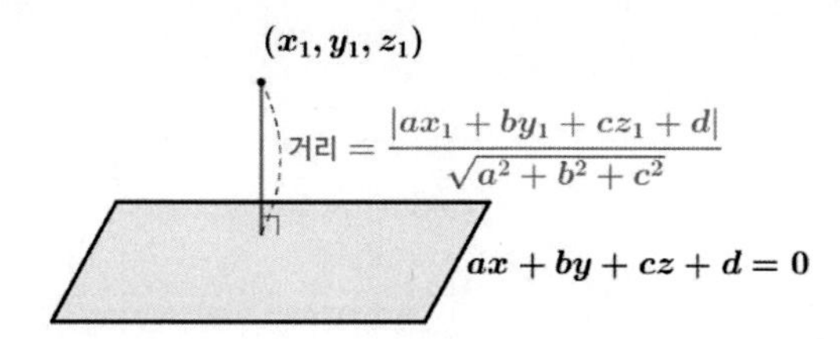

18 이등변삼각형, 정삼각형

이등변삼각형의 수선, 중선
정삼각형의 내심, 외심, 무게중심, 수심

이등변삼각형 ⇔ '수선 = 중선'

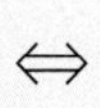

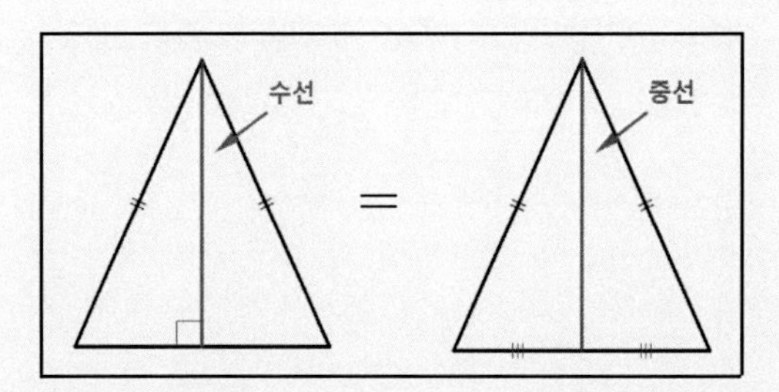

정삼각형 ⇔ '내심=외심=무게중심=수심'

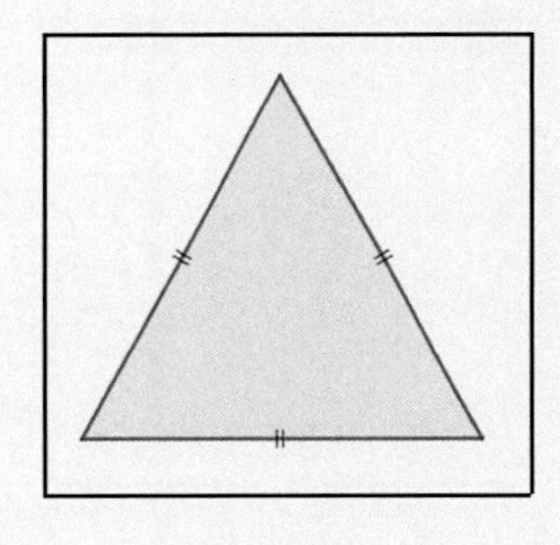

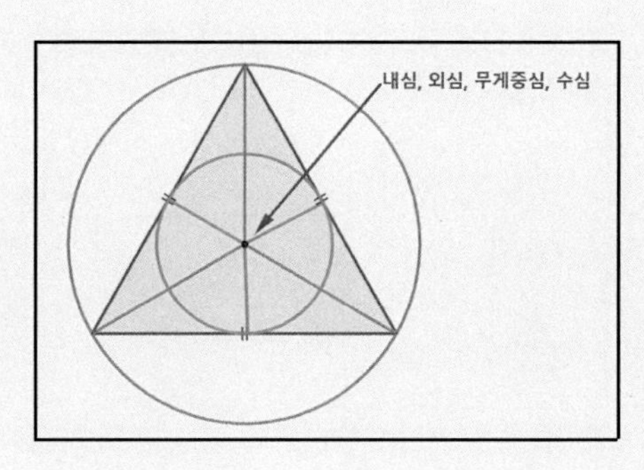

관련 문제

[2015 수능 가형 12번 일부]

한 변의 길이가 6인 정삼각형PAB의 높이는?

19 정다각형, 정다면체의 길이비

[정삼각형의 높이, 넓이]

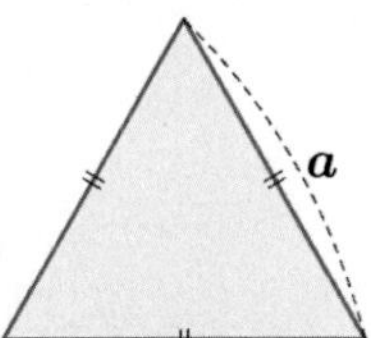

[정사면체의 높이, 부피]

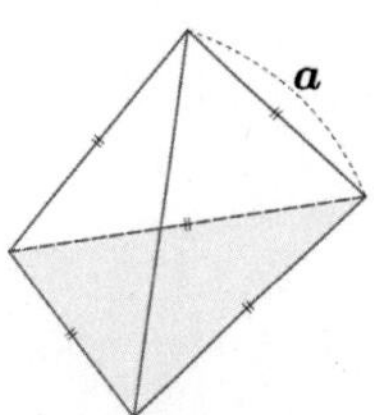

[정삼각형의 길이비]

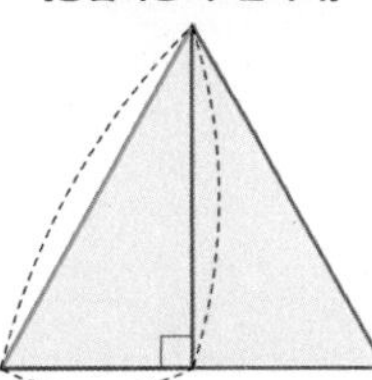

[정사면체의 길이비]

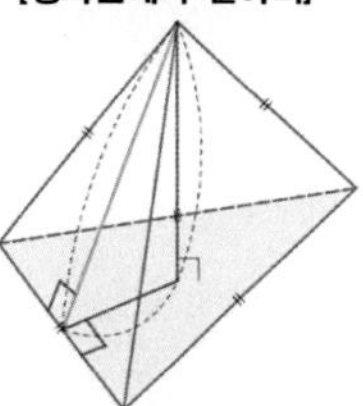

[정삼각형의 높이, 넓이]

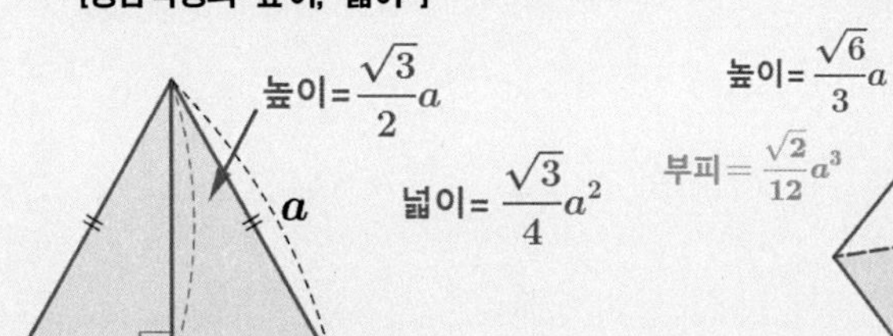

[정사면체의 높이, 부피]

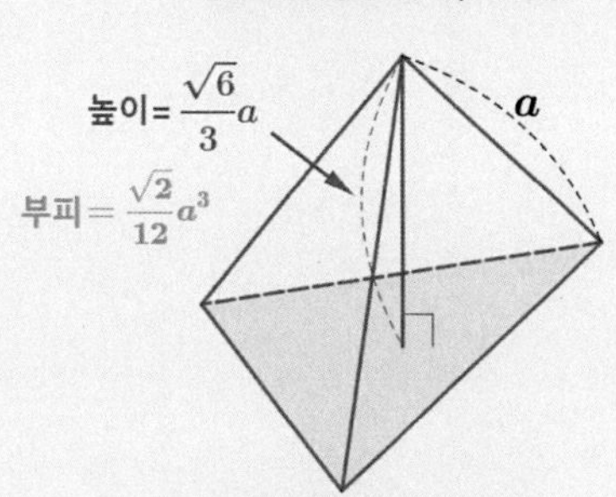

[정삼각형의 길이비]

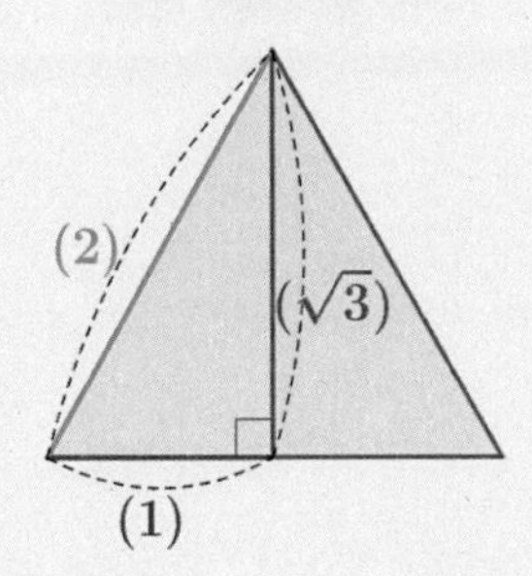

[정사면체의 길이비]

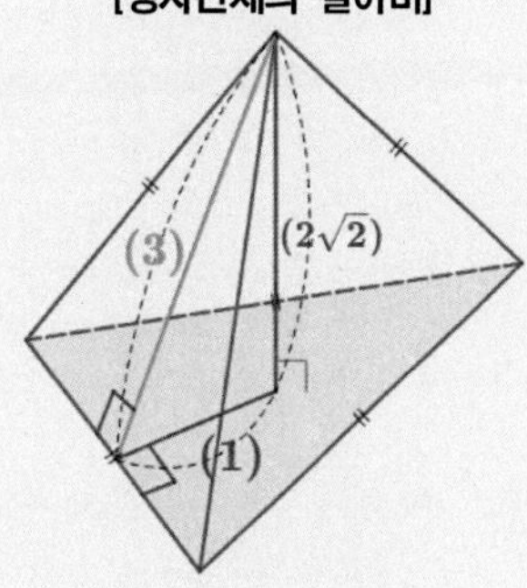

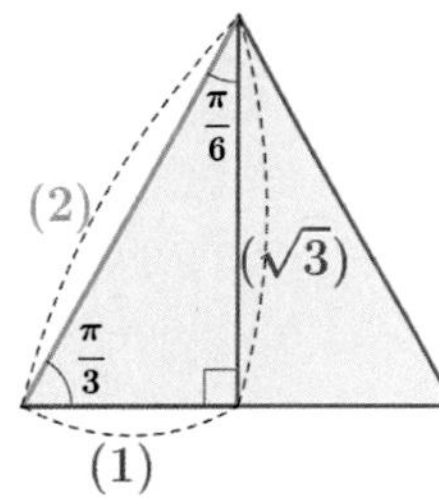

특수각에 의해 길이비는 $1 : \sqrt{3} : 2$이다.

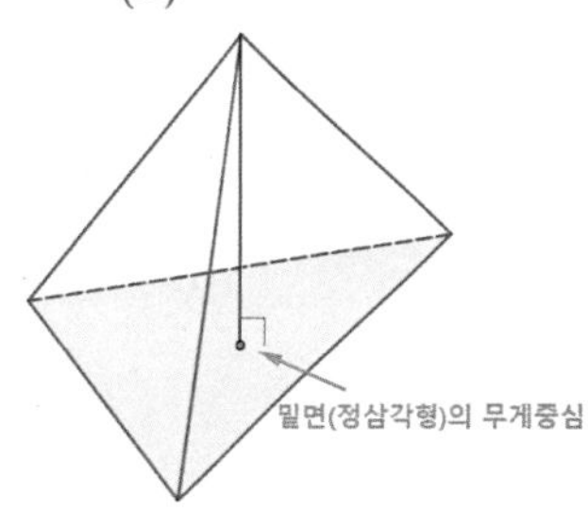

정사면체의 꼭짓점에서 밑면에 내린 수선의 발은 밑면(정삼각형)의 무게중심이 된다.

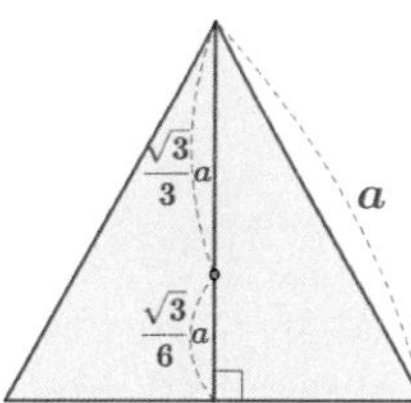

무게중심은 정삼각형의 중선위의 점이고 2:1로 내분하는 점이므로 선분의 길이는

$\frac{\sqrt{3}}{2}a \times \frac{1}{3} = \frac{\sqrt{3}}{6}a$이다.

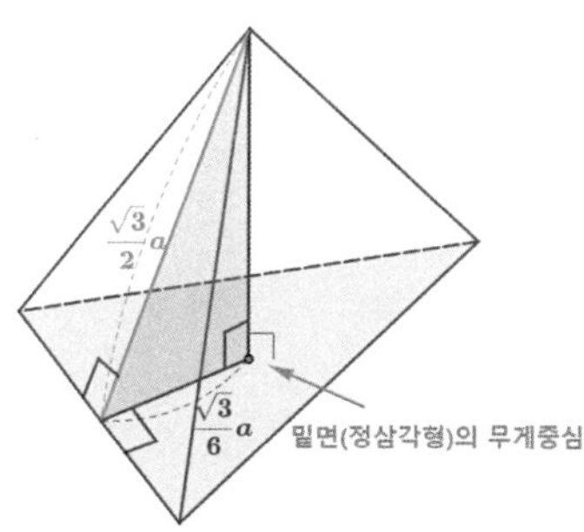

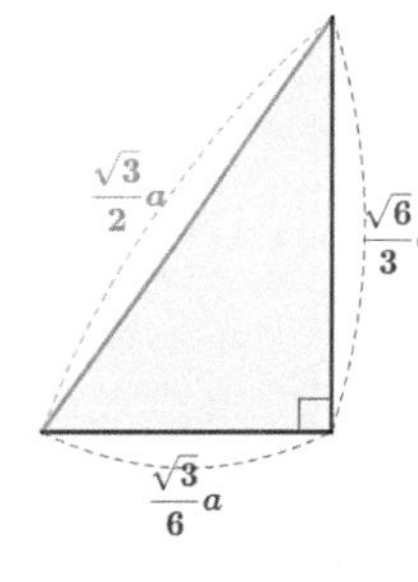

피타고라스 정리에 의하여

높이는 $\frac{\sqrt{6}}{3}a$가 되고,

길이비는 오른쪽 그림과 같다.

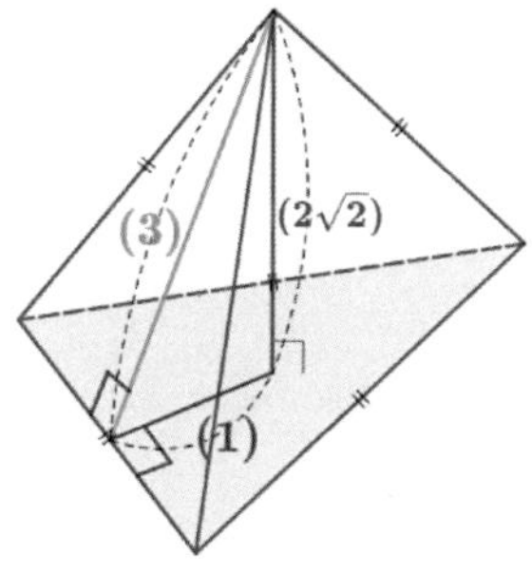

즉, $\cos\theta = \frac{1}{3}$이 된다.

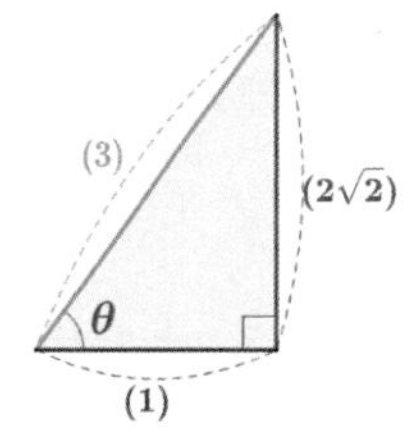

한편 정사면체의 밑넓이는 $\frac{\sqrt{3}}{4}a^2$이므로,

정사면체의 부피는 $\frac{1}{3} \times \frac{\sqrt{3}}{4}a^2 \times \frac{\sqrt{6}}{3}a = \frac{\sqrt{2}}{12}a^3$이 된다.

관련 읽을 거리

다각형 - 세 개 이상의 선분으로 둘러싸인 평면 도형

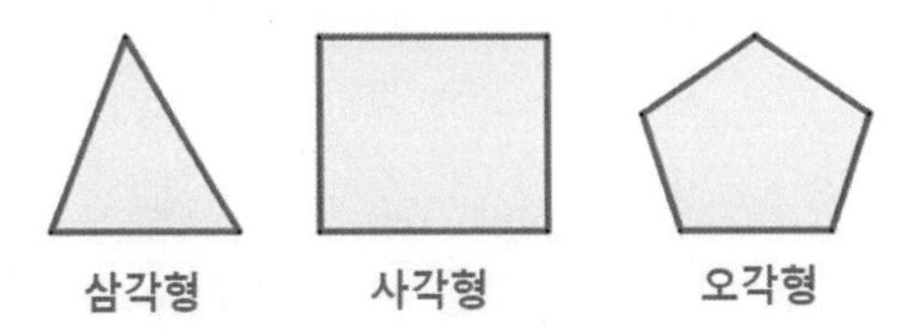

다면체 - 다각형인 면으로만 둘러싸인 입체도형

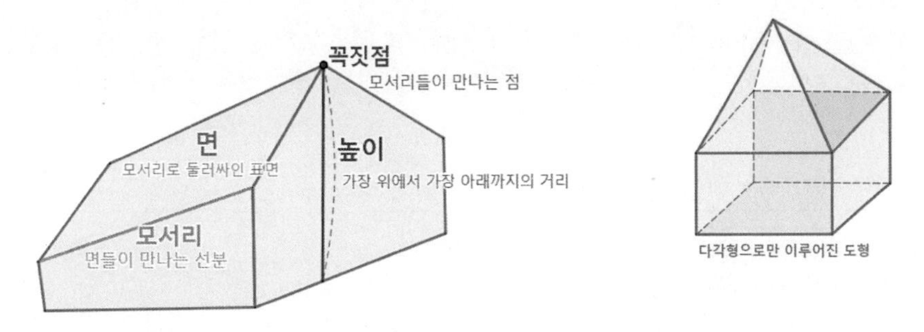

각뿔 - 다각형인 밑면 한 개와 한 점을 공유하는 삼각형의 옆면들로 이루어진 입체

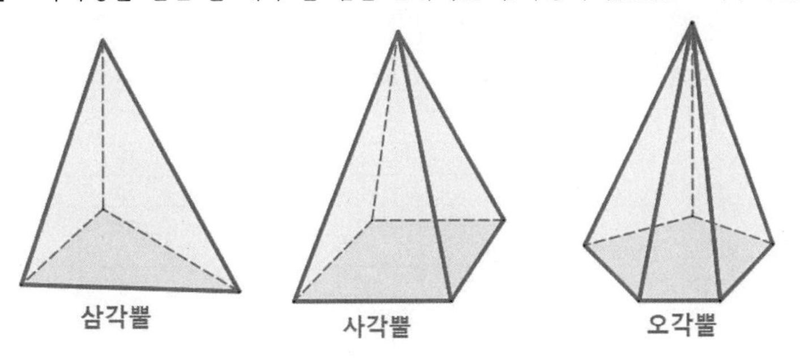

원뿔 - 밑면이 원이고, 옆면이 곡면인 뿔 모양의 입체

구 - 중심으로 부터의 거리가 일정한 점들로 이루어진 입체

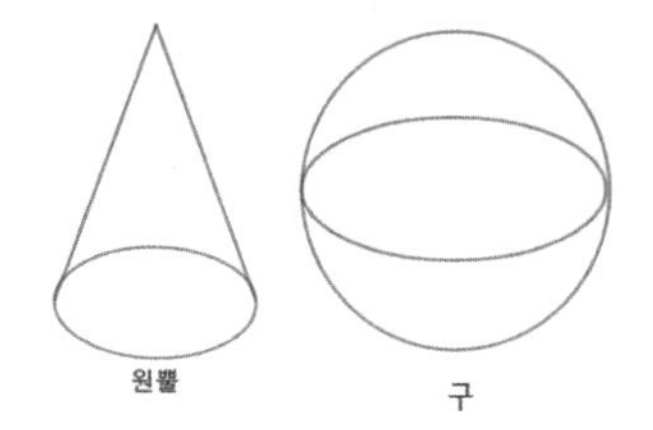

관련 읽을 거리

[정다면체와 '4원소']

(정다면체 : 모든 면이 합동인 정다각형이고, 한 꼭짓점에 모이는 면의 수가 같은 다면체)
플라톤은 '정육면체-흙, 정이십면체-물, 정팔면체-바람, 정사면체-불, 정십이면체-우주'에 대응시켰다.

[정다면체는 5개 밖에 없다?] YES, 그 이유는...

정다면체가 되려면 아래 조건을 모두 만족해야 한다.

1) 모든 면이 정다각형이다.
2) 한 꼭짓점에서 만나는 정다각형의 개수가 3개 이상이고, 그 수가 모두 같다.
3) 면들이 만나 꼭짓각을 이룰 때 그 합이 360° 미만이다.

한 면의 모양	정다각형의 한 내각의 크기	한 점에 모이는 면의 개수 (3개 이상)	한 꼭짓점에 모이는 각의 총합 (360° 미만)	정다면체
정삼각형	정삼각형의 한 내각의 크기= 60°	3개	180°	정4면체
		4개	240°	정8면체
		5개	300°	정20면체
		6개	360°	불가능
정사각형	정사각형의 한 내각의 크기= 90°	3개	270°	정6면체
		4개	360°	불가능
		5개	450°	불가능
		6개	540°	불가능
정오각형	정오각형의 한 내각의 크기=108°	3개	324°	정12면체
		4개	432°	불가능
		5개	540°	불가능
		6개	648°	불가능
정육각형	정육각형의 한 내각의 크기=120°	3개	360°	불가능

[무게 중심은 무게가 없는 부분에 존재할 수 있다?] YES

테니스 공의 무게 중심은 테니스 공의 텅 빈 내부에 있다.

20 사각형

사각형의 각 변의 중점을 연결하면 어떤 도형이 만들어지는가?

[사각형의 각 변의 중점을 연결한 도형]

외부 사각형	중점을 연결한 사각형	
사각형	평행사변형	
등변사다리꼴	마름모	
직사각형	마름모	
마름모	직사각형	
정사각형	정사각형	

〈사각형의 중점 연결〉

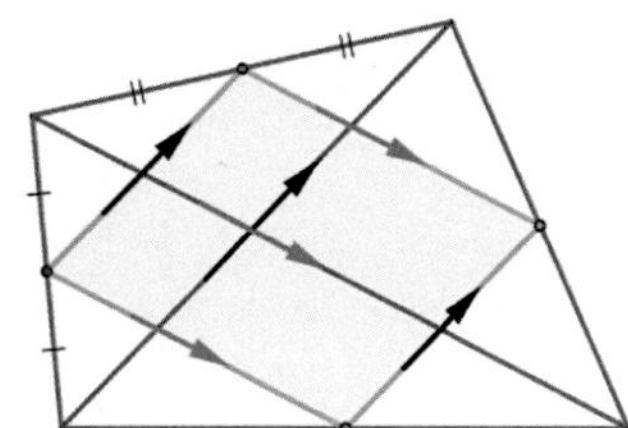

'삼각형의 중점연결 정리'에 의해 사각형의 각 변의 중점을 연결한 도형은 대변끼리 평행하다.

〈마름모의 중점 연결〉

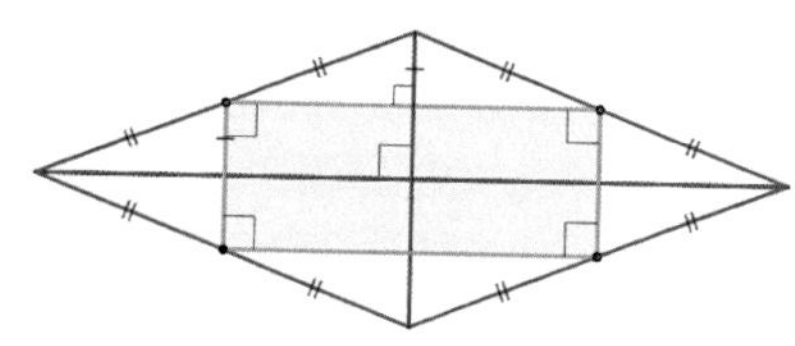

'삼각형의 중점연결 정리'에 의해 '직각삼각형이 합동'이 되고, 따라서 모든 각도가 직각이다.

〈직사각형의 중점 연결〉

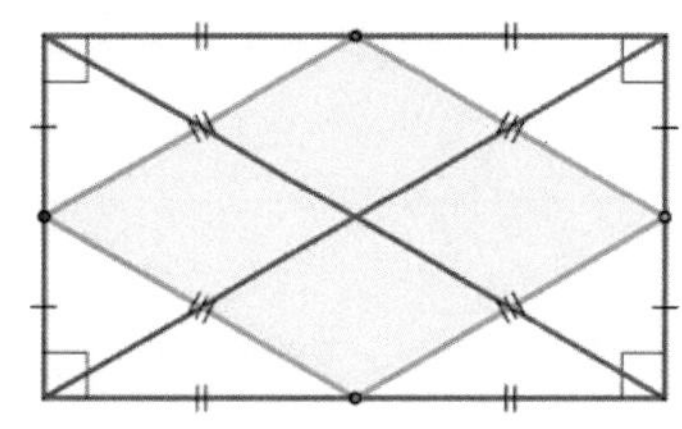

'직각삼각형의 합동'에 의해 빗변의 길이가 모두 같다. 따라서 네 변의 길이가 모두 동일하다.

관련 문제

[2018 수능 가형 17번 일부]

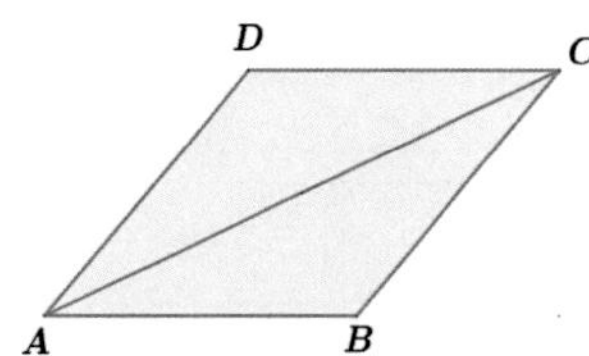

마름모$ABCD$에서 $\angle DAB=\theta$일 때, $\angle ACB$의 크기를 θ로 표현하면?

[2018 수능 가형 17번 일부]

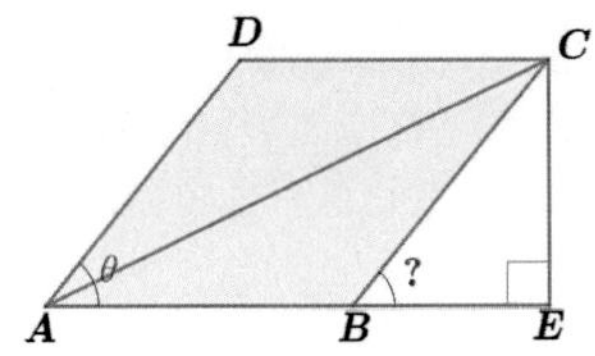

마름모$ABCD$에서 $\angle DAB=\theta$일 때, $\angle CBE$의 크기는?

[2016 수능 가형 15번 일부]

좌표평면에서 점 A의 좌표는 $(1,0)$ 이고, $0<\theta<\frac{\pi}{2}$인 θ에 대하여 점 B의 좌표는 $(\cos\theta,\sin\theta)$이다. 사각형 $OACB$가 평행사변형이 되도록 하는 제 1사분면 위의 점 C에 대하여 점C의 좌표를 삼각함수를 이용하여 나타내시오.

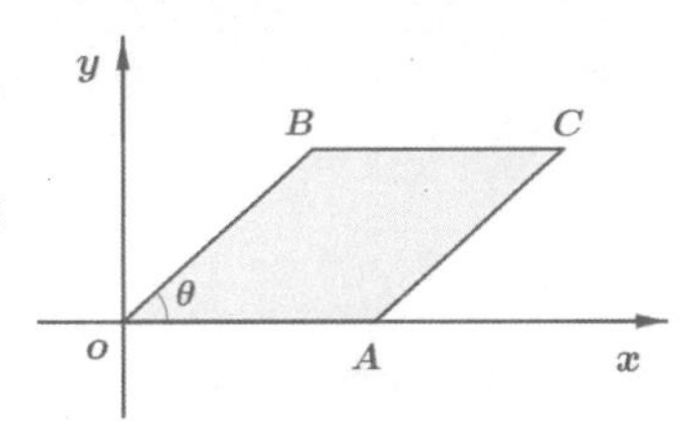

[2016 수능 가형 15번 일부]

좌표평면에서 점 A의 좌표는 $(1,0)$ 이고, $0<\theta<\frac{\pi}{2}$인 θ에 대하여 점 B의 좌표는 $(\cos\theta,\sin\theta)$이다. 사각형 $OACB$가 평행사변형이 되도록 하는 제 1사분면 위의 점 C 에 대하여 사각형 $OACB$의 넓이를 삼각함수를 이용하여 나타내시오.

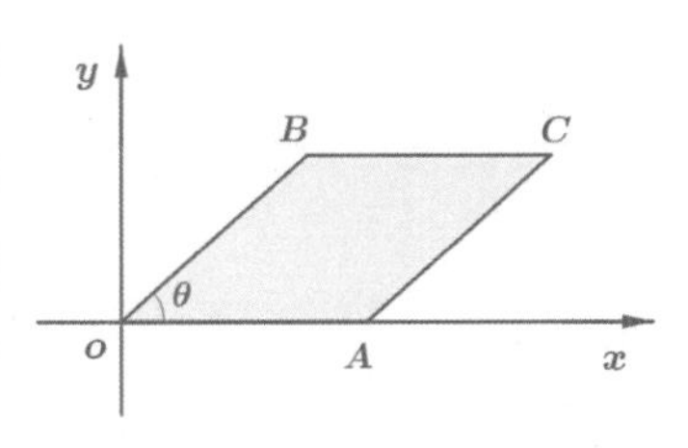

관련 읽을 거리

[사각형의 포함관계]

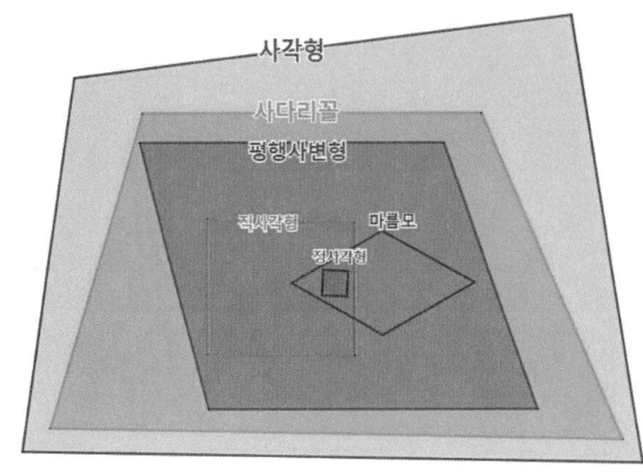

〈정의〉

평행사변형 : 두 쌍의 대변이 각각 평행한 사각형

직사각형 : 네 각의 크기가 모두 같은 사각형

마름모 : 네 변의 길이가 모두 같은 사각형

정사각형 : 네 변의 길이가 같고, 네 각의 크기가 같은 사각형

[사각형의 대각선의 특징]

사각형	대각선의 특징	관련 문제 해결 전략
사각형	두 대각선은 만난다	두 대각선은 만난다.
평행사변형	두 대각선은 서로 이등분한다.	두 대각선은 중점에서 만난다.
직사각형	두 대각선은 서로 이등분한다. 두 대각선의 길이는 같다.	길이가 같은 두 대각선이 중점에서 만난다.
마름모	두 대각선은 서로 이등분한다. 두 대각선은 수직으로 만난다.	두 대각선이 중점에서 수직으로 만난다.
정사각형	두 대각선은 서로 이등분한다. 두 대각선의 길이는 같고, 수직으로 만난다.	길이가 같은 두 대각선이 중점에서 수직으로 만난다.

21 삼각형의 내심, 외심, 무게중심

[삼각형의 오심]

	내심	외심	무게중심	방심 (3개)	수심
작도	두(세) 내각의 이등분선의 교점	두(세) 변의 수직이등분선의 교점	두(세) 중선의 교점	한 내각의 이등분선과 다른 두 외각의 이등분선의 교점	두(세) 수선의 교점 (한 꼭짓점에서 대변 또는 대변의 연장선에 내린 수선의 연장선들의 교점)
특징	세 변에 이르는 거리는 같다 (=내접원의 반지름)	세 꼭짓점에 이르는 거리는 같다 (=외접원의 반지름)	세 중선을 꼭짓점으로부터 $2:1$로 내분한다. 여섯 조각의 넓이는 같다.	세 변의 연장선에 이르는 거리는 같다. (= 방접원의 반지름)	
위치	내부	**예각삼각형** : 삼각형의 내부 **직각삼각형** : 빗변의 중점 **둔각삼각형** : 삼각형의 외부	내부	외부	예각삼각형 : 삼각형의 내부 직각삼각형 : 직각인 꼭짓점 둔각삼각형 : 삼각형의 외부

[삼각형의 무게중심의 성질]

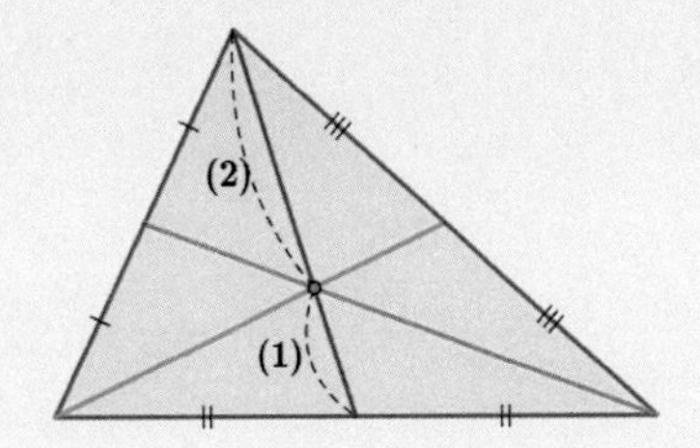

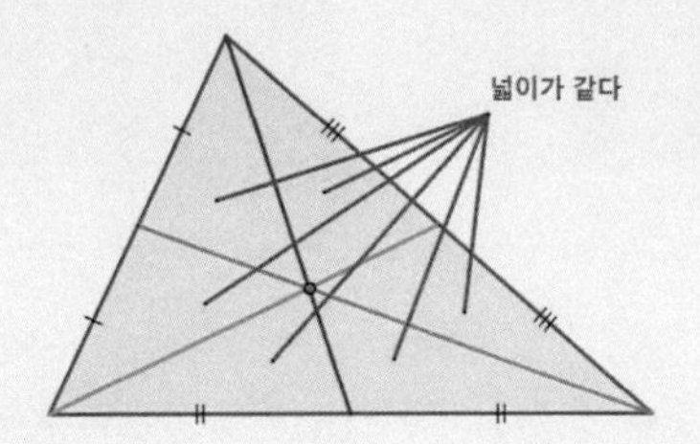

[삼각형의 무게중심은 '세 중선의 교점'인가? '두 중선의 교점'인가?]라는 의문이 든다면, 삼단 논법에 의해 직관적으로 이해할 수 있다.

두 중선의 교점은 존재한다. 모든 삼각형은 무게 중심이 존재한다. 따라서 나머지 한 중선도 그 교점을 지나야 한다.

즉, '삼각형의 무게중심 = 두 중선의 교점 = 세 중선의 교점'이라 할 수 있다.
삼각형의 오심 모두 이렇게 직관적으로 이해가 가능하다.

 관련 문제

[2016 수능 가형 3번]

좌표공간에서 세 점 $A(a,0,5), B(1,b,-3), C(1,1,1)$을 꼭짓점으로 하는 삼각형의 무게중심의 좌표가 $(2,2,1)$일 때, $a+b$ 의 값은?

관련 읽을 거리

어떠한 물체라도 쉽게 무게중심을 찾을 수 있다?
[1단계] 실의 한 쪽 끝은 천장에 연결하고, 다른 한 쪽 끝은 물체 위의 아무 점이나 선택하여 그 점에서 물체가 자유롭게 매달리도록 합니다. 그 후 실의 연장선(직선)을 물체 위에 표시합니다.
[2단계] 물체 위의 다른 점을 선택하여 앞에서와 동일한 방법을 시행합니다.
'1,2단계'를 통해 얻은 두 직선의 교점이 물체의 '무게 중심'입니다.
즉, 무게중심은 '두 연직선의 교점'으로 찾을 수 있습니다.

22 내접원, 외접원

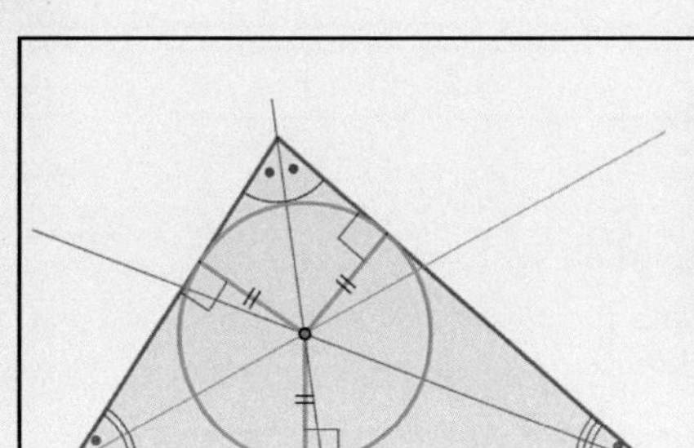

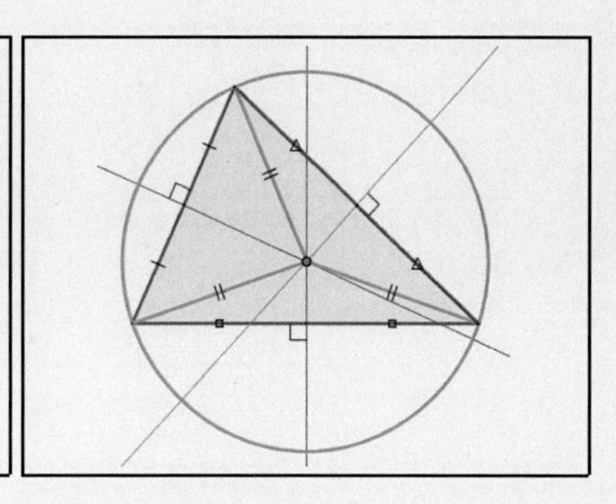

관련 문제

[2017 6월 모평 가형 미분과 적분 27번]

그림과 같이 지름의 길이가 2이고, 두 점 A, B를 지름의 양 끝점으로 하는 반원 위에 점 C가 있다. 삼각형 ABC의 내접원의 중심을 O, 중심 O에서 선분 AB와 선분 BC에 내린 수선의 발을 각각 D, E라 하자. $\angle ABC = \theta$ 이고, 호 AC의 길이를 l_1, 호 DE의 길이를 l_2라 할 때, $\lim_{\theta \to 0} \frac{l_1}{l_2}$의 값은? (단, $0 < \theta < \frac{\pi}{2}$이다.)

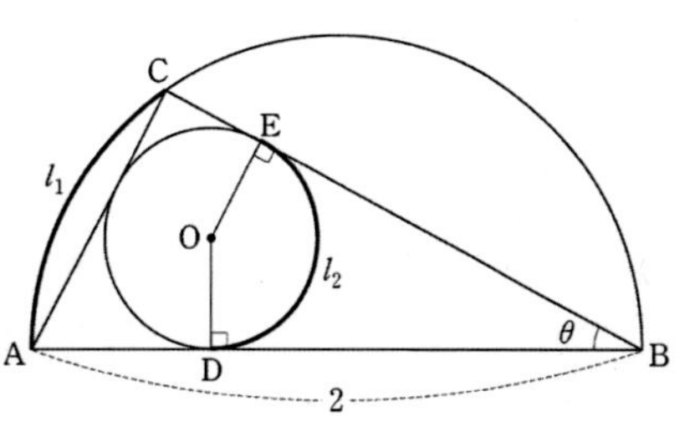

23 내분점, 외분점, 아폴로니우스 원

점A와 점B를 $m:n$으로 내분하는 내분점

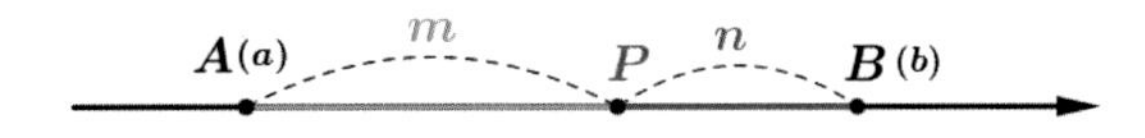

점A와 점B를 $m:n$으로 외분하는 외분점

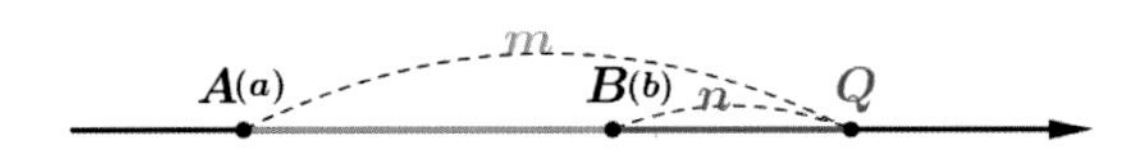

$\overline{PA} : \overline{PB} = m : n$ 인 점P의 모임 (점A, B로부터 거리의 비가 $m:n$인 점들의 모임)

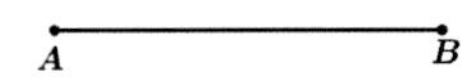

[내분점] 점A와 점B를 $m:n$으로 내분하는 내분점

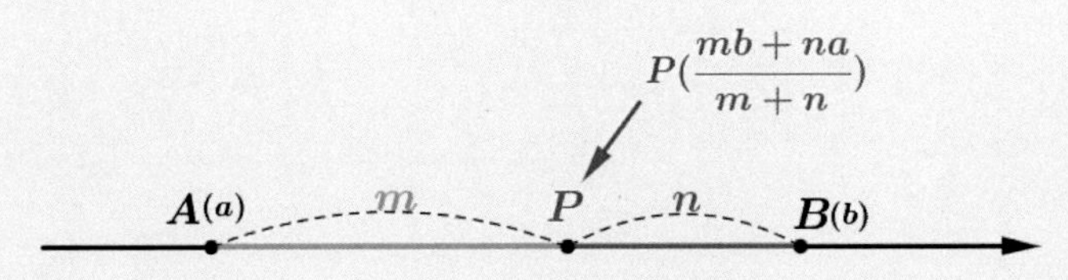

[외분점] 점A와 점B를 $m:n$으로 외분하는 외분점

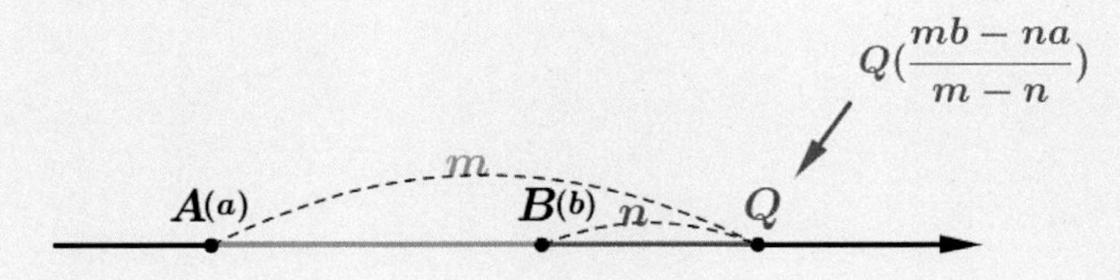

[아폴로니우스의 원]

$\overline{PA}:\overline{PB}=m:n$ 인 점P의 모임 (점A, B로부터 거리의 비가 $m:n$인 점들의 모임)

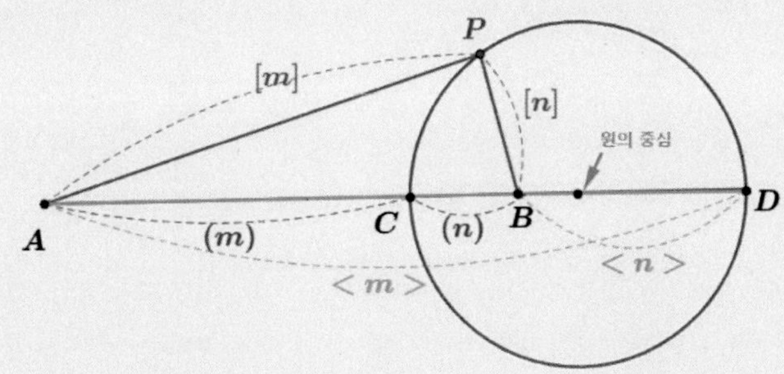

선분AB를 $m:n$으로 내분하는 점C, 외분하는 점D라 할 때, 점C, 점D를 지름의 양끝으로 하는 원 위의 점이 된다.

내분점 : 두 점을 이은 선분위에 존재

외분점 : 두 점을 이은 직선위에 존재 (선분 위에는 없음)

아폴로니우스의 원 : 점A, B를 $m:n$으로 내분하는 내분점C와 외분하는 외분점D를 지름의 양 끝점으로 하는 원 위의 모든 점

 관련 문제

[2019 수능 가형 3번]

좌표공간의 두 점 $A(2, a, -2)$, $B(5, -2, 1)$에 대하여 선분 AB를 $2:1$로 내분하는 점이 x축 위에 있을 때, a의 값은?

[2018 수능 가형 3번]

좌표공간의 두 점 $A(1, 6, 4)$, $B(a, 2, -4)$에 대하여 선분 AB를 $1:3$으로 내분하는 점의 좌표가 $(2, 5, 2)$이다. a의 값은?

[2017 수능 가형 8번]

좌표공간의 두 점 $A(1, a, -6)$, $B(-3, 2, b)$에 대하여 선분 AB를 $3:2$로 외분하는 점이 x축 위에 있을 때, $a+b$의 값은?

[2015 수능 가형 5번]

좌표공간에서 두 점 $A(2, a, -2)$, $B(5, -3, b)$에 대하여 선분 AB를 $2:1$로 내분하는 점이 x축 위에 있을 때, $a+b$의 값은?

[2014 수능 가형 3번]

좌표공간에서 두 점 $A(a, 5, 2)$, $B(-2, 0, 7)$에 대하여 선분 AB를 $3:2$로 내분하는 점의 좌표가 $(0, b, 5)$이다. $a+b$의 값은?

[2013 수능 가형 3번]

좌표공간에서 두 점 $A(a, 1, 3)$, $B(a+6, 4, 12)$에 대하여 선분 AB를 $1:2$로 내분하는 점의 좌표가 $(5, 2, b)$이다. $a+b$의 값은?

24 평행선 정리, 중점연결 정리

[평행선 사이의 선분의 길이비]

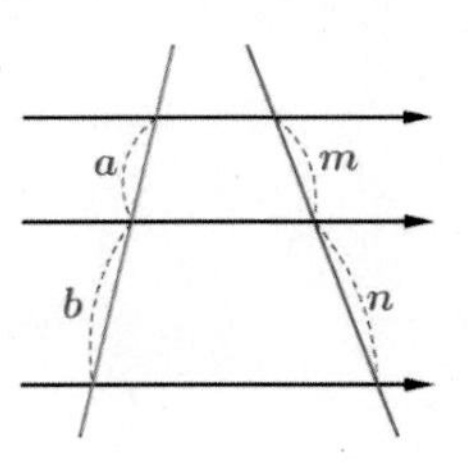

[삼각형의 중점 연결 정리]

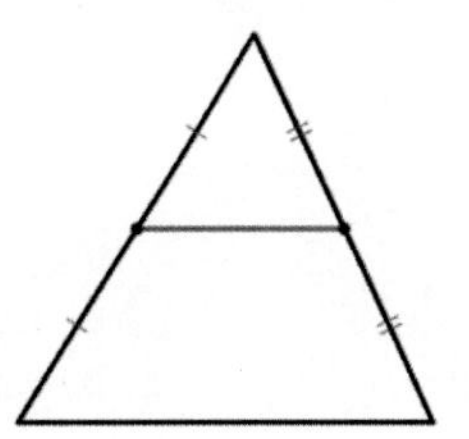

[평행선 사이의 선분의 길이비 - 원리 : 중점 연결 정리]

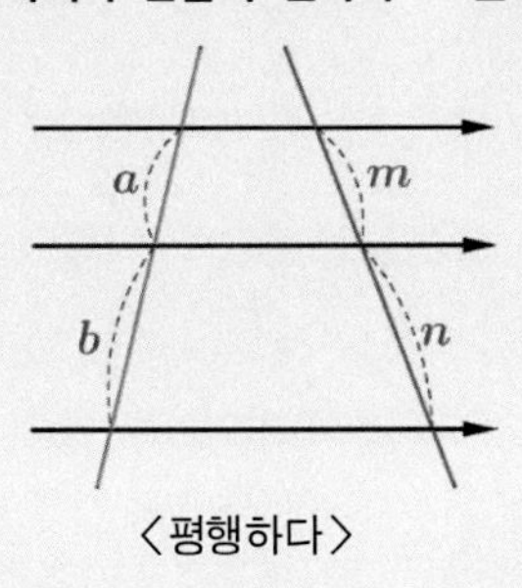

〈평행하다〉

$$\Leftrightarrow \qquad a : b = m : n$$

[삼각형의 중점 연결 정리]

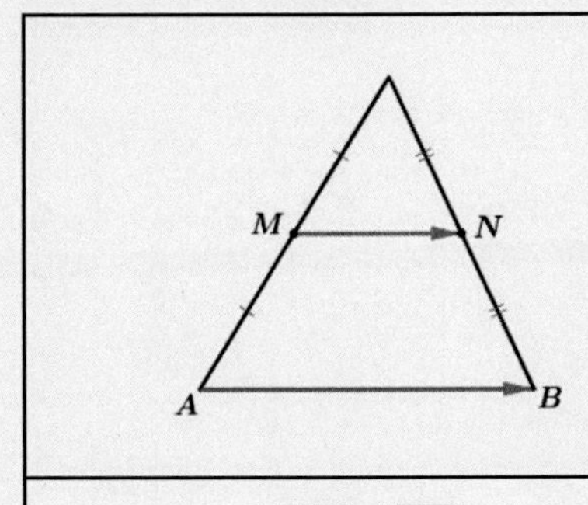	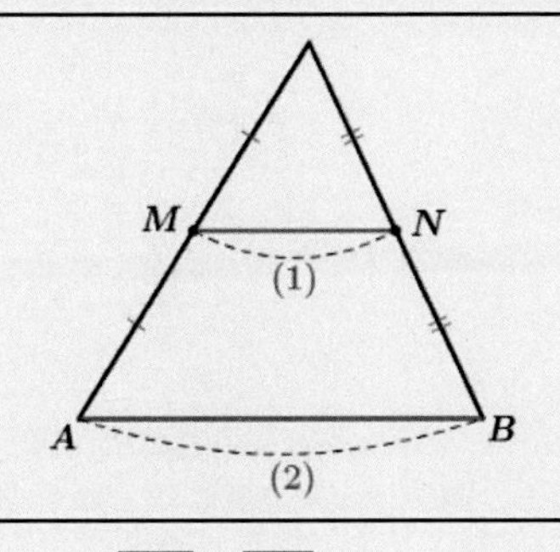
$\overline{MN} // \overline{AB}$	$\overline{MN} : \overline{AB} = 1 : 2$

[평행선의 성질]

두 직선이 **평행** ⇒ 동위각의 크기는 같다.

두 직선이 **평행** ⇒ 엇각의 크기는 같다.

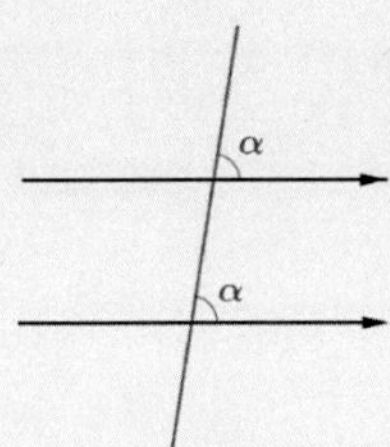

동위각의 크기가 같다 ⇒ 두 직선은 **평행**

엇각의 크기가 같다 ⇒ 두 직선은 **평행**

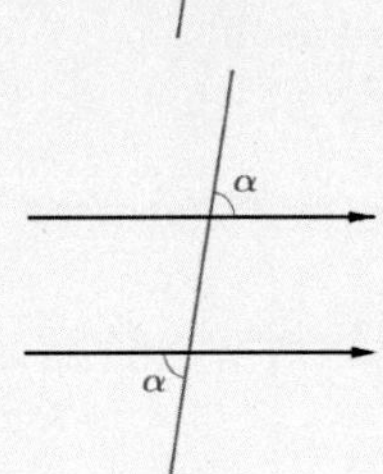

 **예제**

[2020 수능 가형 13번 일부]

Q. $\overline{OF}=\overline{OF'}$, 점 $A(5,0)$에 대하여 직선 $y=c$가 직선 AF'과 만나는 점을 B라 하자. 선분 $\overline{FB}$의 길이는? (단, 점 O는 원점이다.)

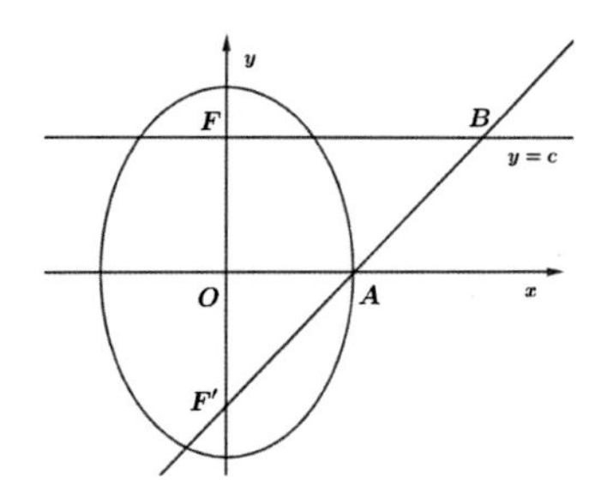

|풀이| 직선 $y=c$와 x축은 평행하고, $\overline{OF}=\overline{OF'}$이므로 중점 연결 정리에 의해 선분 $\overline{FB}$의 길이는 $2\times\overline{OA}=10$ 이다.

관련 개념

[맞꼭지각]

[동위각]

[엇각]

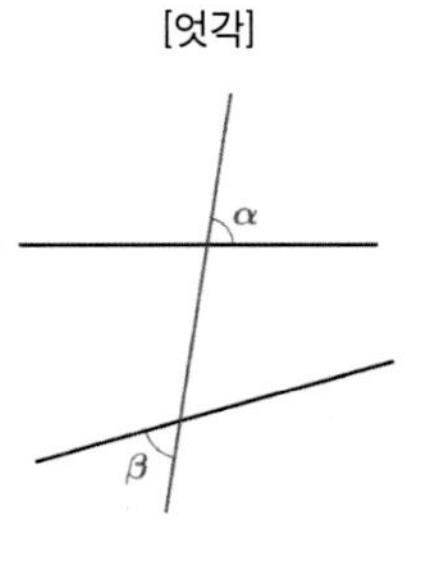

입체의 한 꼭짓점에서의 수선의 발

정사면체 (모든 모서리의 길이가 같은 정삼각뿔)
원뿔
밑면이 정삼각형이고, 옆면이 합동인 뿔
밑면이 정사각형이고, 옆면이 합동인 뿔
모든 모서리의 길이가 같은 정사각뿔

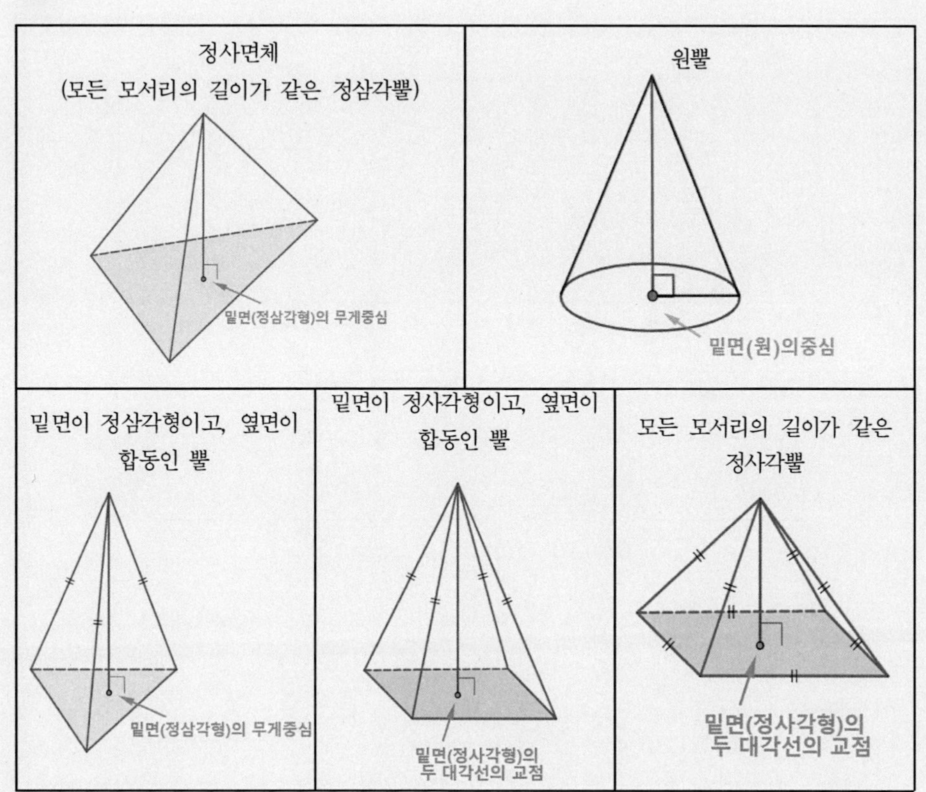

26 정사면체에 접하는 구

'구'와 '한 변의 길이가 a인 정사면체'가 접할 때,
구의 반지름의 길이는?

배경 지식 : 같은 정사면체에 '외접하는 구'와 '내접하는 구'의 중심은 일치한다.

유형

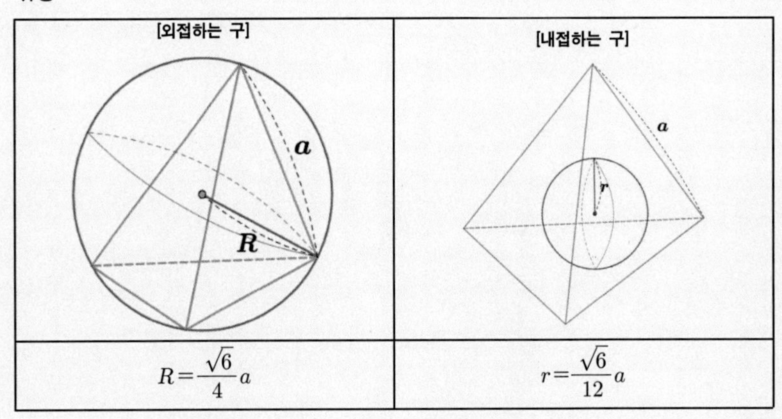

[외접하는 구]	[내접하는 구]
$R=\frac{\sqrt{6}}{4}a$	$r=\frac{\sqrt{6}}{12}a$

원리 이해

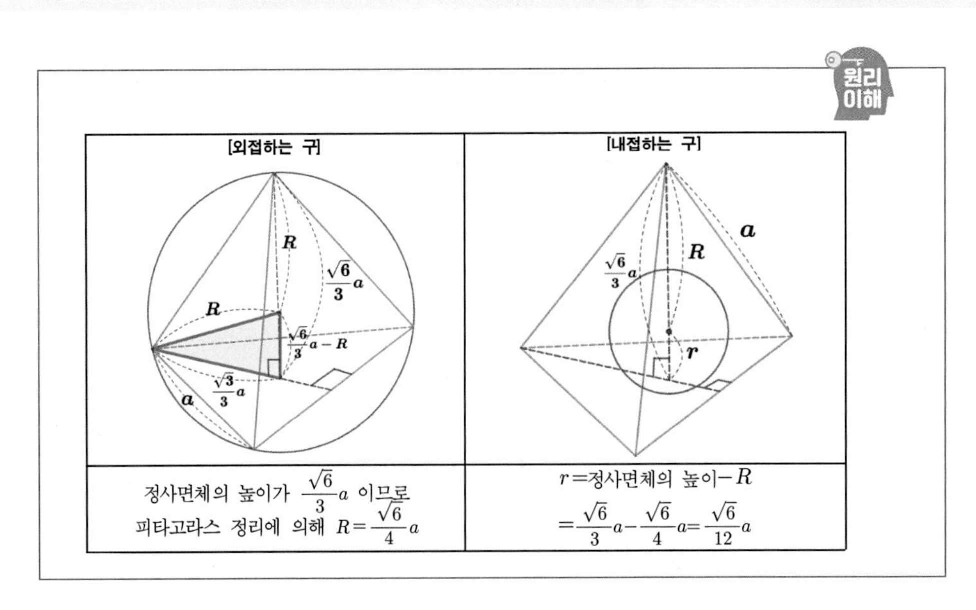

[외접하는 구]	[내접하는 구]
정사면체의 높이가 $\frac{\sqrt{6}}{3}a$ 이므로 피타고라스 정리에 의해 $R=\frac{\sqrt{6}}{4}a$	$r=$정사면체의 높이$-R$ $=\frac{\sqrt{6}}{3}a-\frac{\sqrt{6}}{4}a=\frac{\sqrt{6}}{12}a$

27 교점을 지나는 직선, 원, 평면

[두 직선의 교점을 지나는 직선]

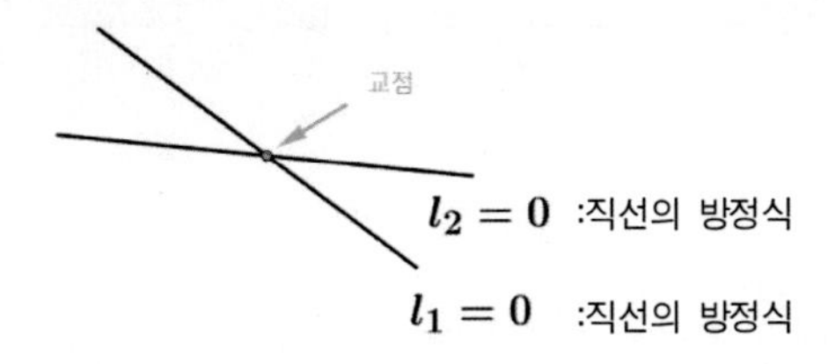

[두 원의 교점을 지나는 '원' 또는 '직선']

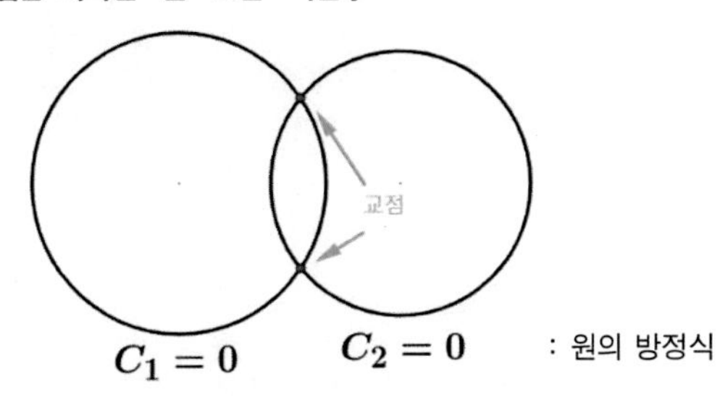

[두 평면의 교선을 포함하는 평면]

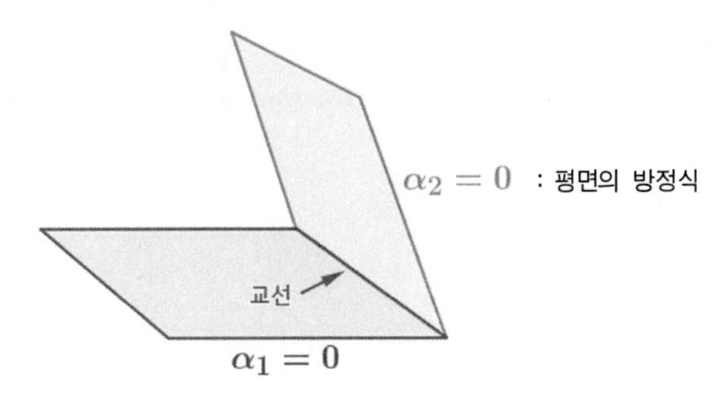

[두 직선의 교점을 지나는 직선]

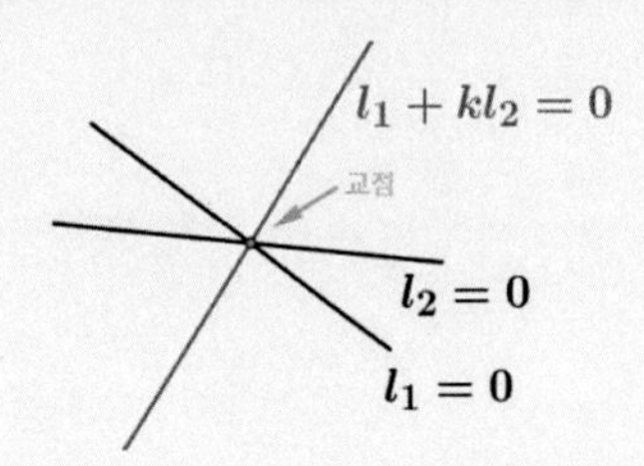

[두 원의 교점을 지나는 원, 직선]

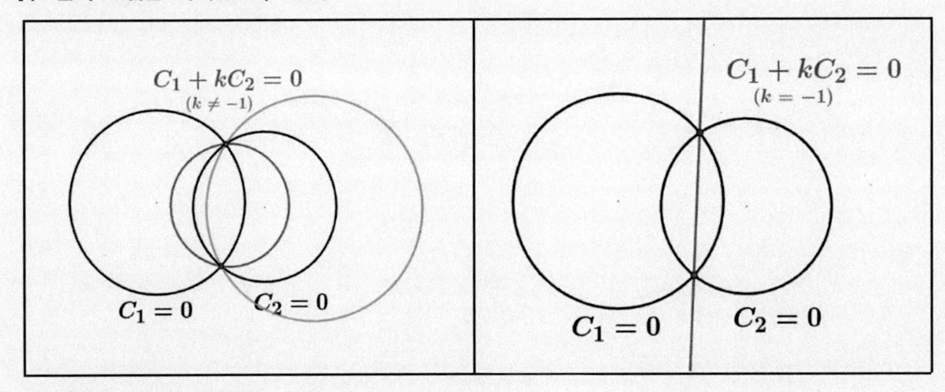

[두 평면의 교선을 포함하는 평면]

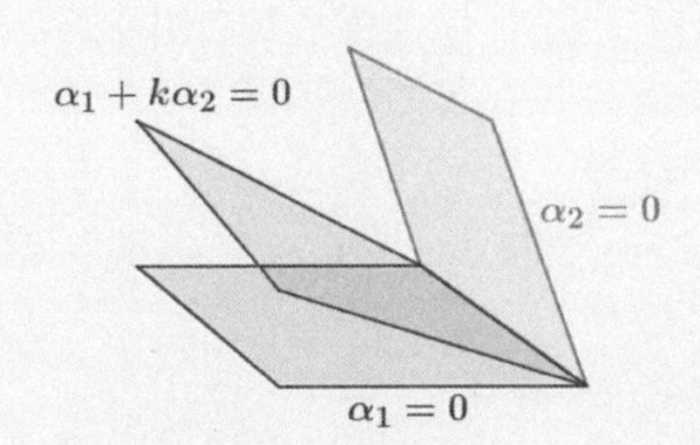

[두 평면의 교선]

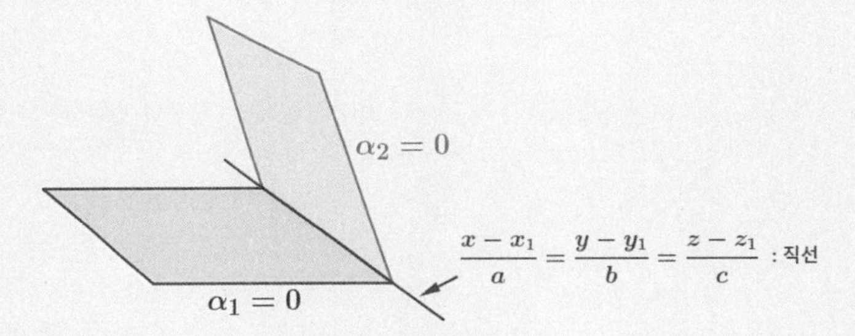

예제

Q1. 두 직선 $x+y=0, x-4y+5=0$의 교점을 지나는 직선의 방정식은?

|풀이| $(x+y)+k(x-4y+5)=0$ 이다.

※ 두 식 $x+y=0, x-4y+5=0$을 연립하면 $x=-1, y=1$이므로
두 직선의 교점은 $(-1, 1)$이다.
한편, $x=-1, y=1$을 $(x+y)+k(x-4y+5)=0$에 대입하면 성립한다.
즉, k의 값에 상관없이 직선 $(x+y)+k(x-4y+5)=0$은 $(-1, 1)$을 지난다.

Q2. 두 원 $x^2+y^2=4, (x-2)^2+y^2=1$의 교점을 지나는 원의 방정식은?

|풀이| $(x^2+y^2-4)+k\{(x-2)^2+y^2-1\}=0$ (단, $k\neq-1$)

Q3. 두 원 $x^2+y^2=4, (x-2)^2+y^2=1$의 교점을 지나는 직선의 방정식은?

|풀이| $(x^2+y^2-4)+k\{(x-2)^2+y^2-1\}=0$ (단, $k=-1$) 이므로
$(x^2+y^2-4)-\{(x-2)^2+y^2-1\}=0$ 이 된다.
$\therefore 4x-7=0$
따라서 직선의 방정식은 $x=\dfrac{7}{4}$이다.

※ 교점의 좌표는 $\left(\dfrac{7}{4}, -\dfrac{\sqrt{15}}{4}\right), \left(\dfrac{7}{4}, \dfrac{\sqrt{15}}{4}\right)$ 이다.

28 절편과 직선, 평면, 수선의 발

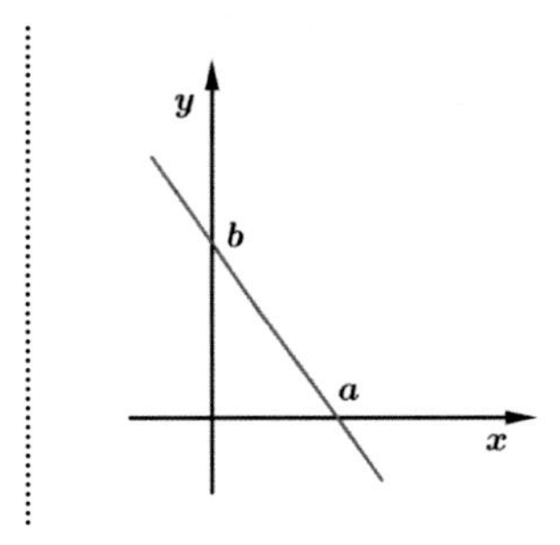

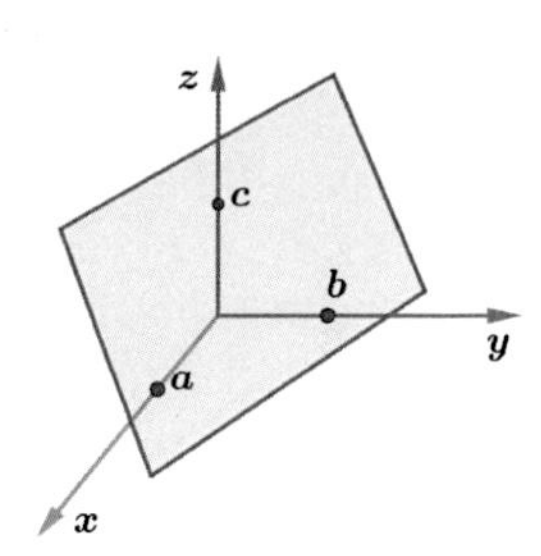

[직선의 x절편, y절편]

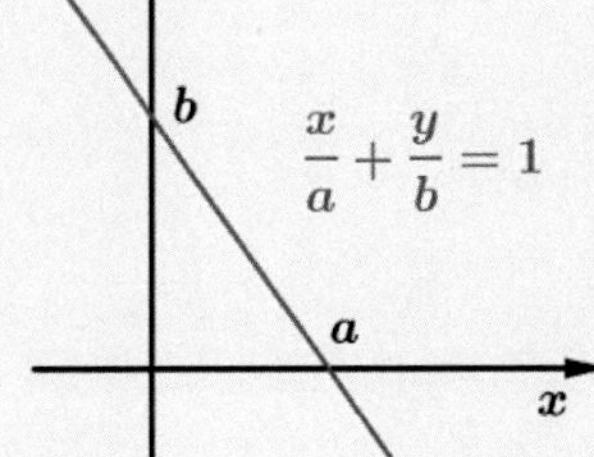

[평면의 절편] ※'기하' 과목

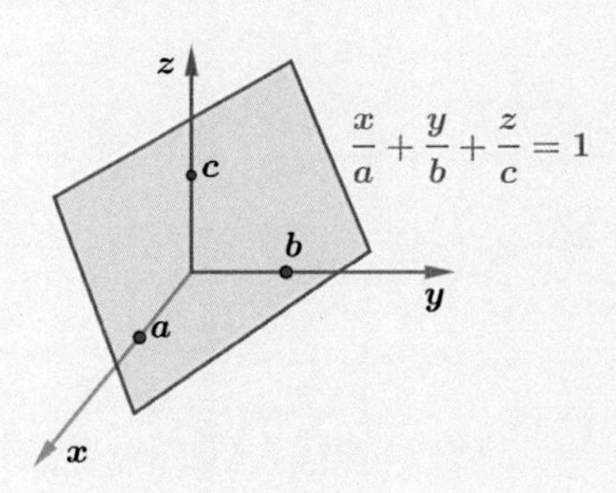

예제

Q. x절편이 3이고, y절편이 4인 직선의 방정식은?

|풀이| $\frac{x}{3}+\frac{y}{4}=1$

Q. 두 점 $(3,0)$, $(0,-5)$를 지나는 직선의 방정식은?

|풀이| $\frac{x}{3}+\frac{y}{-5}=1$

29 기초 개념

[점, 선, 면]

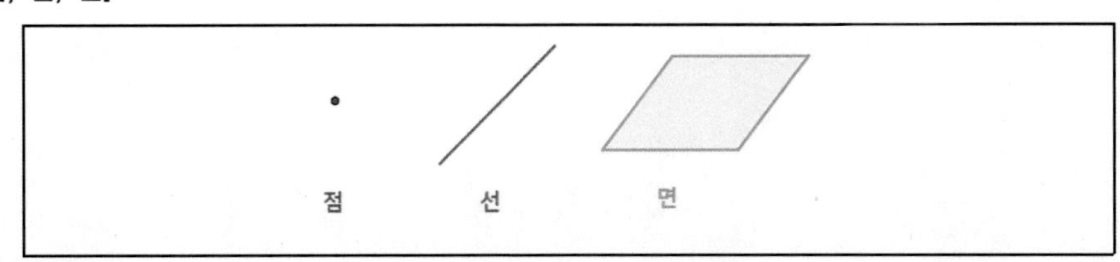

[평면 결정]

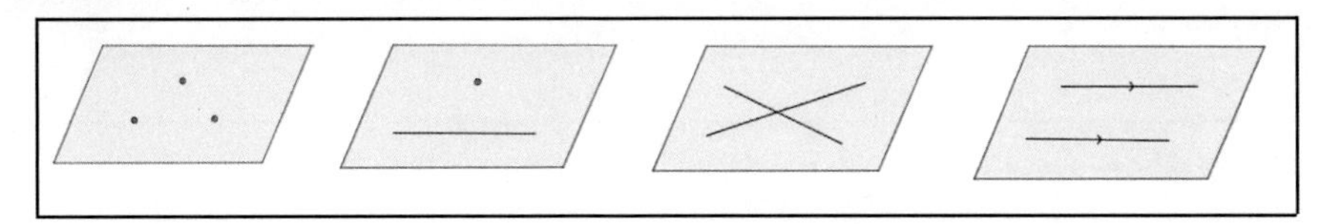

[두 직선의 위치관계]

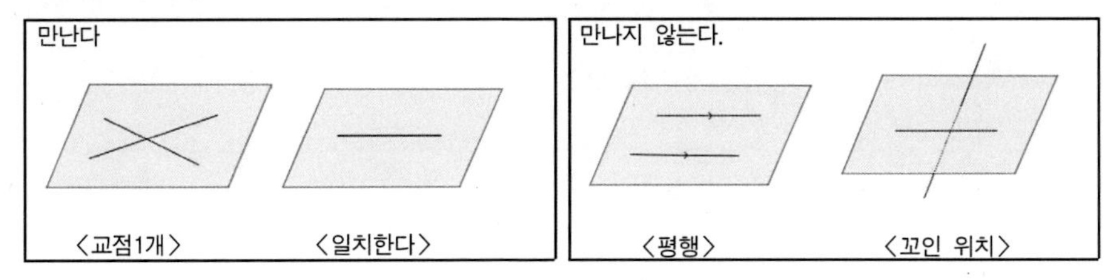

[두 평면의 위치관계]

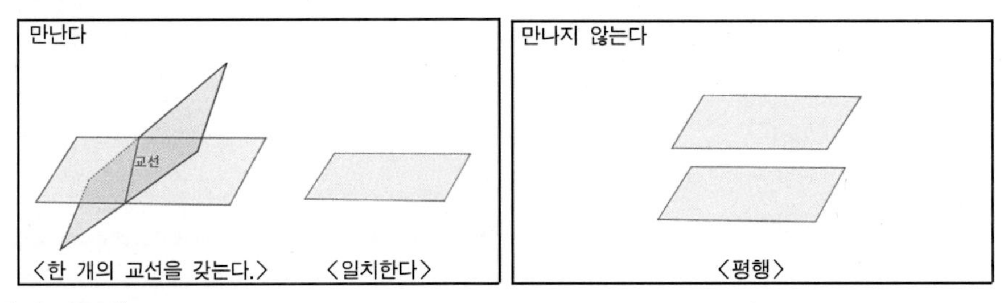

[직선, 곡선]

직선 - 곧은 선

곡선 - 구부러진 선

> 곡률 - 곡선이 구부러진 정도 $\left(=\frac{1}{\text{곡률반경}}\right)$
>
> 예) 직선의 곡률 $=0$

〈중선 정리〉 - 파푸스의 중선 정리

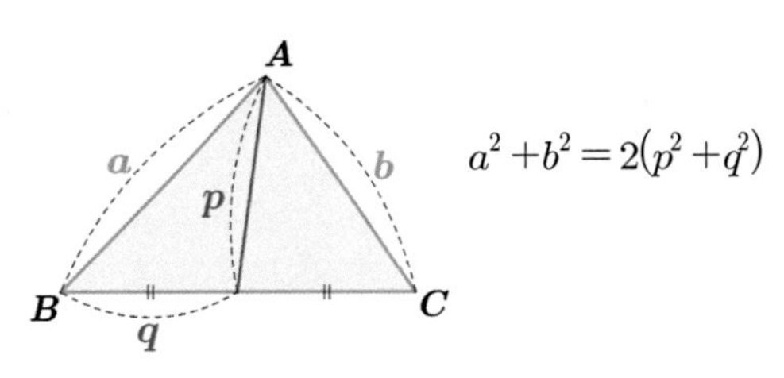

$$a^2+b^2=2(p^2+q^2)$$

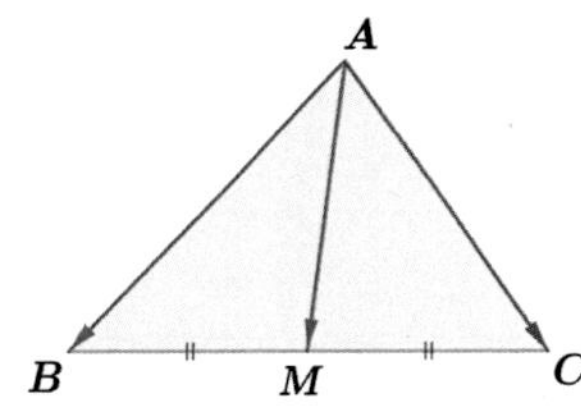

$\overrightarrow{AB}\cdot\overrightarrow{AC}=|\overrightarrow{AM}|^2-|\overrightarrow{MB}|^2$ ※'기하' 과목

[원리이해] ※'기하' 과목

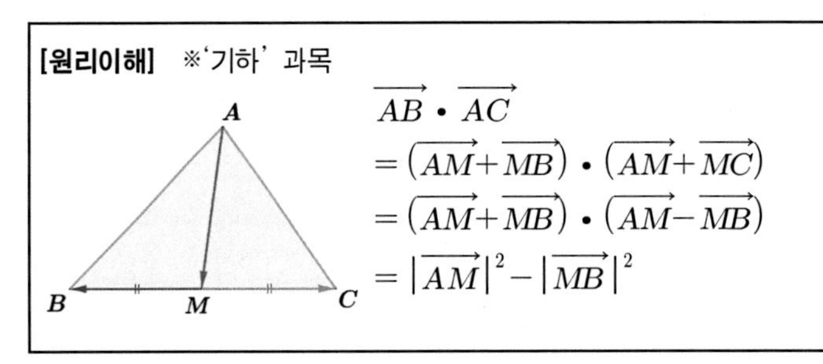

$$\begin{aligned}&\overrightarrow{AB}\cdot\overrightarrow{AC}\\&=(\overrightarrow{AM}+\overrightarrow{MB})\cdot(\overrightarrow{AM}+\overrightarrow{MC})\\&=(\overrightarrow{AM}+\overrightarrow{MB})\cdot(\overrightarrow{AM}-\overrightarrow{MB})\\&=|\overrightarrow{AM}|^2-|\overrightarrow{MB}|^2\end{aligned}$$

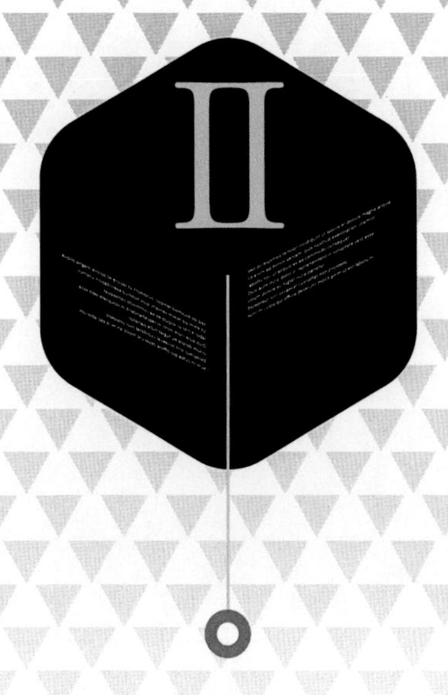

주제별 학습

기하(2022수능 선택과목)

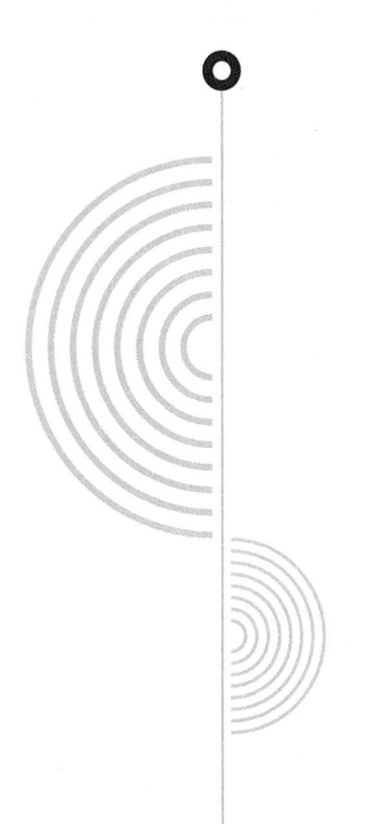

이차곡선, 이차곡선의 접선

포물선에서 $|p|$란? 타원에서 $|c|$란? 쌍곡선에서 $|c|$란?

포물선에서 $|p|$의 의미 : '초점에서 포물선의 꼭짓점까지의 거리'

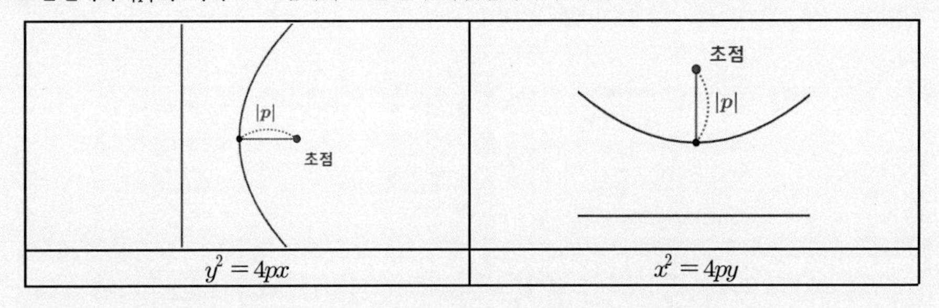

타원에서 $|c|$의 의미 : '초점에서 타원의 중심까지의 거리'

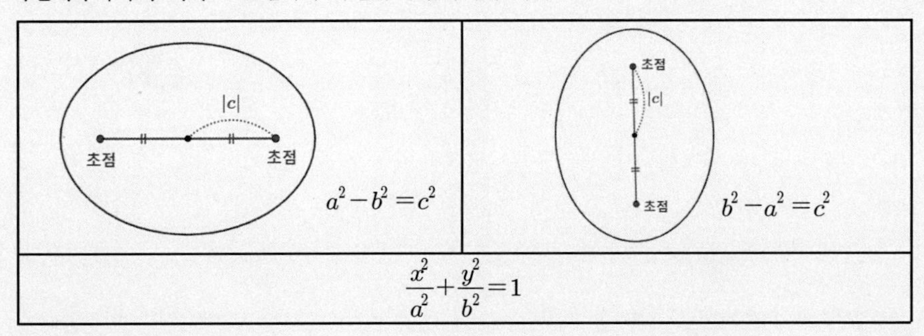

쌍곡선에서 $|c|$의 의미 : '초점에서 쌍곡선의 중심까지의 거리'

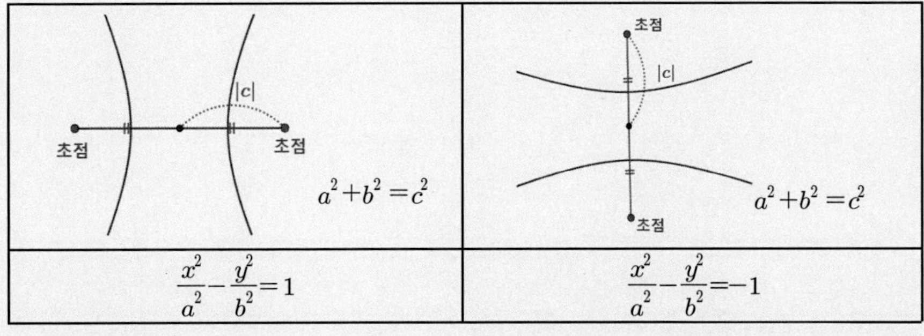

여기서 위의 값들은 중심의 위치 (좌표축의 위치)와는 상관없음을 주의하자!

[이차곡선의 정의]

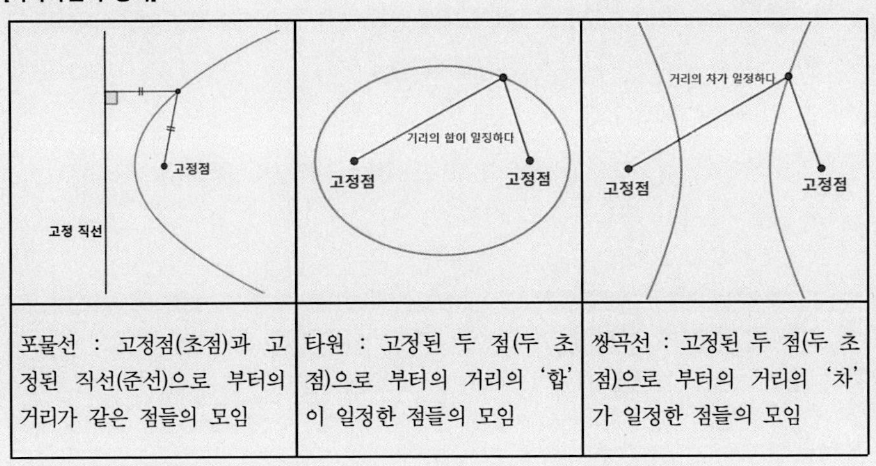

포물선	타원	쌍곡선
포물선 : 고정점(초점)과 고정된 직선(준선)으로 부터의 거리가 같은 점들의 모임	타원 : 고정된 두 점(두 초점)으로 부터의 거리의 '합'이 일정한 점들의 모임	쌍곡선 : 고정된 두 점(두 초점)으로 부터의 거리의 '차'가 일정한 점들의 모임

타원 $\frac{x^2}{a^2}+\frac{y^2}{b^2}=1$ ($a>b$인 경우)에서 $|c|$를 구하는 방법 (꼭 이해해!)

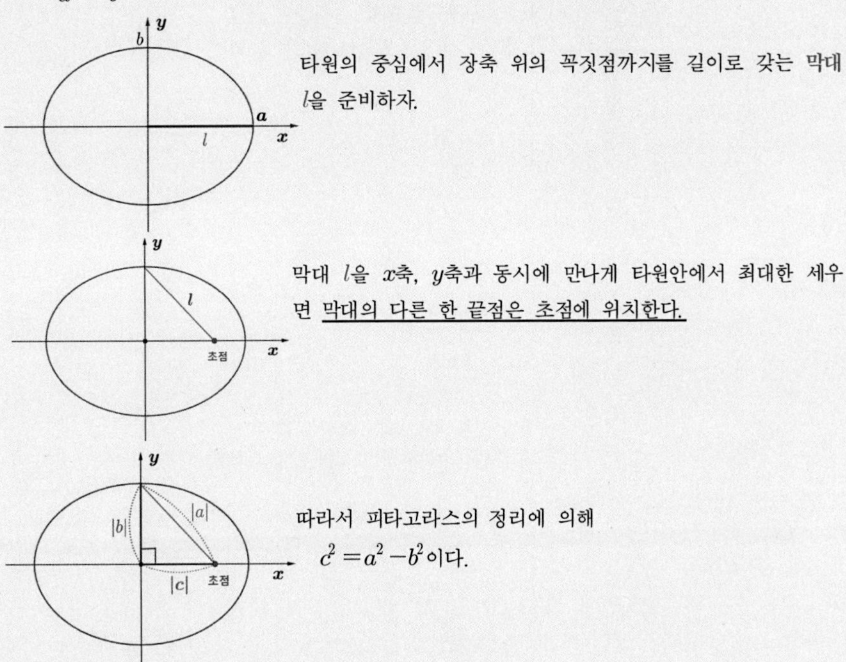

타원의 중심에서 장축 위의 꼭짓점까지를 길이로 갖는 막대 l을 준비하자.

막대 l을 x축, y축과 동시에 만나게 타원안에서 최대한 세우면 <u>막대의 다른 한 끝점은 초점에 위치한다.</u>

따라서 피타고라스의 정리에 의해
$c^2=a^2-b^2$이다.

※ $a<b$인 경우도 같은 방법을 이용하면 $b^2-a^2=c^2$이다.

[고난이도 빈출 유형] ★★

유형1.

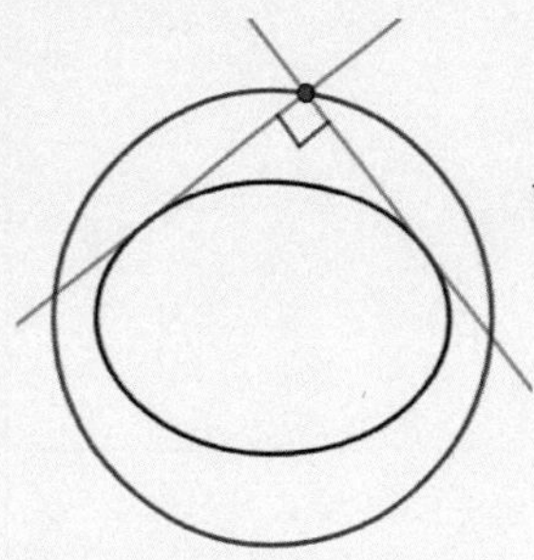

타원 밖의 한 점에서 타원에 그은 서로 다른 두 접선이 직교
⇒ 그 점들을 모으면 원이 된다.

유형2.

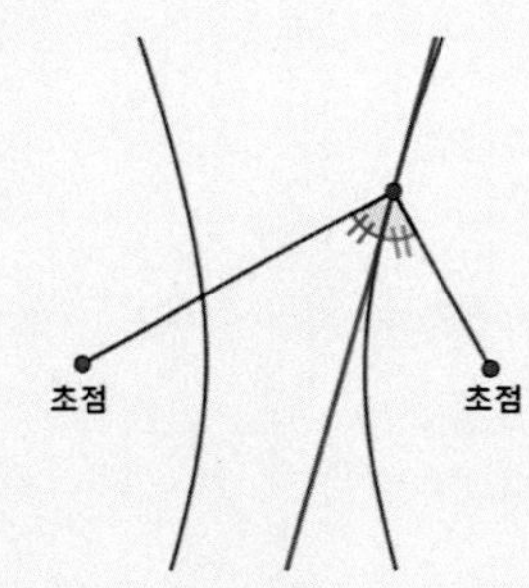

쌍곡선 위의 점에서 접선
⇒ 초점들과 접점을 연결한 사잇각을 이등분한다.

유형3.

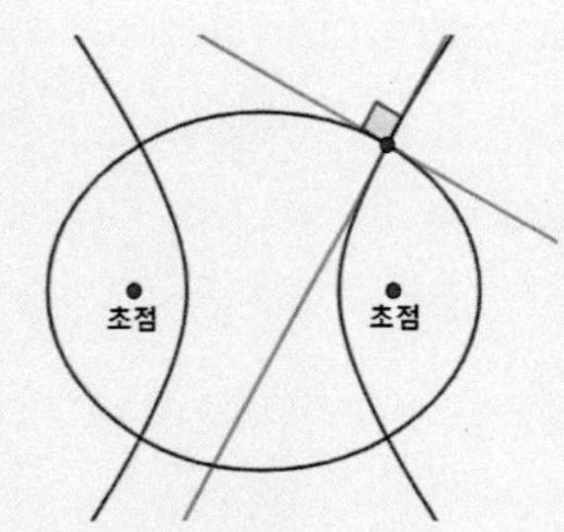

타원과 쌍곡선의 중심, 초점이 각각 서로 같을 때,
교점에서의 각각의 접선 ⇒ 직교한다.

 관련 문제

[2019 수능 가형 6번]

초점이 F인 포물선 $y^2=12x$ 위의 점 P에 대하여 $\overline{PF}=9$일 때, 점 P의 x좌표는?

[2019 수능 가형 28번]

두 초점이 F, F'인 타원 $\frac{x^2}{49}+\frac{y^2}{33}=1$이 있다.
원 $x^2+(y-3)^2=4$ 위의 점 P에 대하여 직선 $F'P$가 이 타원과 만나는 점 중 y좌표가 양수인 점을 Q라 하자. $\overline{PQ}+\overline{FQ}$의 최댓값을 구하시오.

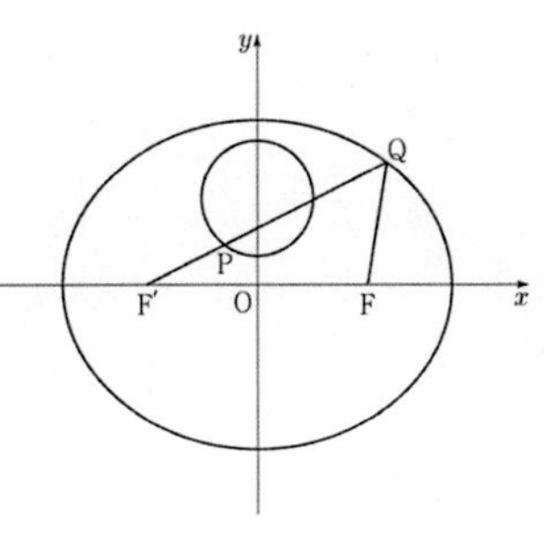

[2018 수능 가형 8번]

타원 $\frac{(x-2)^2}{a}+\frac{(y-2)^2}{4}=1$의 두 초점의 좌표가 $(6, b)$, $(-2, b)$일 때, ab의 값은? (단, a는 양수)

[2018 수능 가형 27번]

그림과 같이 두 초점이 F, F'인 쌍곡선 $\frac{x^2}{8}-\frac{y^2}{17}=1$위의 점 P에 대하여 직선 FP와 직선 $F'P$에 동시에 접하고 중심이 y축 위에 있는 원 C가 있다. 직선 $F'P$와 원 C의 접점 Q에 대하여 $\overline{F'Q}=5\sqrt{2}$일 때, $\overline{FP}^2+\overline{F'P}^2$의 값을 구하시오.
(단, $\overline{F'P}<\overline{FP}$)

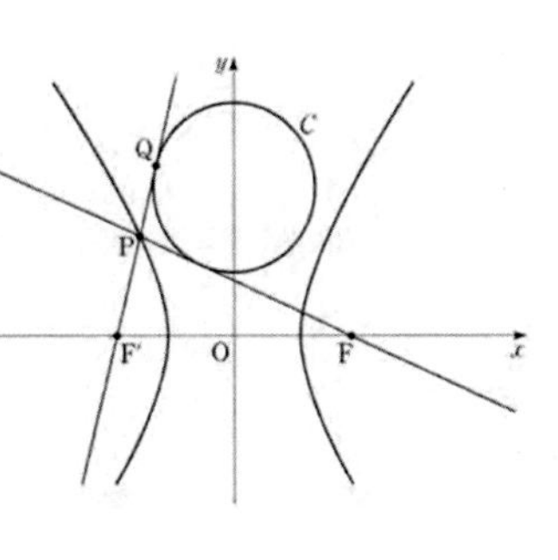

[2017 수능 가형 19번]

두 양수 k, p에 대하여 점 $A(-k, 0)$에서 포물선 $y^2=4px$에 그은 두 접선이 y축과 만나는 두 점을 각각 F, F', 포물선과 만나는 두 점을 각각 P, Q라 할 때, $\angle PAQ=\frac{\pi}{3}$이다. 두 점 F, F'을 초점으로 하고 두 점 P, Q를 지나는 타원의 장축의 길이가 $4\sqrt{3}+12$일 때, $k+p$의 값은?

[2017 수능 가형 28번]

점근선의 방정식이 $y=\pm\frac{4}{3}x$이고 두 초점이 $F(c, 0), F'(-c, 0)(c>0)$인 쌍곡선이 다음 조건을 만족시킨다. 이 쌍곡선의 주축의 길이를 구하시오.

(가) 쌍곡선 위의 한 점 P에 대하여 $\overline{PF'}=30, 16\le\overline{PF}\le 20$ 이다.
(나) x좌표가 양수인 꼭짓점 A에 대하여 선분 AF의 길이는 자연수이다.

[2016 수능 가형 26번]

그림과 같이 두 초점이 $F(c, 0), F'(-c, 0)$ 인 타원 $\frac{x^2}{a^2}+\frac{y^2}{b^2}=1$이 있다. 타원 위에 있고 제 2사분면에 있는 점 P에 대하여 선분 PF'의 중점을 Q, 선분 PF 를 $1:3$으로 내분하는 점을 R라 하자. $\angle PQR=\frac{\pi}{2}, \overline{QR}=\sqrt{5}, \overline{RF}=9$ 일 때, a^2+b^2의 값을 구하시오. (단 a, b, c는 양수이다.)

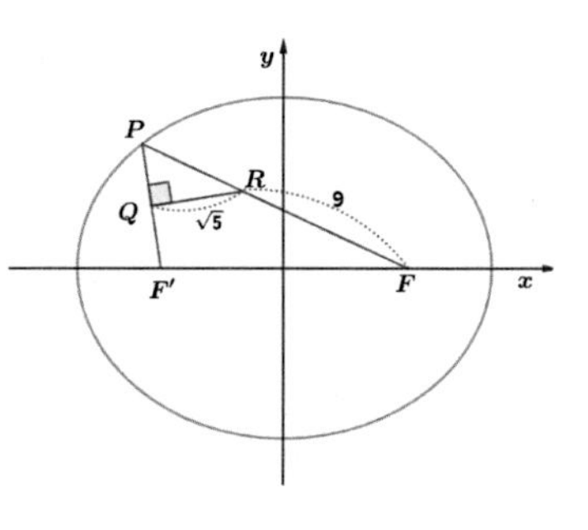

[2015 수능 가형 10번]

그림과 같이 포물선 $y^2=12x$ 의 초점 F를 지나는 직선과 포물선이 만나는 두 점 A, B에서 준선 l에 내린 수선의 발을 각각 C, D라 하자. $\overline{AC}=4$일 때, 선분BD의 길이는?

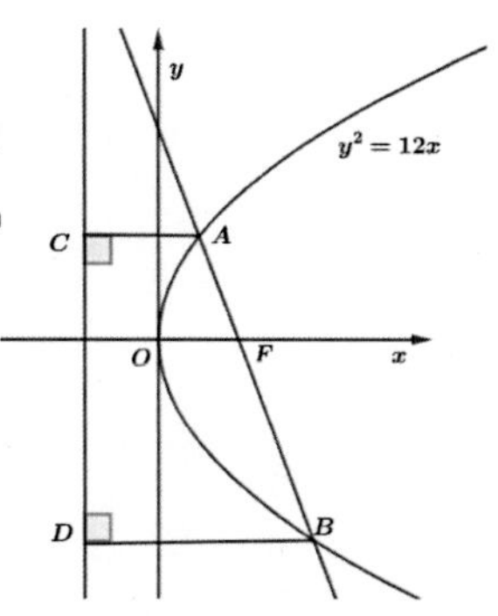

[2015 수능 가형 27번]

타원 $\frac{x^2}{9}+\frac{y^2}{4}=1$ 의 두 초점 중 x좌표가 양수인 점을 F, 음수인 점을 F'이라 하자. 이 타원 위의 점 P를 $\angle FPF'=\frac{\pi}{2}$가 되도록 제 1사분면에서 잡고, 선분 FP의 연장선 위에 y좌표가 양수인 점 Q를 $\overline{FQ}=6$이 되도록 잡는다. 삼각형 $QF'F$의 넓이를 구하시오.

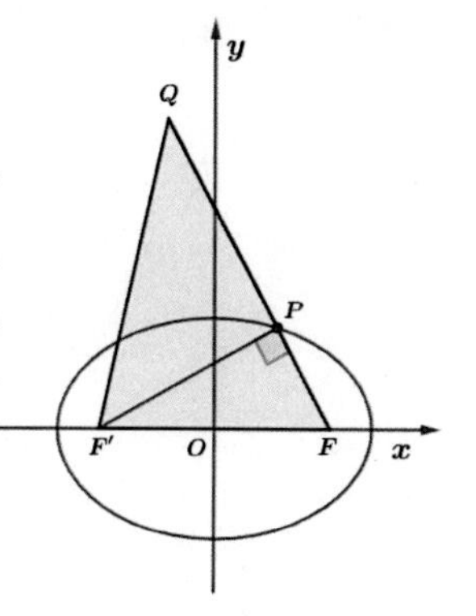

[2014 수능 가형 8번]

좌표평면에서 포물선 $y^2=8x$에 접하는 두 직선 l_1, l_2의 기울기가 각각 m_1, m_2이다. m_1, m_2가 방정식 $2x^2-3x+1=0$의 서로 다른 두 근 일때, l_1과 l_2의 교점의 x좌표는?

[2014 수능 가형 27번]

그림과 같이 y축 위의 점 $A(0,a)$와 두 점 F,F'을 초점으로 하는 타원 $\frac{x^2}{25}+\frac{y^2}{9}=1$ 위를 움직이는 점 P가 있다. $\overline{AP}-\overline{FP}$ 의 최솟값이 1일 때, a^2의 값을 구하시오.

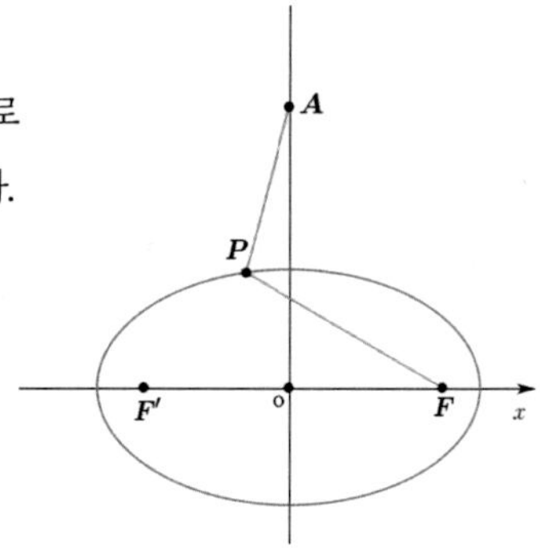

[2013 수능 가형 6번]

쌍곡선 $x^2-4y^2=a$ 위의 점 $(b,1)$에서의 접선이 쌍곡선의 한 점근선과 수직이다. $a+b$의 값은? (단, a,b는 양수이다.)

[2013 수능 가형 18번]

오른쪽 그림에서 자연수 n에 대하여 포물선 $y^2=\frac{x}{n}$의 초점 F를 지나는 직선이 포물선과 만나는 두 점을 각각 P,Q라 하자. $\overline{PF}=1$이고 $\overline{FQ}=a_n$이라 할 때, $\sum_{n=1}^{10}\frac{1}{a_n}$의 값은?

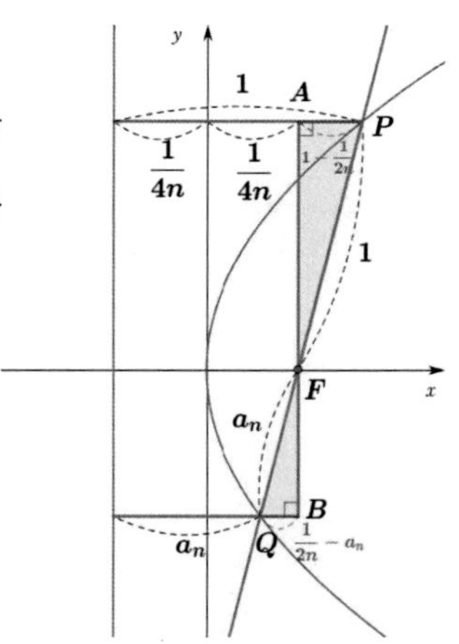

[2012 수능 가형 11번]

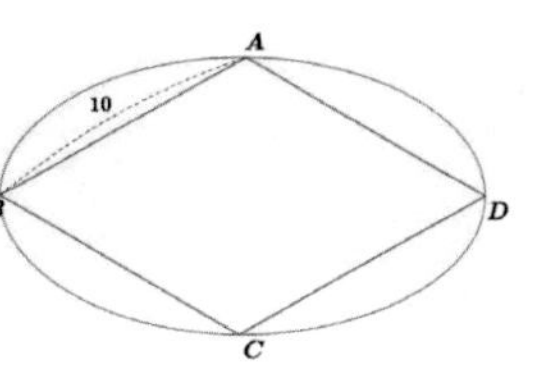

한 변의 길이가 10인 마름모 $ABCD$에 대하여 대각선 BD를 장축으로 하고, 대각선 AC를 단축으로 하는 타원의 두 초점 사이의 거리가 $10\sqrt{2}$이다. 마름모 $ABCD$의 넓이는?

[2012 수능 가형 24번 일부]

$H(9,0)$일 때, 타원 $\frac{x^2}{9}+y^2=1$ 위의 점 P에 대하여 $\overline{HP}$의 최댓값은?

[2012 수능 가형 26번]

포물선 $y^2=nx$의 초점과 포물선 위의 점 (n,n)에서의 접선 사이의 거리를 d라 하자. $d^2 \geq 40$을 만족시키는 자연수 n의 최솟값을 구하시오.

[2020 수능 가형 13번]

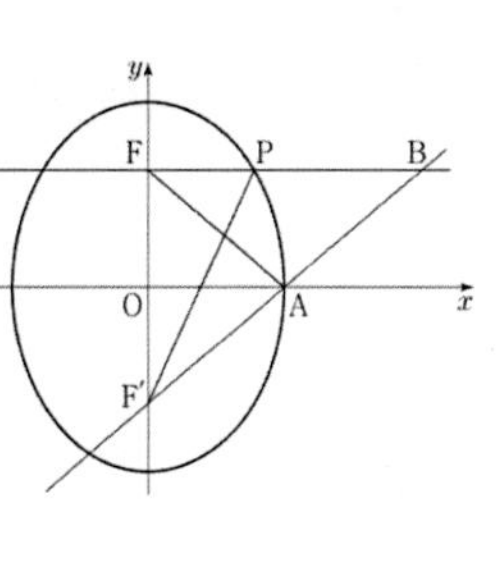

그림과 같이 두 점 $F(0,c)$, $F'(0,-c)$를 초점으로 하는 타원 $\frac{x^2}{a^2}+\frac{y^2}{25}=1$이 x축과 만나는 점 중에서 x좌표가 양수인 점을 A라 하자. 직선 $y=c$가 직선 AF'과 만나는 점을 B, 직선 $y=c$가 타원과 만나는 점 중 x좌표가 양수인 점을 P라 하자. 삼각형 BPF'의 둘레의 길이와 삼각형 BFA의 둘레의 길이의 차가 4일 때, 삼각형 AFF'의 넓이는? (단, $0<a<5$, $c>0$)

[2020 수능 가형 17번]

평면에 한 변의 길이가 10인 정삼각형 ABC가 있다. $\overline{PB}-\overline{PC}=2$를 만족시키는 점 P에 대하여 선분 PA의 길이가 최소일 때, 삼각형 PBC의 넓이는?

02 이차곡선의 빛 반사

[포물선에서의 빛 반사]

포물선의 **축에 평행**하게 입사한 빛 ⟹ 포물선에 반사되어 **초점을 지난다.**

포물선의 **초점에서 출발**한 빛 ⟹ 포물선에 반사되어 포물선의 **축에 평행**하게 이동한다.

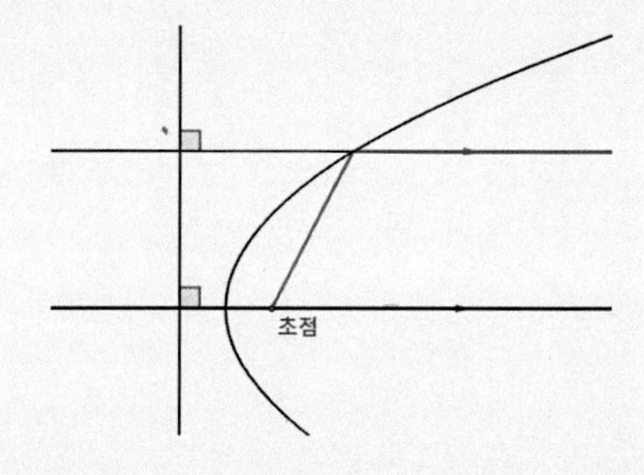

[타원에서의 빛 반사]

타원의 한 **초점에서 출발**한 빛 ⟹ 타원에 반사되어 **다른 초점을 지난다.**

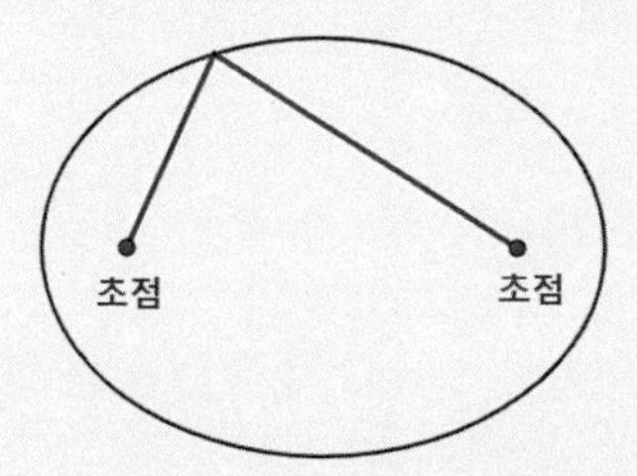

[쌍곡선에서의 빛 반사]

쌍곡선의 한 **초점에서 출발**한 빛 ⟹ **빛이 쌍곡선과 만나는 점과 다른 초점을 이은 선분의 연장선을 따라 반사되어 이동한다.**

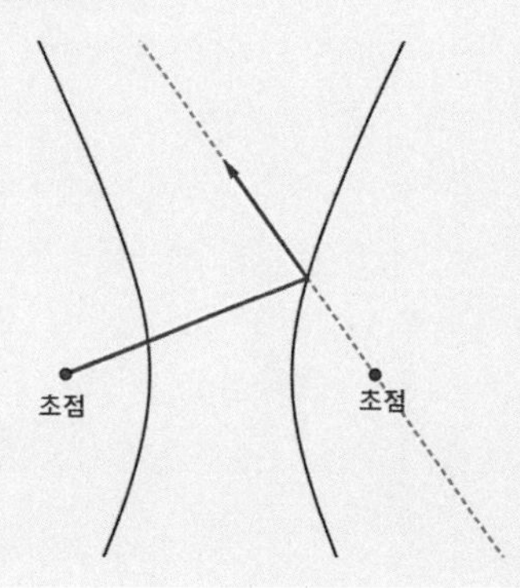

03 두 벡터의 합 & 각의 이등분 벡터

'두 벡터의 각의 이등분선'과 같은 방향의 벡터를
'두 벡터의 합'으로 표현할 수 있는 방법은 무엇인가?

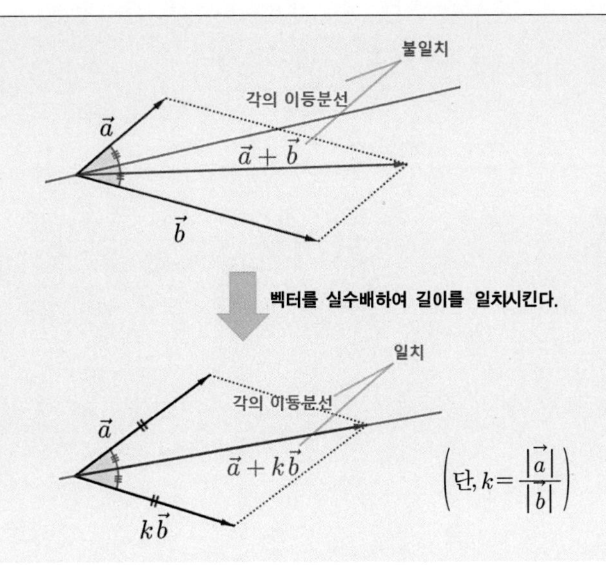

$\left(\text{단}, k=\dfrac{|\vec{a}|}{|\vec{b}|}\right)$

예제

Q. 두 벡터 $\vec{a}=(2,1)$, $\vec{b}=(4,3)$가 이루는 각의 이등분선과 같은 방향을 갖는 벡터를 구하시오.

|풀이| $|\vec{a}|=\sqrt{5}$, $|\vec{b}|=5$이므로 $\vec{a}+\dfrac{\sqrt{5}}{5}\vec{b}$ 이다.

이 외에도 무수히 많은 벡터가 있다.

관련 문제

[2018 수능 가형 1번]

두 벡터 $\vec{a}=(3,-1)$, $\vec{b}=(1,2)$에 대하여 벡터 $\vec{a}+\vec{b}$의 모든 성분의 합은?

04 두 벡터 사이의 각도

유형1. 두 직선 사이의 각도

유형2. 직선과 평면 사이의 각도 (정사영)
※'방향벡터'와 '법선벡터(평면에 수직인 벡터)' 사이의 각을 이용함.

유형3. 두 평면 사이의 이면각
※'두 법선벡터' 사이의 각

유형1. 두 직선 사이의 각도

$$\cos\theta = \frac{|\vec{a} \cdot \vec{b}|}{|\vec{a}||\vec{b}|} \text{ (단, } \theta\text{는 예각이다.)}$$

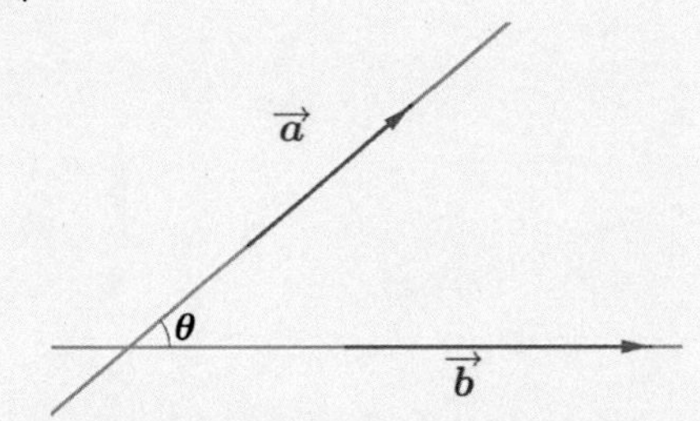

'유형2, 유형3'은 뒤에 등장하는 '정사영, 이면각'에서 자세히 설명함.

예제

Q. 두 벡터 $\vec{a}=(2,1)$, $\vec{b}=(3,4)$사이의 예각의 크기를 θ라 할 때, $\cos\theta$의 값은?

|풀이| $\cos\theta = \frac{|\vec{a} \cdot \vec{b}|}{|\vec{a}||\vec{b}|} = \frac{|2\times3+1\times4|}{\sqrt{5}\times5} = \frac{10}{5\sqrt{5}} = \frac{2\sqrt{5}}{5}$ 이다.

05 내분벡터, 벡터의 합

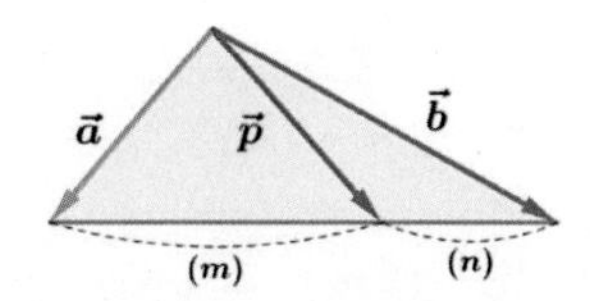

[내분 벡터]

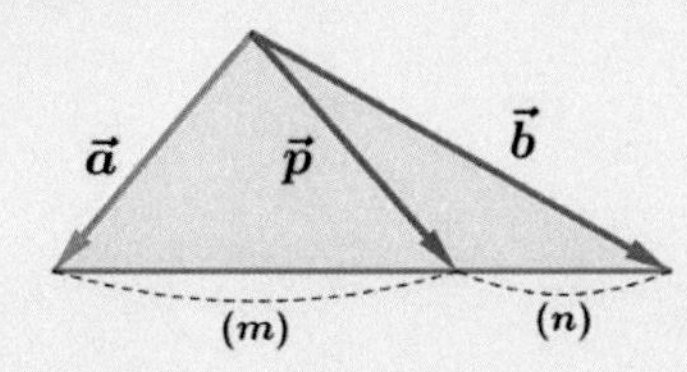

$$\vec{p}=\frac{m\vec{b}+n\vec{a}}{m+n}$$

관련 문제

[2020 수능 가형 1번]

두 벡터 $\vec{a}=(3, 1)$, $\vec{b}=(-2, 4)$에 대하여 벡터 $\vec{a}+\frac{1}{2}\vec{b}$의 모든 성분의 합은?

[2019 수능 가형 1번]

두 벡터 $\vec{a}=(1, -2)$, $\vec{b}=(-1, 4)$에 대하여 벡터 $\vec{a}+2\vec{b}$의 모든 성분의 합은?

[2017 수능 가형 1번]

두 벡터 $\vec{a}=(1, 3)$, $\vec{b}=(5, -6)$에 대하여 벡터 $\vec{a}-\vec{b}$의 모든 성분의 합은?

06 벡터의 절댓값

$|\vec{ma}+\vec{nb}|$ 형태의 문제

풀이법 1.

제곱법 $|\vec{ma}+\vec{nb}|^2$

풀이법 2.

내분벡터 형태 표현 $(m+n)\left|\dfrac{\vec{ma}+\vec{nb}}{m+n}\right|$

원리 이해

풀이법 1. 제곱법

$|\vec{ma}+\vec{nb}|^2=m^2|\vec{a}|^2+2mn\vec{a}\cdot\vec{b}+n^2|\vec{b}|^2$의 값을 구한 후 $\sqrt{\ }$를 씌운다.

풀이법 2. 내분벡터 형태 표현

구하고자 하는 값은 $(m+n)\left|\dfrac{\vec{ma}+\vec{nb}}{m+n}\right|$이므로

$\dfrac{\vec{ma}+\vec{nb}}{m+n}=\vec{p}$ 라 하고, 새로 정의된 $\vec{p}$를 이용하여 문제를 해결한다.

$\vec{p}$는 기존 $\vec{a}, \vec{b}$의 '내분벡터' 또는 '외분벡터'가 된다.

07 내적

한 평면 위의 두 벡터를 내적하는 방법은?

[방법1]

i) $\vec{a} \cdot \vec{b} = m \times n$ (두 벡터 사이의 각이 **예각**인 경우)

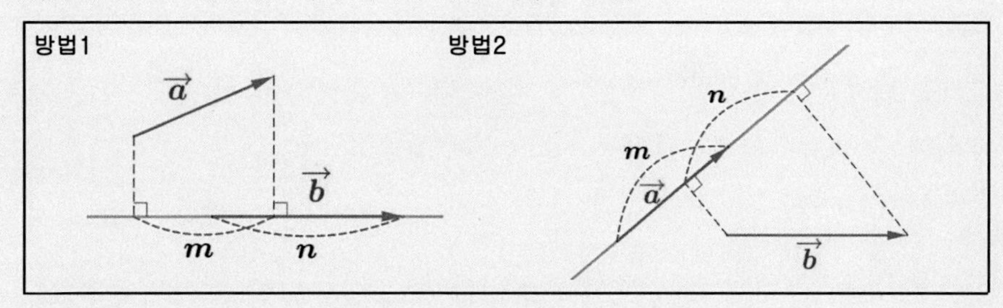

ii) $\vec{a} \cdot \vec{b} = -m \times n$ (두 벡터 사이의 각이 **둔각**인 경우)

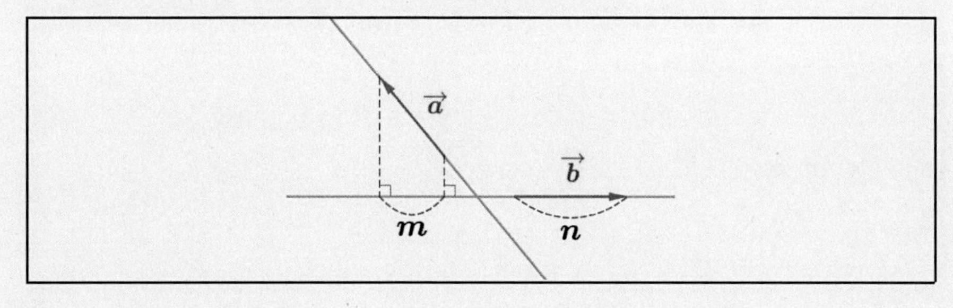

[방법2] $\vec{a} \cdot \vec{b} = |\vec{a}||\vec{b}|\cos\theta$

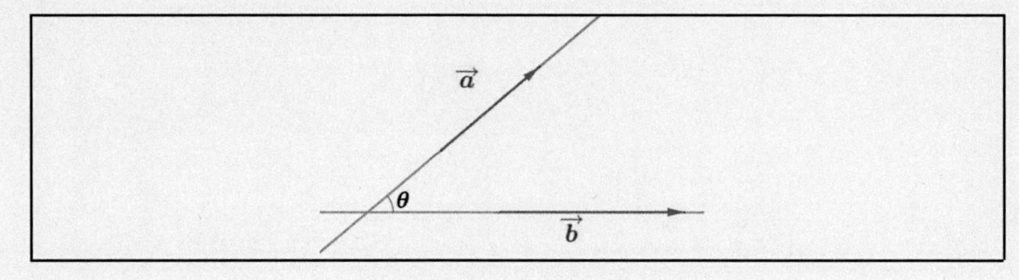

관련 문제

[2013 수능 가형 26번]

한 변의 길이가 2인 정삼각형 ABC의 꼭짓점 A에서 변 BC에 내린 수선의 발을 H라 하자. 점 P가 선분 AH위를 움직일 때, $|\overrightarrow{PA} \cdot \overrightarrow{PB}|$의 최댓값은 $\frac{q}{p}$이다. $p+q$ 의 값을 구하시오. (단, p와 q는 서로소인 자연수이다.)

[2011 수능 가형 22번]

그림과 같이 평면 위에 정삼각형 ABC 와 선분 AC 를 지름으로 하는 원 O 가 있다. 선분 BC 위의 점 D 를 $\angle DAB = \frac{\pi}{15}$가 되도록 정한다. 점 X 가 원 O 위를 움직일 때, 두 벡터 $\overrightarrow{AD}, \overrightarrow{CX}$ 의 내적 $\overrightarrow{AD} \cdot \overrightarrow{CX}$ 의 값이 최소가 되도록 하는 점 X를 점 P 라 하자. $\angle ACP = \frac{q}{p}\pi$ 일 때, $p+q$ 의 값을 구하시오.
(단, p 와 q 는 서로소인 자연수이다.)

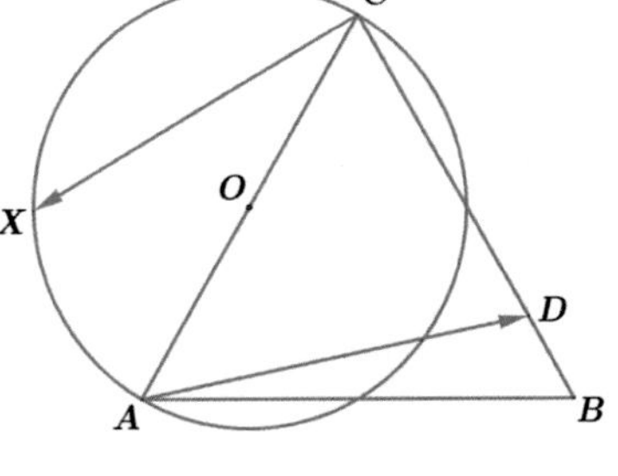

[2020 수능 가형 19번]

한 원 위에 있는 서로 다른 네 점 A, B, C, D가 다음 조건을 만족시킬 때, $|\overrightarrow{AD}|^2$의 값은?

(가) $|\overrightarrow{AB}| = 8$, $\overrightarrow{AC} \cdot \overrightarrow{BC} = 0$
(나) $\overrightarrow{AD} = \frac{1}{2}\overrightarrow{AB} - 2\overrightarrow{BC}$

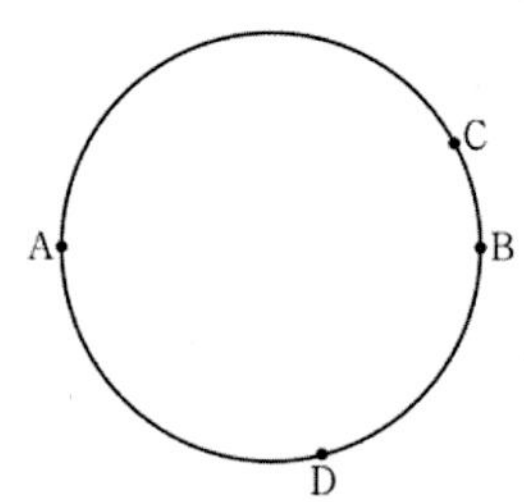

관련 읽을 거리

[꼬인 위치에 있는 두 벡터도 내적을 할 수 있다?] YES

→ **한 평면 상의 두 벡터의 내적으로 문제를 변형**하여 해결한다.

〈구체적인 방법〉

한 벡터를 축에 평행이동 하여 두 벡터의 시점을 일치시킨다.

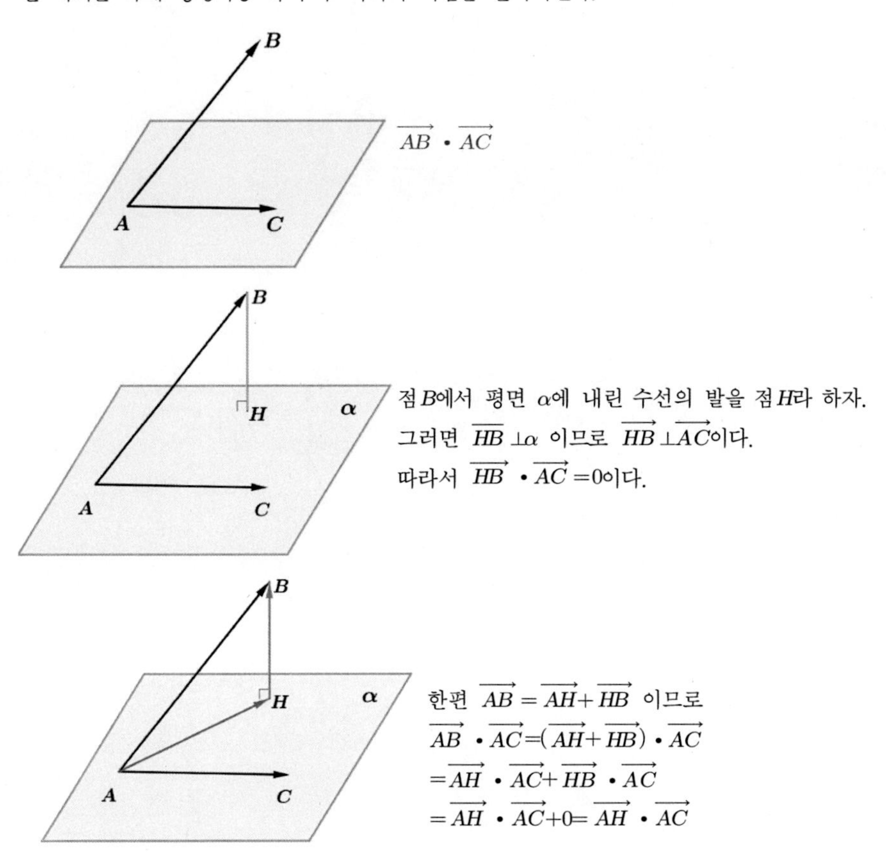

$\overrightarrow{AB}\cdot\overrightarrow{AC}$

점 B에서 평면 α에 내린 수선의 발을 점 H라 하자.
그러면 $\overline{HB}\perp\alpha$ 이므로 $\overrightarrow{HB}\perp\overrightarrow{AC}$이다.
따라서 $\overrightarrow{HB}\cdot\overrightarrow{AC}=0$이다.

한편 $\overrightarrow{AB}=\overrightarrow{AH}+\overrightarrow{HB}$ 이므로

$\overrightarrow{AB}\cdot\overrightarrow{AC}=(\overrightarrow{AH}+\overrightarrow{HB})\cdot\overrightarrow{AC}$

$=\overrightarrow{AH}\cdot\overrightarrow{AC}+\overrightarrow{HB}\cdot\overrightarrow{AC}$

$=\overrightarrow{AH}\cdot\overrightarrow{AC}+0=\overrightarrow{AH}\cdot\overrightarrow{AC}$

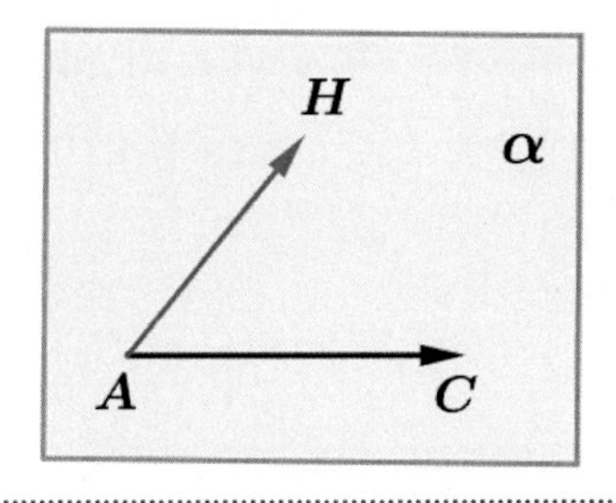

결국 같은 평면 상의 두 벡터의 내적
$\overrightarrow{AH}\cdot\overrightarrow{AC}$ 이 우리가 구하고자 하는 값이다.

08 내분, 외분, 벡터의 자취

두 벡터의 내분 벡터, 외분 벡터

$\overrightarrow{OC} = p\overrightarrow{OA} + q\overrightarrow{OB}$ 인 점 C의 위치

i) $p+q=1$ 일 때

1) $p>0, q>0$ 인 경우 $\Leftrightarrow 0<p<1 \Leftrightarrow 0<q<1$

$$\overrightarrow{OC} = \frac{p\overrightarrow{OA}+q\overrightarrow{OB}}{p+q}$$

점C는 선분BA를 $p:q$로 내분하는 점

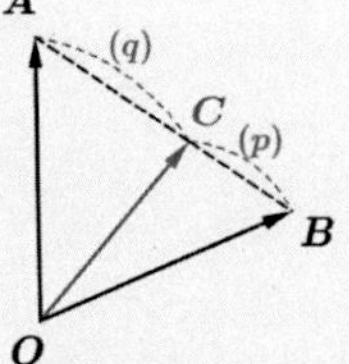

2) $p>0, q<0$ 인 경우 $\Leftrightarrow p>1 \Leftrightarrow q<0$

$$\overrightarrow{OC} = \frac{p\overrightarrow{OA}-(-q)\overrightarrow{OB}}{p-(-q)}$$

점C는 선분BA를 $p:(-q)$로 외분하는 점

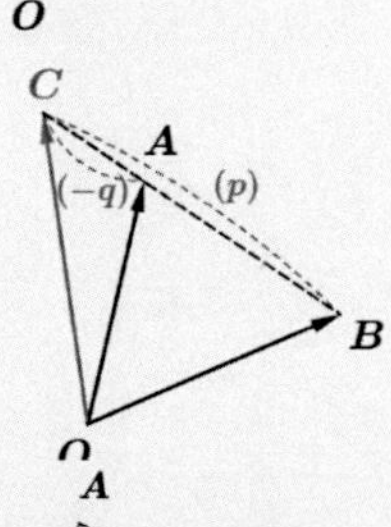

3) $p<0, q>0$ 인 경우 $\Leftrightarrow p<0 \Leftrightarrow q>1$

$$\overrightarrow{OC} = \frac{-(-p)\overrightarrow{OA}+q\overrightarrow{OB}}{-(-p)+q}$$

점C는 선분BA를 $(-p):q$로 외분하는 점

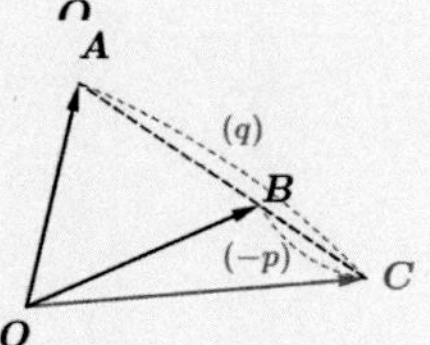

1), 2), 3)에 의해 i)경우 점C의 자취는 두 점 A, B를 지나는 직선이다.

ii) $p+q \neq 1$ 일 때

$$\overrightarrow{OC} = (p+q)\left(\frac{p}{p+q}\overrightarrow{OA} + \frac{q}{p+q}\overrightarrow{OB}\right)$$ 로 표현하자.

$\overrightarrow{OC'} = \dfrac{p}{p+q}\overrightarrow{OA} + \dfrac{q}{p+q}\overrightarrow{OB}$라 하면 $\dfrac{p}{p+q} + \dfrac{q}{p+q} = 1$이므로

점 C'의 자취는 두 점 A, B를 지나는 직선이 된다.

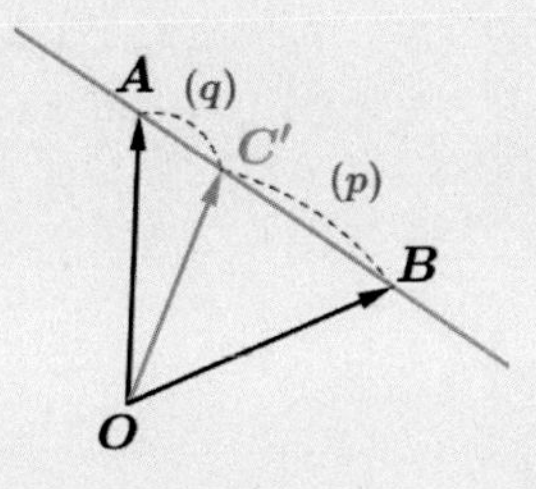

한편, $\overrightarrow{OC} = (p+q)\overrightarrow{OC'}$이므로

점 C의 자취는 직선 AB와 평행하고, 원점과의 거리가 원점과 직선 AB사이의 거리의 $(p+q)$배인 직선이다.

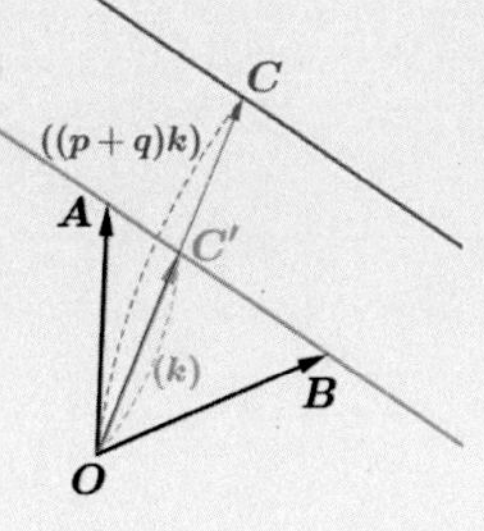

09 정사영 - 크기가 '그대로' 또는 '작아짐' (커지지 않음)

유형1. [평면 α에 내린 정사영의 길이 구하기]

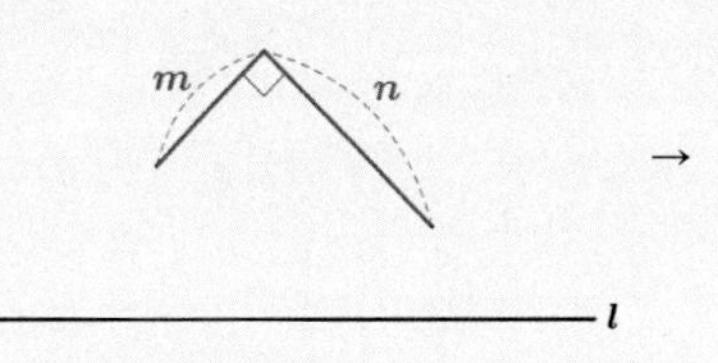

→

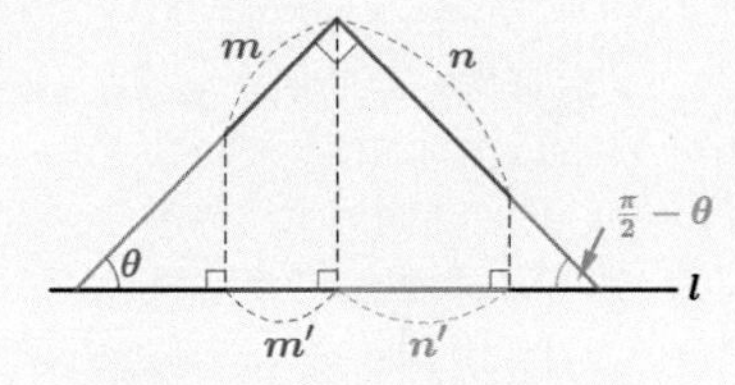

$$m' = m\cos\theta,\quad n' = n\cos\left(\frac{\pi}{2} - \theta\right)$$

따라서 정사영의 길이는 $m\cos\theta + n\cos\left(\frac{\pi}{2} - \theta\right)$이다.

즉, $m\cos\theta + n\sin\theta$ 이다.

유형2. [원의 정사영]

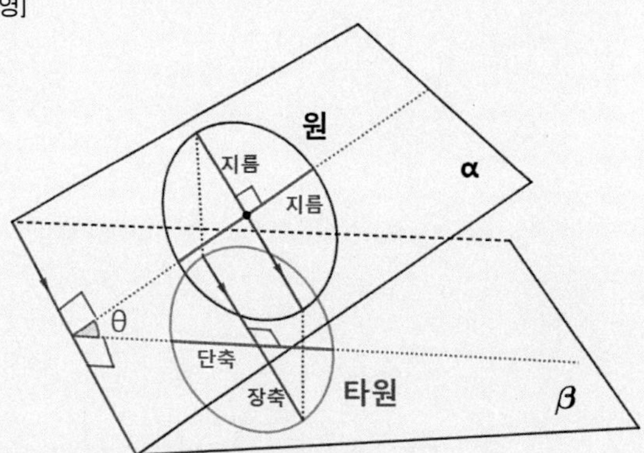

평면 α, 평면 β의 이면각이 예각이라 하자.
평면 α위의 원을 평면 β로 정사영 시키면 타원이 된다.
이 때, 원의 지름 중 두 평면의 교선과 평행한 지름은 타원의 장축이 되어 길이가 변하지 않고, 교선에 수직인 지름은 타원의 단축이 되어 지름의 정사영들 중 가장 짧은 선이 된다.

장축의 길이 = 원의 지름의 길이
단축의 길이 = 원의 지름의 길이$\times \cos\theta$

대표 오개념 1

[오개념] : 태양이 어디에 있든, 막대기의 그림자가 정사영이다?
정사영은 원래의 도형보다 커질 수 있다?

[바른 개념] :

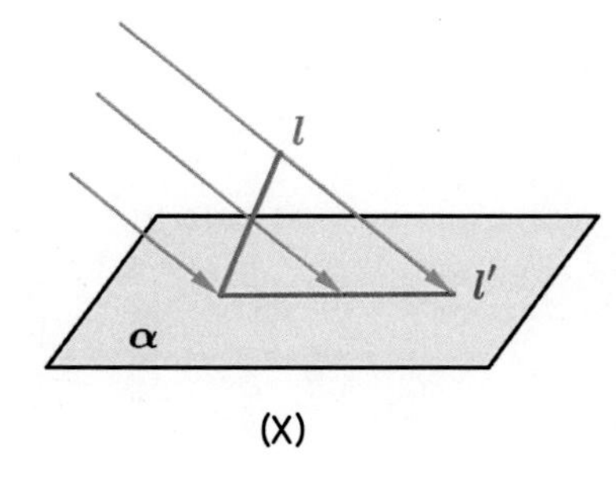

(X)

도형 l의 평면 α위로의 정사영을 왼쪽 그림의 막대기의 그림자처럼 생각하면 안 된다.
즉, l'은 l의 평면 α위로의 정사영이 될 수 없다.

<u>평면 α위로의 정사영을 구하기 위해서는 반드시 태양이 평면 α의 바로 위에 있어야 한다.</u>
따라서 아래 그림과 같이 l의 평면 α위로의 정사영은 l''이 된다.

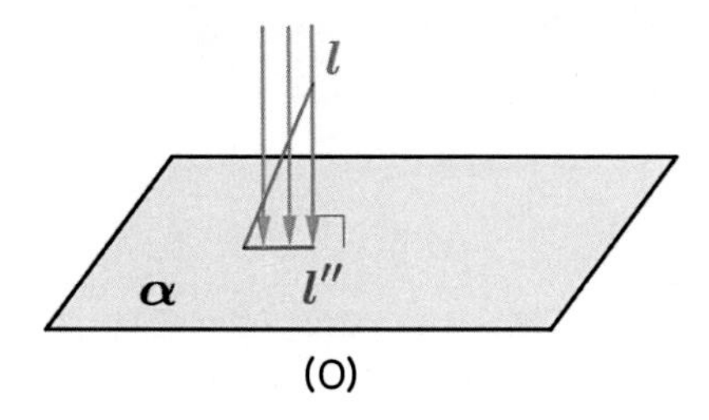

(O)

즉, 정사영은 원래의 도형보다 더 커질 수 없다.

대표 오개념 2

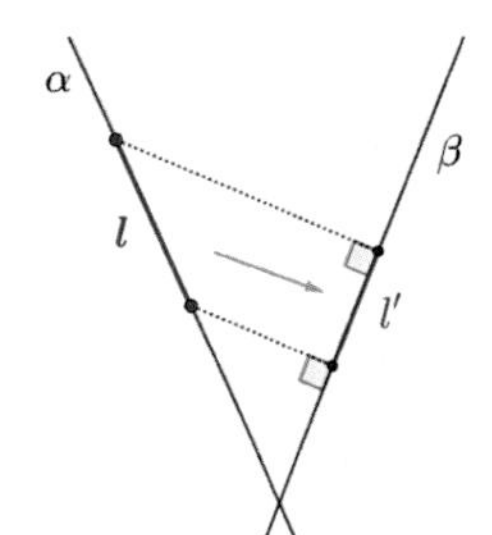

평면α에 포함된 도형 l의 평면β위로의 정사영을 l'이라 하자.

[오개념]

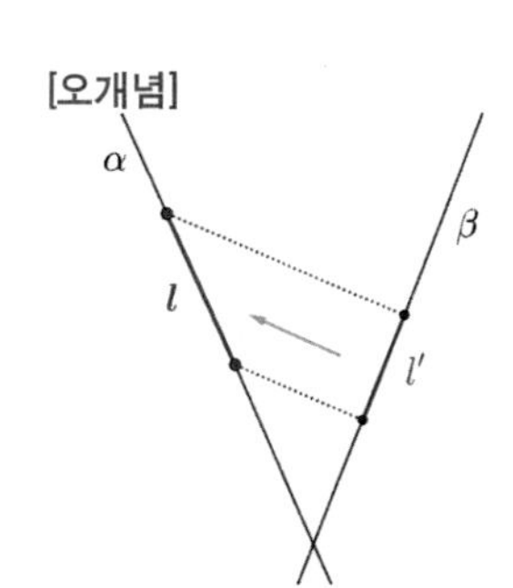

도형 l'의 평면 α위로의 정사영은 l이다.

[바른 개념]

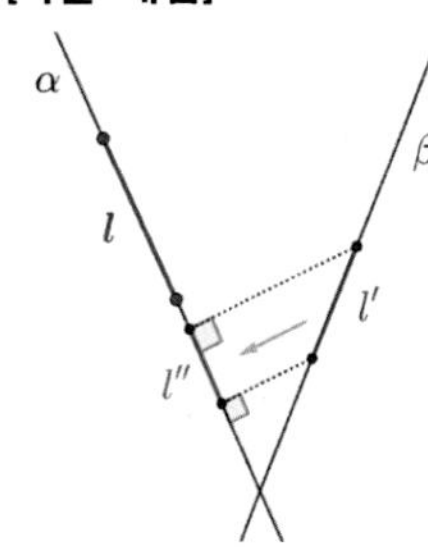

도형 l'의 평면 α위로의 정사영은 l''이다.

정사영이 만들어 지는 평면 위로 직각으로 보내야 함을 항상 잊지 말자.

대표 오개념 3

[문제]

직선과 평면 사이의 각도 $\theta=\frac{2}{3}\pi$이고, 직선 α에 포함된 도형 l의 길이가 4이다.

도형 l의 평면β 위로의 정사영을 l'이라 할 때, l'의 길이를 구하시오.

[오개념]

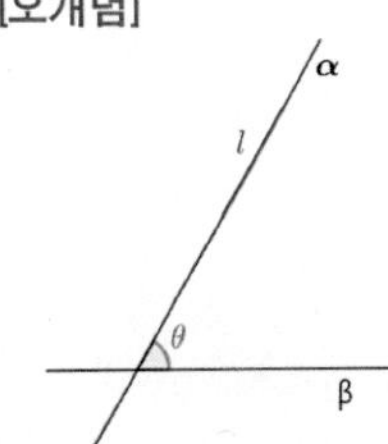

$l'=l\cos\theta$ 이므로 $l'=4\times\cos\frac{2}{3}\pi$이다.

따라서 $l'=-2$이다.

[바른 개념] 사이의 각도가 둔각인 경우인 데도 불구하고 θ가 예각일 때 성립하는 식인 $l'=l\cos\theta$에 대입하였기 때문에 틀린 풀이이다.

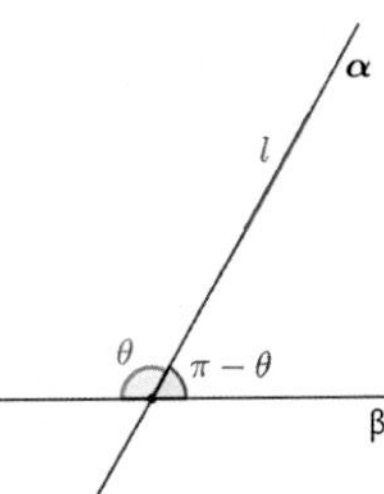

실제로는 왼쪽 그림과 같이 그려지므로 $l'=l\cos(\pi-\theta)$이다.

따라서 $l'=4\times\cos\frac{\pi}{3}=2$이다.

둔각으로 인해 계산이 잘못된 경우 수정하는 작업은 의외로 간단하다.
잘못 계산한 값의 부호만 바꿔주면 된다.
그 이유는 $\cos(\pi-\theta)=-\cos\theta$ **인 코사인의 성질 때문이다.**

관련 문제

[2011 수능 가형 미분과 적분 11번 일부]

그림과 같이 반지름의 길이가 1인 원판과 평면 α가 있다. 원판의 중심을 지나는 직선 l은 원판의 면과 수직이고, 평면 α와 이루는 각의 크기는 60°이다. 태양광선이 그림과 같이 평면 α에 수직인 방향으로 비출 때, 원판에 의해 평면 α에 생기는 그림자의 넓이는? (단, 원판의 두께는 무시한다.)

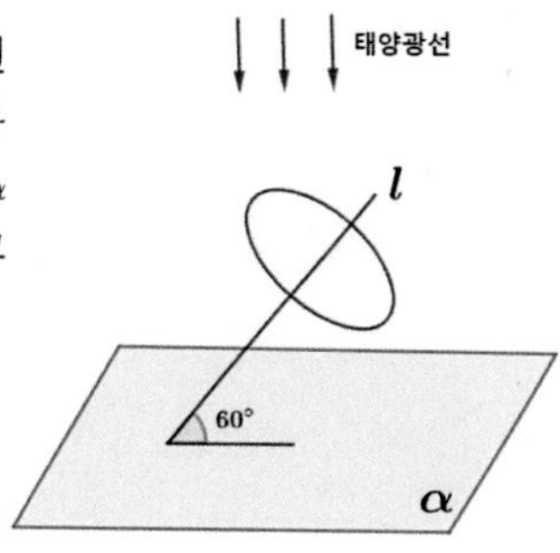

10 삼수선

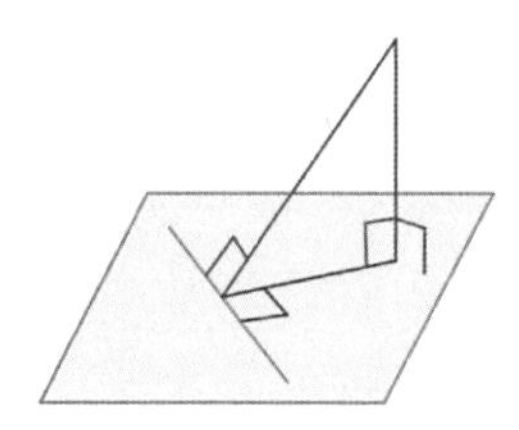

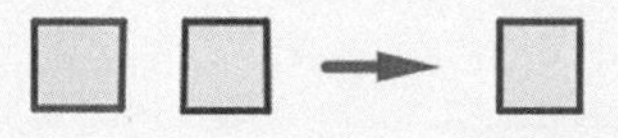

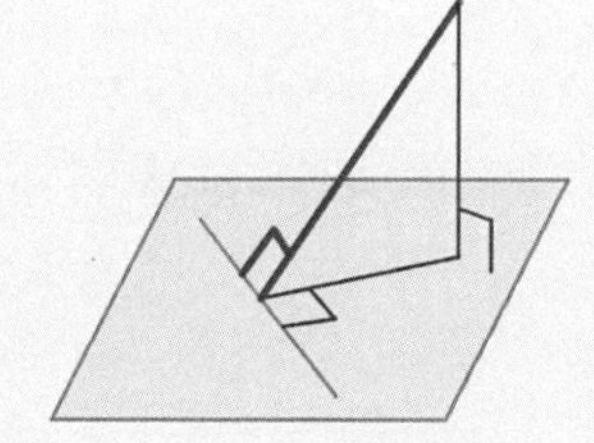

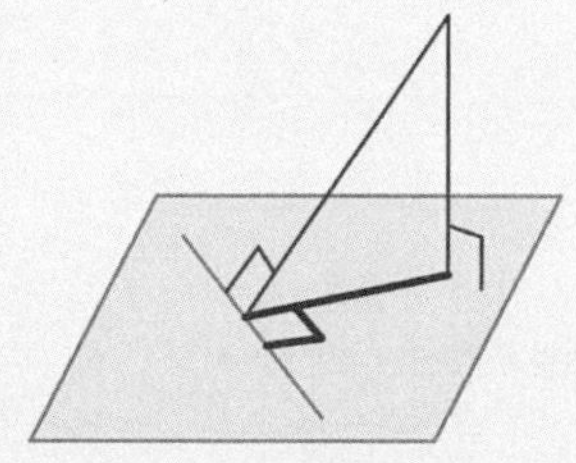

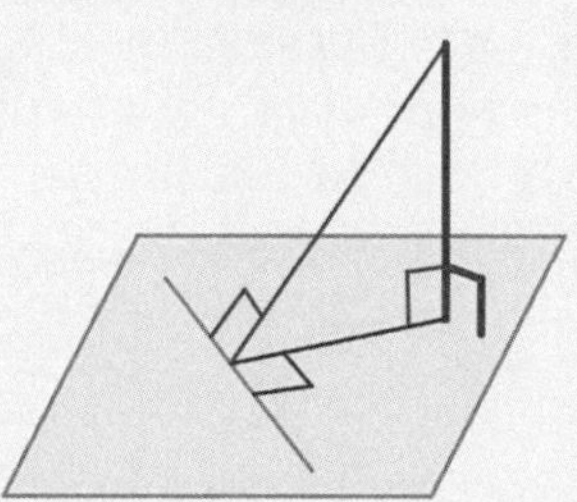

관련 문제

[2016 수능 가형 27번]

좌표공간에 서로 수직인 두 평면 α와 β가 있다. 평면 α 위의 두 점 A, B에 대하여 $\overline{AB}=3\sqrt{5}$이고, 직선 AB는 평면 β 에 평행하다. 점 A와 평면 β 사이의 거리가 2이고, 평면 β 위의 점 P와 평면 α 사이의 거리는 4일 때, 삼각형 PAB의 넓이를 구하시오.

[2015 수능 가형 12번]

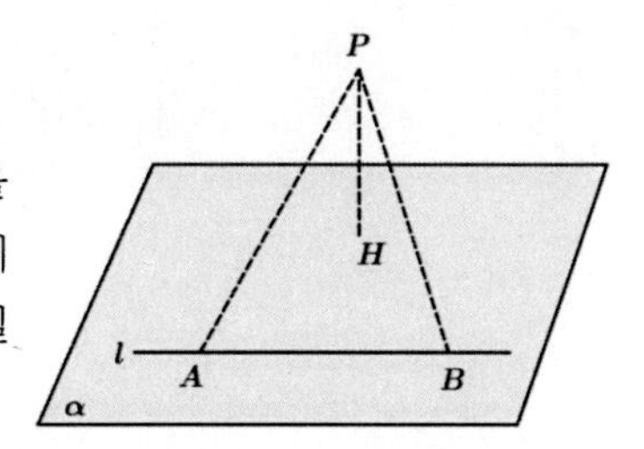

평면 α위에 있는 서로 다른 두 점 A, B를 지나는 직선을 l 이라 하고, 평면 α위에 있지 않은 점 P에서 평면 α에 내린 수선의 발을 H라 하자. $\overline{AB}=\overline{PA}=\overline{PB}=6, \overline{PH}=4$ 일 때, 점 H와 직선 l 사이의 거리는?

[2013 수능 가형 28번]

그림과 같이 $\overline{AB}=9, \overline{AD}=3$인 직사각형 $ABCD$ 모양의 종이가 있다. 선분 AB 위의 점 E와 선분 DC 위의 점 F를 연결하는 선을 접는 선으로 하여, 점 B의 평면 $AEFD$ 위로의 정사영이 점 D가 되도록 종이를 접었다. $\overline{AE}=3$일 때, 두 평면 $AEFD$와 $EFCB$가 이루는 각의 크기가 θ이다. $60\cos\theta$의 값을 구하시오. (단, $0<\theta<\frac{\pi}{2}$이고, 종이의 두께는 고려하지 않는다.)

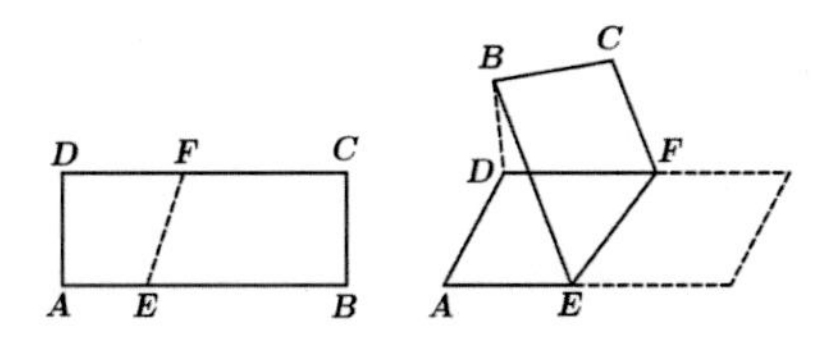

11 이면각

두 평면 사이의 각도

두 평면 α, β사이의 이면각 = 두 평면의 교선에 수직인 두 직선 l, l'사이의 각

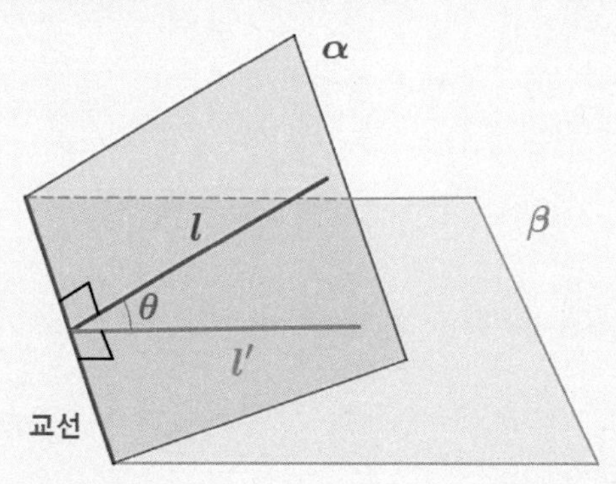

한 평면에 포함된 직선은 무수히 많으므로 어떤 직선을 선택하는지에 따라 두 평면사이의 각도가 달라진다. 따라서 두 평면 사이의 각도를 '**두 평면의 교선에 수직인 직선 사이의 각도**'로 정의한다.

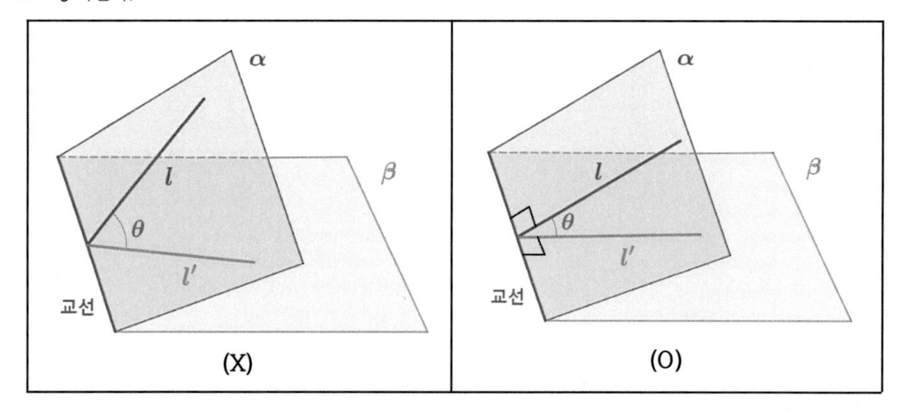

[2005 수능 가형 7번]

오른쪽 그림과 같이 한 모서리의 길이가 3인 정육면체 $ABCD-EFGH$의 세 모서리 AD, BC, FG 위에 $\overline{DP}=\overline{BQ}=\overline{GR}=1$인 세 점 P, Q, R이 있다. 평면 PQR와 평면 $CGHD$가 이루는 각의 크기를 θ라 할 때, $\cos\theta$의 값은? (단, $0<\theta<\frac{\pi}{2}$)

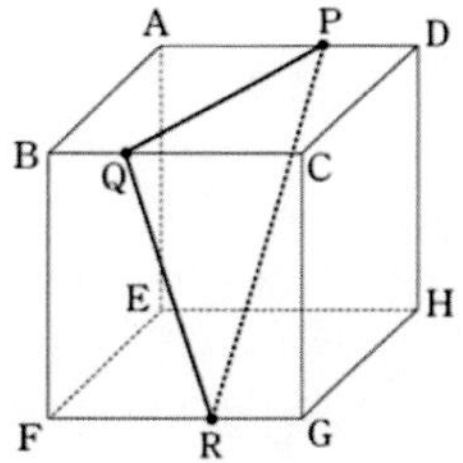

[2020 수능 가형 27번]

그림과 같이 한 변의 길이가 4이고 $\angle BAD=\frac{\pi}{3}$인 마름모 $ABCD$ 모양의 종이가 있다. 변 BC와 변 CD의 중점을 각각 M과 N이라 할 때, 세 선분 AM, AN, MN을 접는 선으로 하여 사면체 $PAMN$이 되도록 종이를 접었다.

삼각형 AMN의 평면 PAM 위로의 정사영의 넓이는 $\frac{q}{p}\sqrt{3}$이다. $p+q$의 값을 구하시오. (단, 종이의 두께는 고려하지 않으며 P는 종이를 접었을 때 세 점 B, C, D가 합쳐지는 점이고, p와 q는 서로소인 자연수이다.)

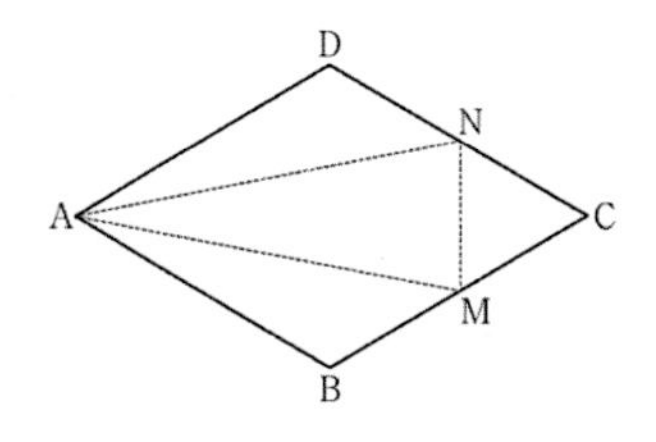

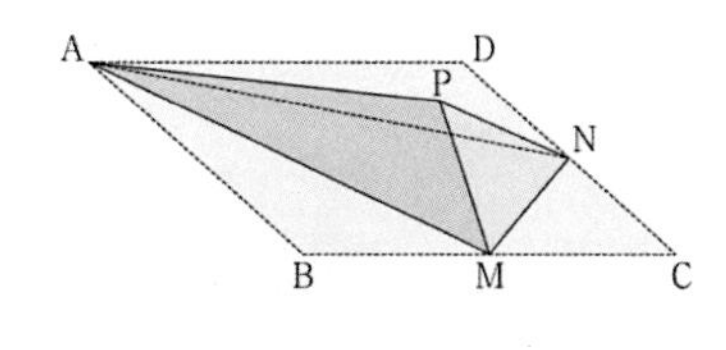

종합 문제

삼각함수의 덧셈정리

[2018 수능 가형 14번]

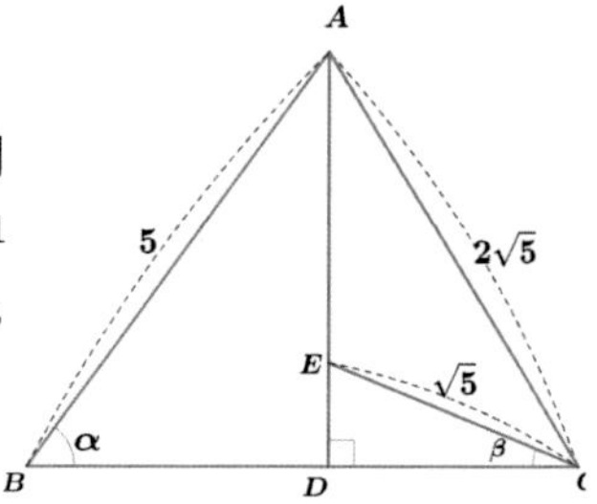

그림과 같이 $\overline{AB}=5$, $\overline{AC}=2\sqrt{5}$ 인 삼각형 ABC 의 꼭짓점 A에서 선분 BC에 내린 수선의 발을 D라 하자. 선분 AD를 3:1로 내분하는 점 E에 대하여 $\overline{EC}=\sqrt{5}$이다. $\angle ABD=\alpha$, $\angle DCE=\beta$라 할 때, $\cos(\alpha-\beta)$의 값은?

삼각함수의 극한

[2019 수능 가형 18번]

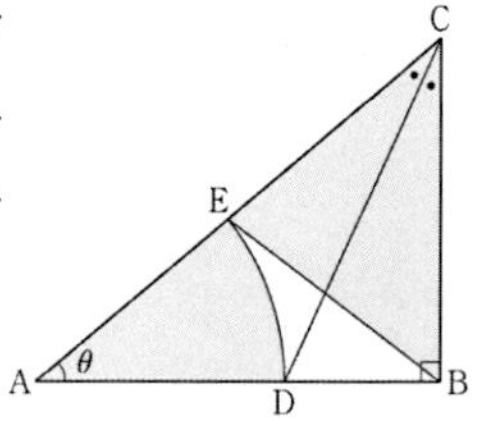

그림과 같이 $\overline{AB}=1$, $\angle B=\frac{\pi}{2}$인 직각삼각형 ABC에서 $\angle C$를 이등분하는 직선과 선분 AB의 교점을 D, 중심이 A이고 반지름의 길이가 $\overline{AD}$인 원과 선분 AC의 교점을 E라 하자. $\angle A=\theta$일 때, 부채꼴 ADE의 넓이를 $S(\theta)$, 삼각형BCE의 넓이를 $T(\theta)$라 하자. $\lim_{\theta \to 0+} \frac{\{S(\theta)\}^2}{T(\theta)}$의 값은?

[2017 수능 가형 14번 문제]

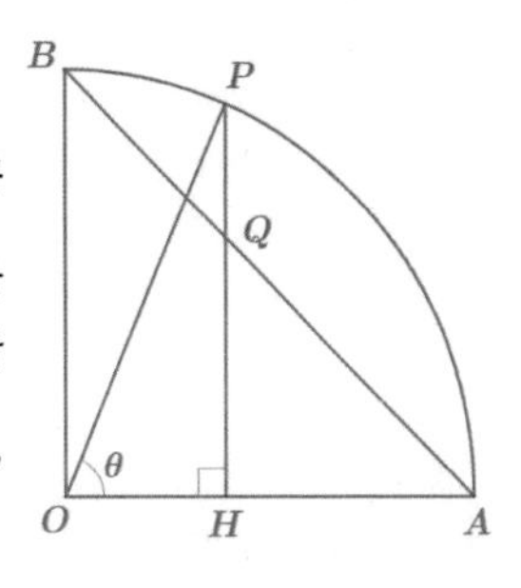

그림과 같이 반지름의 길이가 1이고 중심각의 크기가 $\frac{\pi}{2}$인 부채꼴 OAB가 있다. 호 AB위의 점 P에서 선분 OA에 내린 수선의 발을 H, 선분 PH와 선분 AB의 교점을 Q라 하자. $\angle POH=\theta$일 때, 삼각형 AQH의 넓이를 $S(\theta)$라 하자. $\lim_{\theta\to 0+}\frac{S(\theta)}{\theta^4}$의 값은? (단, $0<\theta<\frac{\pi}{2}$)

[2016 수능 가형 28번]

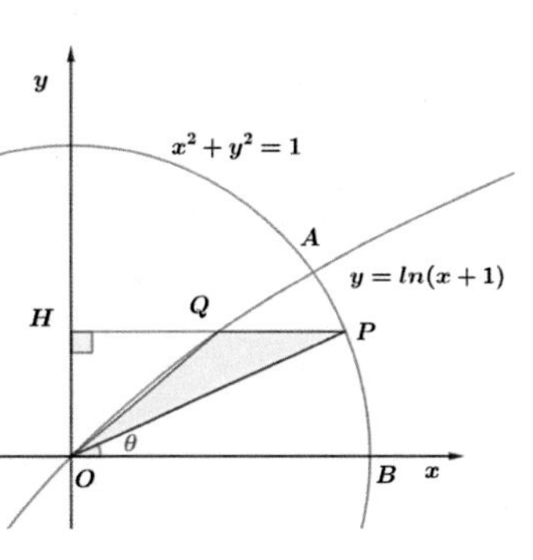

그림과 같이 좌표평면에서 원 $x^2+y^2=1$과 곡선 $y=\ln(x+1)$이 제 1사분면에서 만나는 점을 A라 하자. 점 $B(1,0)$ 에 대하여 호 AB 위의 점 P에서 y축에 내린 수선의 발을 H, 선분 PH와 곡선 $y=\ln(x+1)$이 만나는 점을 Q라 하자. $\angle POB=\theta$라 할 때, 삼각형 OPQ의 넓이를 $S(\theta)$, 선분 HQ의 길이를 $L(\theta)$라 하자. $\lim_{\theta\to+0}\frac{S(\theta)}{L(\theta)}=k$ 일 때, $60k$ 의 값을 구하시오.

(단, $0<\theta<\frac{\pi}{6}$이고, O는 원점이다.)

[2015 수능 가형 20번]

그림과 같이 반지름의 길이가 1인 원에 외접하고,
$\angle CAB = \angle BCA = \theta$인 이등변삼각형 ABC가 있다. $\overline{AB}$의 연장선 위에 점 A가 아닌 점 D를 $\angle DCB = \theta$ 가 되도록 잡는다.
삼각형 BDC의 넓이를 $S(\theta)$라 할 때, $\lim_{\theta \to +0} \{\theta \times S(\theta)\}$의 값은?
(단, $0 < \theta < \frac{\pi}{4}$)

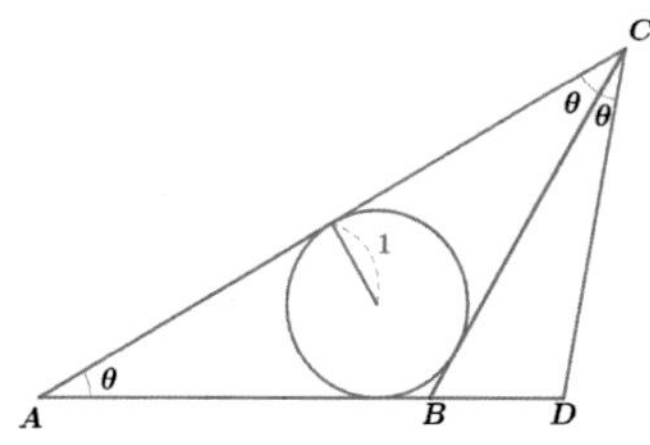

[2019 수능 나형 16번]

그림과 같이 $\overline{OA_1} = 4$, $\overline{OB_1} = 4\sqrt{3}$인 직각삼각형 OA_1B_1이 있다. 중심이 O이고 반지름의 길이가 $\overline{OA_1}$인 원이 선분 OB_1과 만나는 점을 B_2라 하자. 삼각형 OA_1B_1의 내부와 부채꼴 OA_1B_2의 내부에서 공통된 부분을 제외한 ◣ 모양의 도형에 색칠하여 얻은 그림을 R_1이라 하자. 그림 R_1에서 점 B_2를 지나고 선분 A_1B_1에 평행한 직선이 선분 OA_1과 만나는 점을 A_2, 중심이 O이고 반지름의 길이가 $\overline{OA_2}$인 원이 선분 OB_2와 만나는 점을 B_3이라 하자. 삼각형 OA_2B_2의 내부와 부채꼴 OA_2B_3의 내부에서 공통된 부분을 제외한 ◣ 모양의 도형에 색칠하여 얻은 그림을 R_2라 하자. 이와 같은 과정을 계속하여 n번째 얻은 그림 R_n에 색칠되어 있는 부분의 넓이를 S_n이라 할 때, $\lim_{n \to \infty} S_n$의 값은?

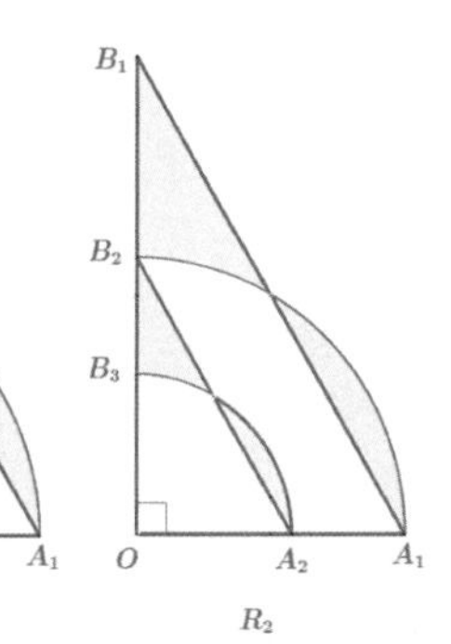

[2018 수능 나형 19번]

그림과 같이 한 변의 길이가 1인 정삼각형 $A_1B_1C_1$ 이 있다. 선분 A_1B_1의 중점을 D_1이라 하고, 선분 B_1C_1위의 $\overline{C_1D_1}=\overline{C_1B_2}$인 점 B_2에 대하여 중심이 C_1인 부채꼴$C_1D_1B_2$를 그린다. 점 B_2에서 선분 C_1D_1에 내린 수선의 발을 A_2, 선분 C_1B_2의 중점을 C_2라 하자. 두 선분 B_1B_2, B_1D_1 과 호 D_1B_2로 둘러싸인 영역과 삼각형 $C_1A_2C_2$의 내부에 색칠하여 얻은 그림을 R_1이라 하자.

그림 R_1에서 선분 A_2B_2의 중점을 D_2라 하고, 선분 B_2C_2 위의 $\overline{C_2D_2}=\overline{C_2B_3}$인 점 B_3에 대하여 중심이 C_2인 부채꼴 $C_2D_2B_3$을 그린다. 점 B_3에서 선분 C_2D_2에 내린 수선의 발을 A_3, 선분 C_2B_3의 중점을 C_3이라 하자. 두 선분 B_2B_3, B_2D_2와 호 D_2B_3으로 둘러싸인 영역과 삼각형 $C_2A_3C_3$의 내부에 색칠하여 얻은 그림을 R_2라 하자. 이와 같은 과정을 계속하여 n번째 얻은 그림 R_n에 색칠되어 있는 부분의 넓이를 S_n이라 할 때, $\lim_{n\to\infty} S_n$의 값은?

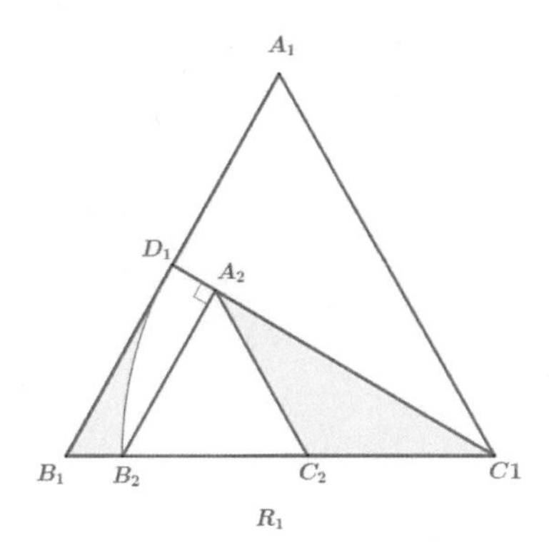

R_1

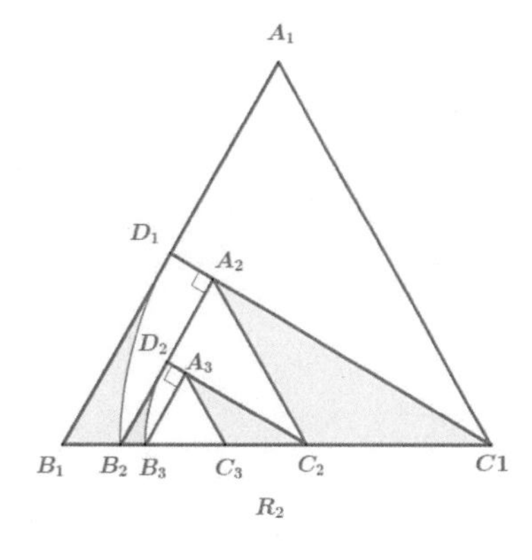

R_2

[2017 수능 나형 17번]

그림과 같이 길이가 4인 선분 AB를 지름으로 하는 원 O가 있다. 원의 중심을 C라 하고, 선분 AC의 중점과 선분 BC의 중점을 각각 D, P라 하자. 선분 AC의 수직이등분선과 선분 BC의 수직이등분선이 원 O의 위쪽 반원과 만나는 점을 각각 E, Q라 하자. 선분 DE를 한 변으로 하고 원 O와 점 A에서 만나며 선분 DF가 대각선인 정사각형 $DEFG$를 그리고, 선분 PQ를 한 변으로 하고 원 O와 점 B에서 만나며 선분 PR이 대각선인 정사각형 $PQRS$를 그린다.

원 O의 내부와 정사각형 $DEFG$의 내부의 공통부분인 ◺모양의 도형과 원 O의 내부와 정사각형 $PQRS$의 내부의 공통부분인 ◹모양의 도형에 색칠하여 얻은 그림을 R_1이라 하자.
그림 R_1에서 점 F를 중심으로 하고 반지름의 길이가 $\frac{1}{2}\overline{DE}$인 원 O_1, 점 R를 중심으로 하고 반지름의 길이가 $\frac{1}{2}\overline{PQ}$인 원 O_2를 그린다. 두 원 O_1, O_2에 각각 그림 R_1을 얻은 것과 같은 방법으로 만들어지는 ◺모양의 2개의 도형과 ◹모양의 2개의 도형에 색칠하여 얻은 그림을 R_2라 하자. 이와 같은 과정을 계속하여 n번째 얻은 그림 R_n에 색칠되어 있는 부분의 넓이를 S_n이라 할 때, $\lim_{n\to\infty} S_n$의 값은?

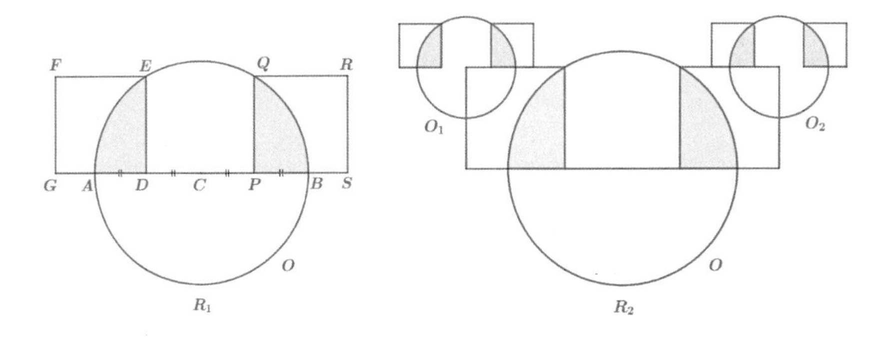

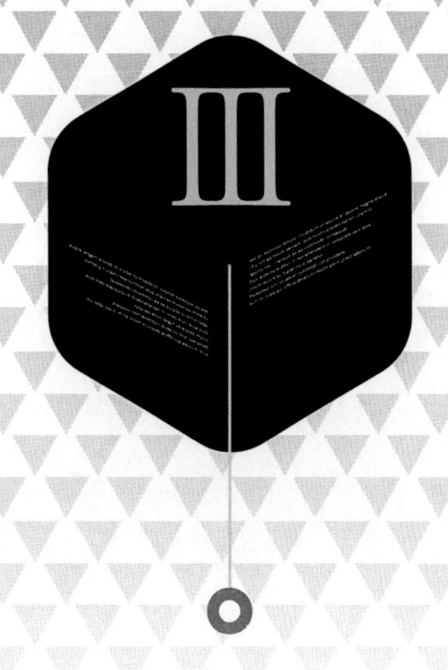

III
관련 문제 해설

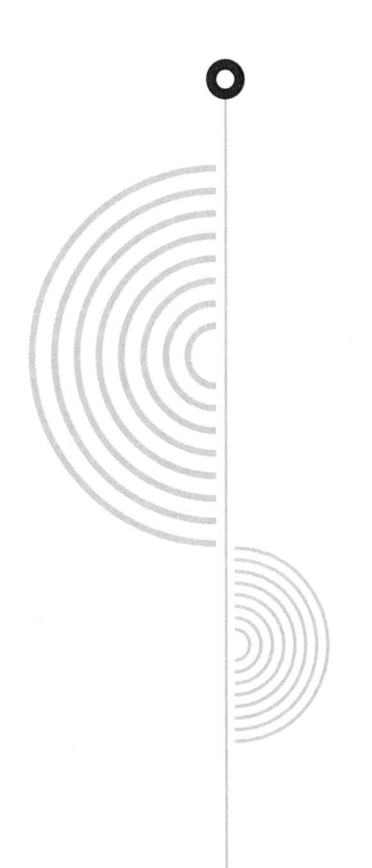

[직각]

[2006 9월 모평 가형 22번 변형] - P. 28

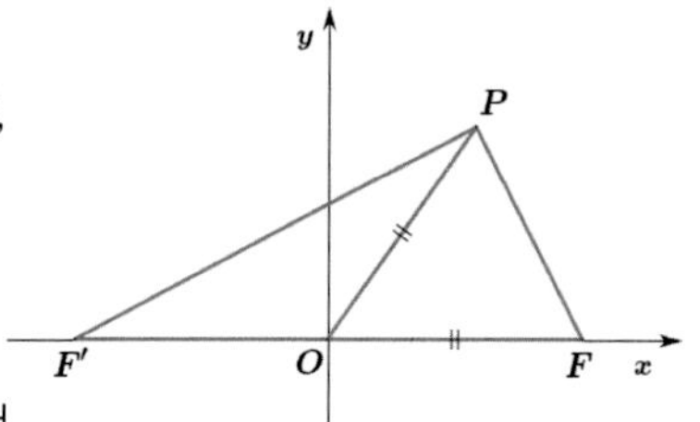

세 점 $F'(-\sqrt{20},0), F(\sqrt{20},0), O(0,0)$에 대하여 $\overline{OP}=\overline{OF}$일 때, $\overline{PF'}^2+\overline{PF}^2$의 값은?

|풀이| $\overline{OF'}=\overline{OP}=\overline{OF}$이므로 세 점 F', P, F는 점O가 중심인 원 위의 서로 다른 세 점이라고 할 수 있다.

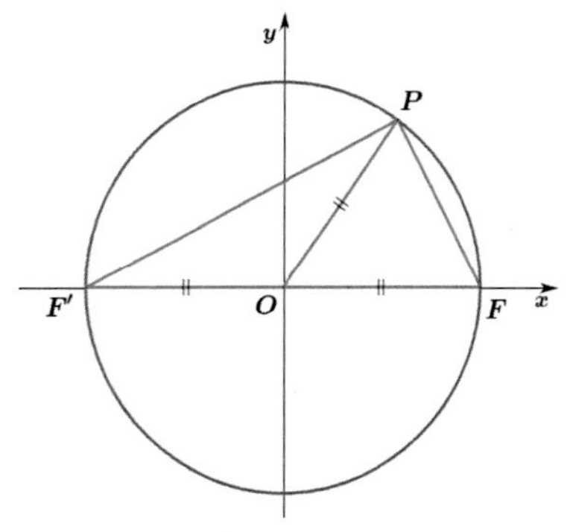

특히 세 점 F', O, F은 모두 x축 위의 점 이므로 선분 $F'F$는 그 원의 지름이 된다.

$\therefore \angle F'PF$는 직각이다.

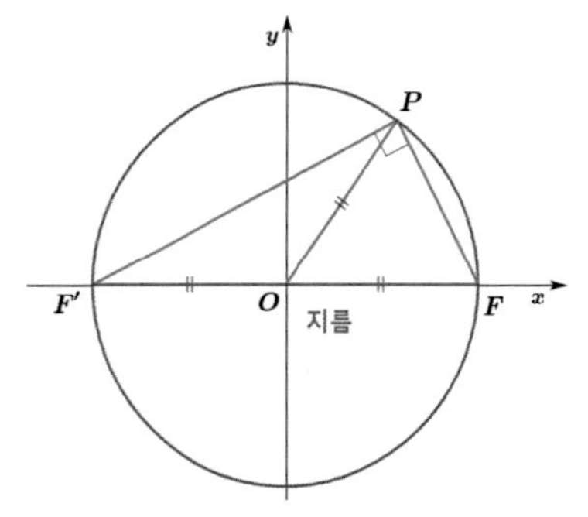

피타고라스의 정리에 의해 $\overline{PF'}^2+\overline{PF}^2=(2\sqrt{20})^2$이다.

따라서 $\overline{PF'}^2+\overline{PF}^2=80$이다.

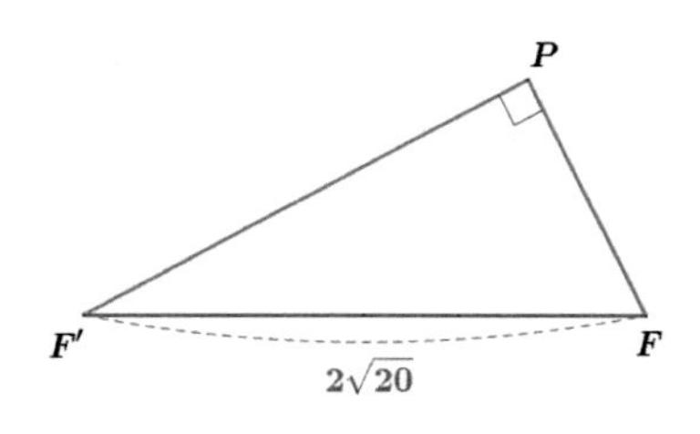

〔피타고라스〕

[2018 수능 가형 14번 일부] - P. 32

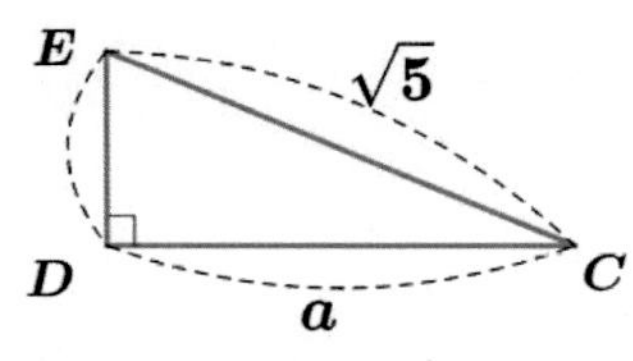

직각삼각형 CDE에서 선분ED의 길이를 a에 대한 식으로 나타내시오.

|풀이| $\overline{ED}=\sqrt{5-a^2}$

[2018 수능 가형 14번 일부] - P. 33

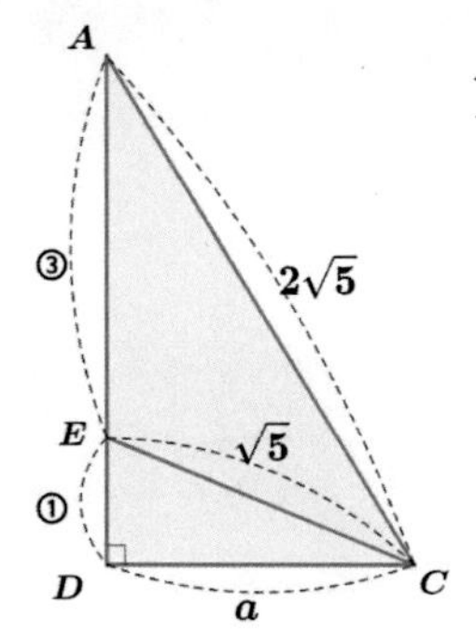

$\overline{DE}$: $\overline{EA}=1:3$일 때, 선분CD의 길이는?

|풀이| 피타고라스 정리에 의해

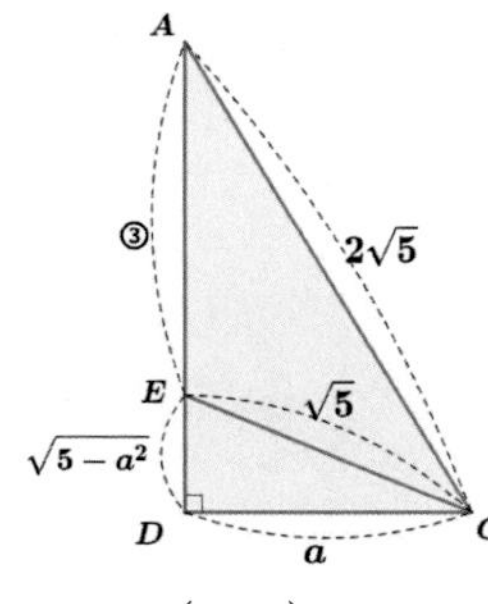

A 2√5 4√5 − a² D C a 이다.

따라서 $16(5-a^2)+a^2=20$ 이다.

정리하면 $a^2=4$이므로 $a=2$ 이다.

[2016 수능 가형 15번 일부] - P. 33

점 $O(0,0)$가 원점이고, 점 C의 좌표가 $(1+\cos\theta, \sin\theta)$일 때, 선분 OC의 길이를 삼각함수로 나타내시오.

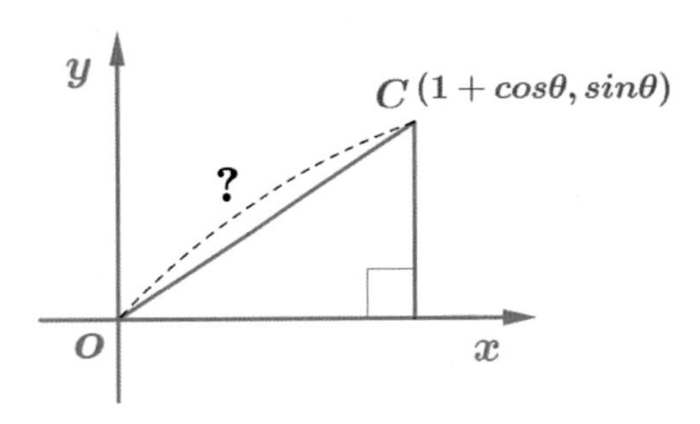

|풀이| 피타고라스 정리에 의해 두 점 사이의 거리는 선분 OC의 길이이다.

$\overline{OC}=\sqrt{(1+\cos\theta)^2+\sin^2\theta}$ 이다.

따라서 $\overline{OC}=\sqrt{1+2\cos\theta+\cos^2\theta+\sin^2\theta}$

$=\sqrt{2+2\cos\theta}\quad (\because \sin^2\theta+\cos^2\theta=1)$

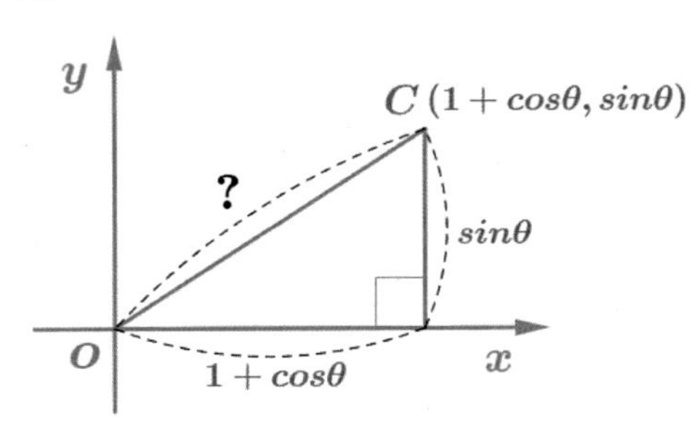

[2016 수능 가형 26번 일부] - P. 33

선분 PQ의 길이를 구하면?

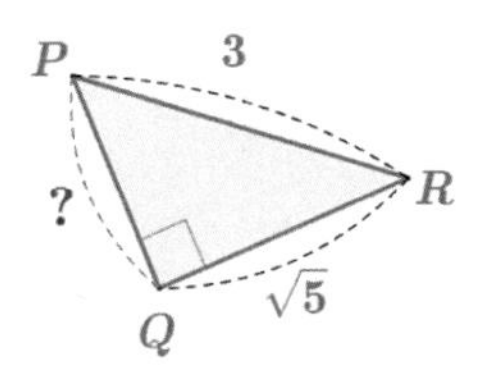

|풀이| 피타고라스 정리에 의해 $\overline{PQ}=\sqrt{3^2-5}=2$ 이다.

[2016 수능 가형 27번 일부] - P. 33

선분 PH'의 길이를 구하면?

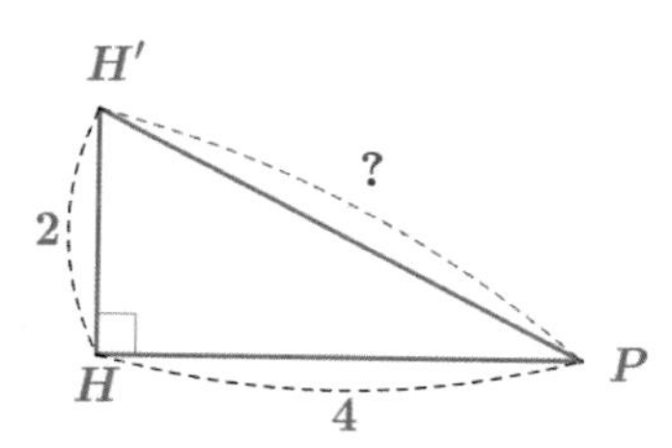

|풀이| 피타고라스 정리에 의해 $\overline{PH'}=2\times\left(\sqrt{1^2+2^2}\right)=2\sqrt{5}$ 이다.

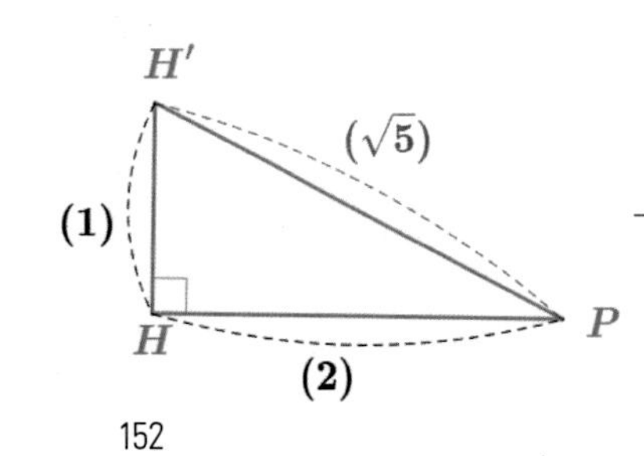

→

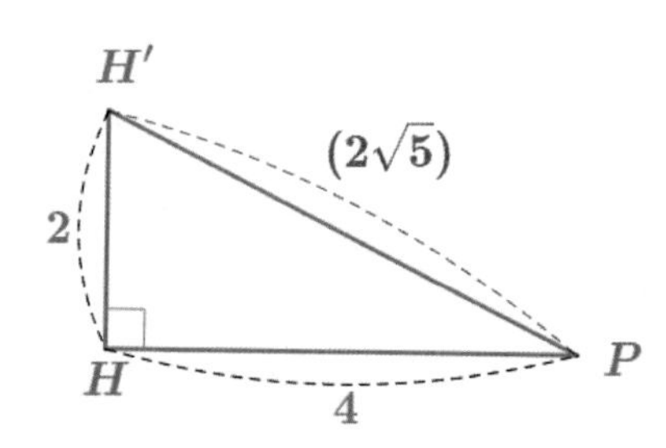

[2012 수능 가형 11번 일부] - P. 33

다음 그림에서 $2ab$의 값은?

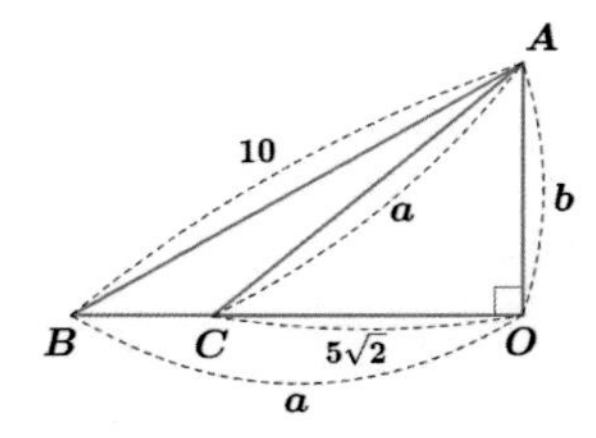

|풀이| $a^2=(5\sqrt{2})^2+b^2$, $10^2=a^2+b^2$ 이므로 연립하면 $a=5\sqrt{3}$, $b=5$이다.

따라서 $2ab=50\sqrt{3}$ 이다.

〔삼각비, 삼각함수〕

[2019 수능 가형 18번 일부] - P. 37

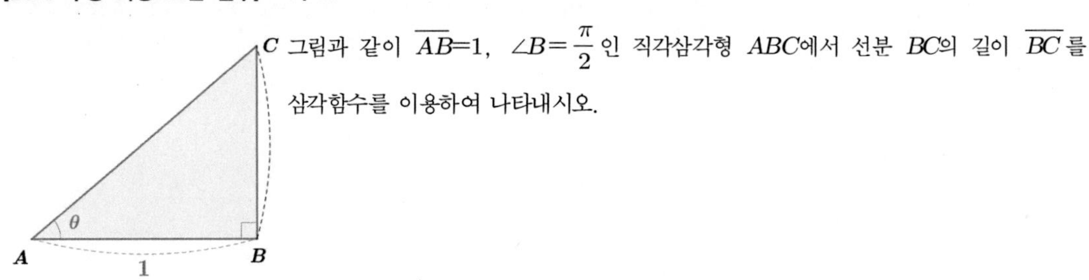

그림과 같이 $\overline{AB}=1$, $\angle B=\dfrac{\pi}{2}$ 인 직각삼각형 ABC에서 선분 BC의 길이 $\overline{BC}$를 삼각함수를 이용하여 나타내시오.

|풀이| $\overline{BC}=1\times tan\theta=\tan\theta$이다.

[2019 수능 가형 18번 일부] - P. 37

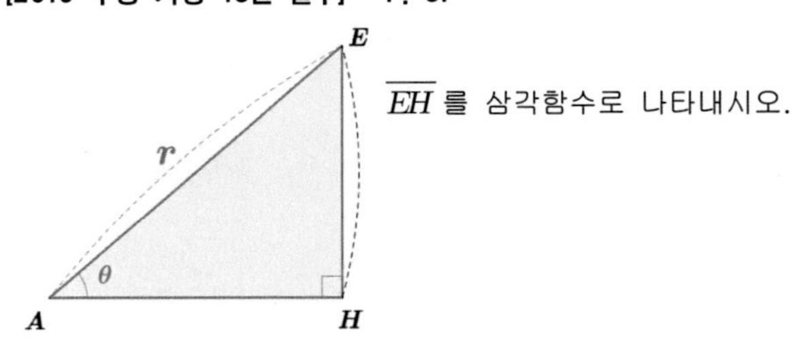

$\overline{EH}$를 삼각함수로 나타내시오.

|풀이| $\overline{EH}=r\times sin\theta=r\sin\theta$

[2018 수능 가형 14번 일부] - P. 37

$\sin\alpha, \cos\alpha, \sin\beta, \cos\beta$의 값은?

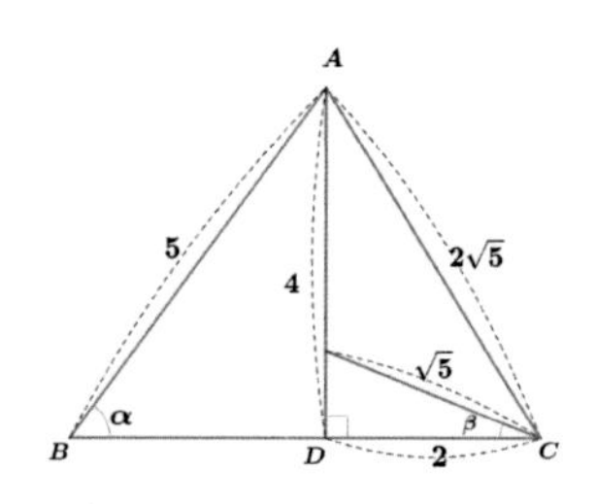

|풀이|

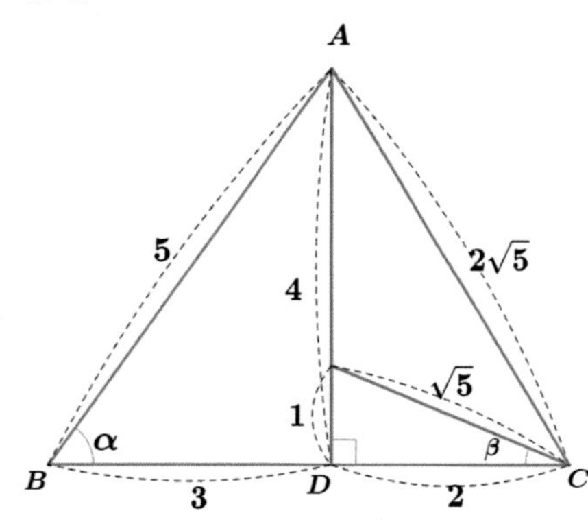

피타고라스 정리에 의해
그림과 같이 유도되고,
삼각비의 정의에 의해

$\sin\alpha = \frac{4}{5}, \cos\alpha = \frac{3}{5}, \sin\beta = \frac{1}{\sqrt{5}}, \cos\beta = \frac{2}{\sqrt{5}}$가 된다.

[2018 수능 가형 17번 일부] - P. 38

직각삼각형 CFG의 넓이를 삼각함수를 이용하여 나타내시오.

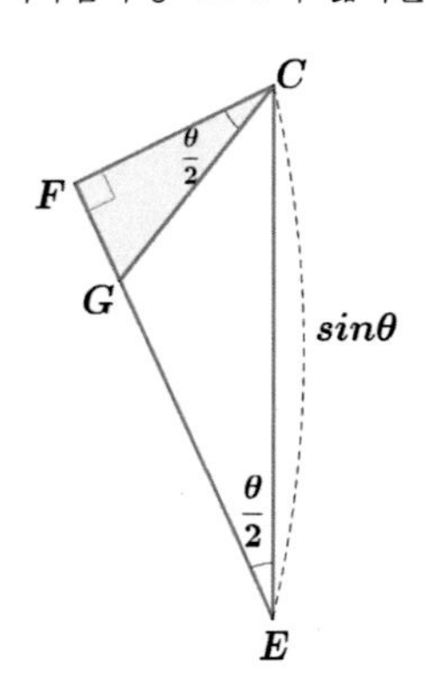

|풀이|

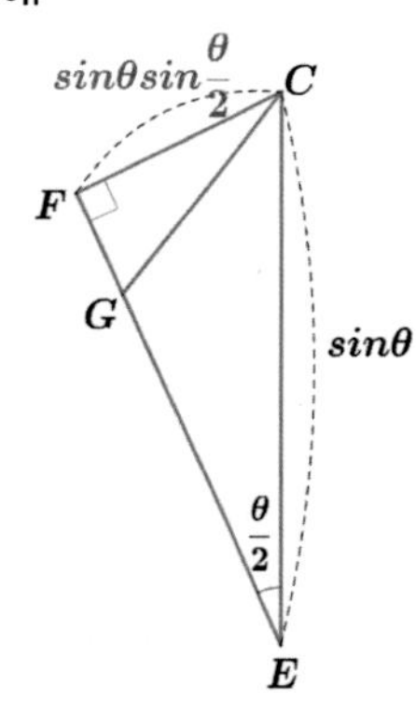

직각삼각형 EFC에서 삼각함수의 정의에 의해 $\overline{FC} = \sin\theta sin\frac{\theta}{2}$이다.

삼각함수의 정의에 의해

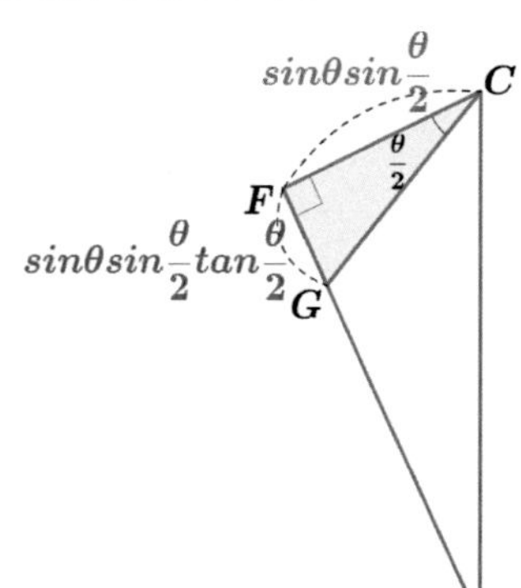

$\overline{FG} = \sin\theta sin\frac{\theta}{2}\tan\frac{\theta}{2}$이다.

따라서 삼각형 CFG의 넓이는

$\frac{1}{2}(\sin\theta)^2\left(\sin\frac{\theta}{2}\right)^2\tan\frac{\theta}{2}$이 된다.

[2017 수능 가형 14번 일부] - P. 38

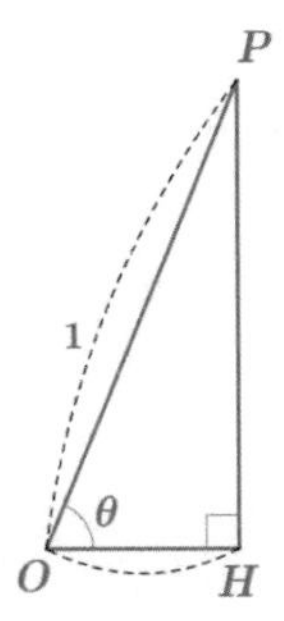

선분 OH의 길이를 삼각함수로 나타내시오.

|풀이| $\overline{OH}=1\times\cos\theta=\cos\theta$이다.

[2017 수능 가형 14번 일부] - P. 38

그림과 같이 반지름의 길이가 1 이고 중심각의 크기가 $\frac{\pi}{2}$인 부채꼴 OAB가 있다. 호 AB 위의 점 P 에서 선분 OA에 내린 수선의 발을 H, 선분 PH와 선분 AB의 교점을 Q 라 하자. $\angle POH=\theta$일 때, 삼각형 AQH의 넓이를 삼각함수를 이용하여 나타내시오. (단, $0<\theta<\frac{\pi}{2}$)

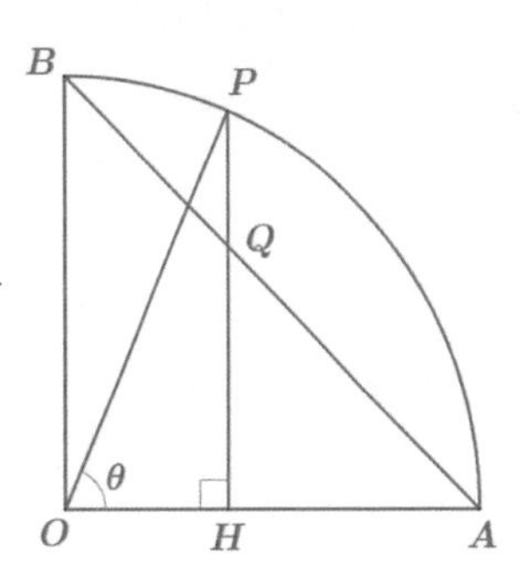

|풀이|

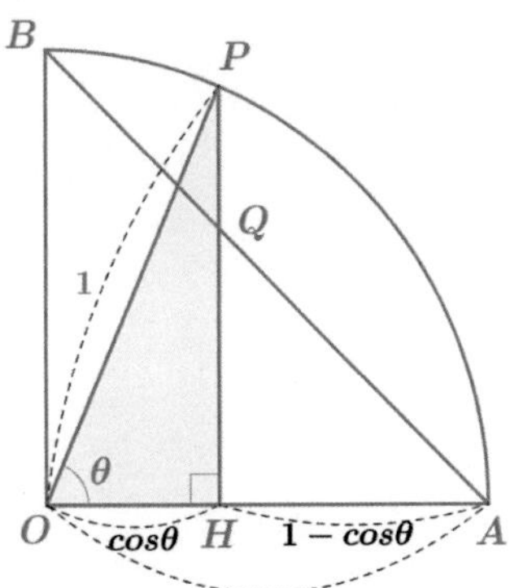

$\overline{OH}=1\times\cos\theta=\cos\theta$ 이다.

따라서 $\overline{AH}=1-\cos\theta$ 이다.

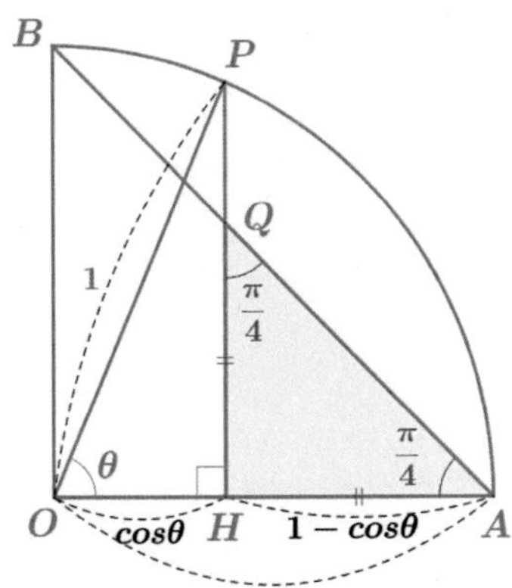

$\triangle AQH$는 직각이등변삼각형이므로

$\triangle AQH$의 넓이$=\frac{1}{2}(1-\cos\theta)^2$이다.

[2016 수능 가형 28번 일부] - P. 39

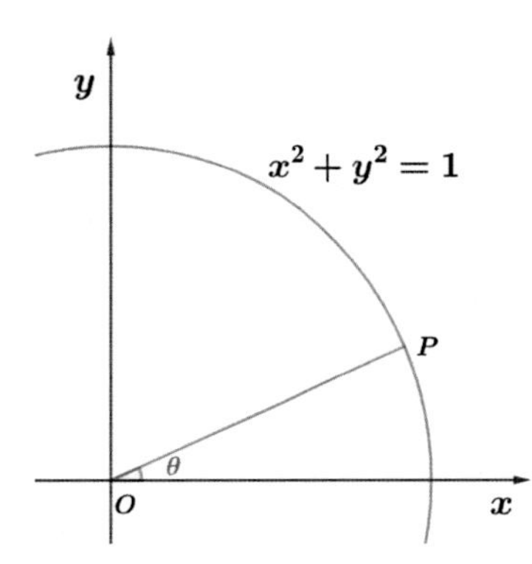

점P의 좌표를 삼각함수를 이용하여 나타내시오.

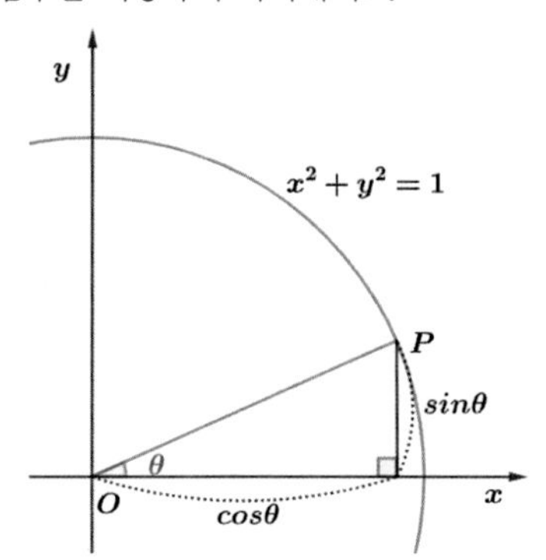

|풀이| 빗변의 길이가 1이므로 $P(\cos\theta, \sin\theta)$이다.

[2015 수능 가형 20번 일부] - P. 39

그림과 같이 반지름의 길이가 1인 원에 외접하고 $\angle CAB = \angle BCA = \theta$인 이등변삼각형 ABC가 있다.

$\overline{CD}$를 삼각함수를 이용하여 나타내시오.

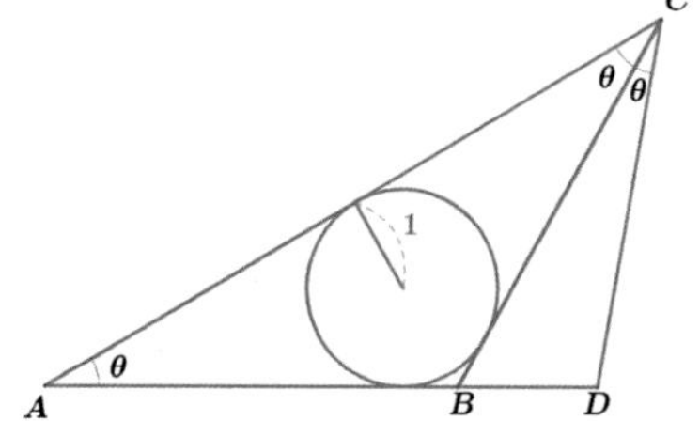

|풀이|

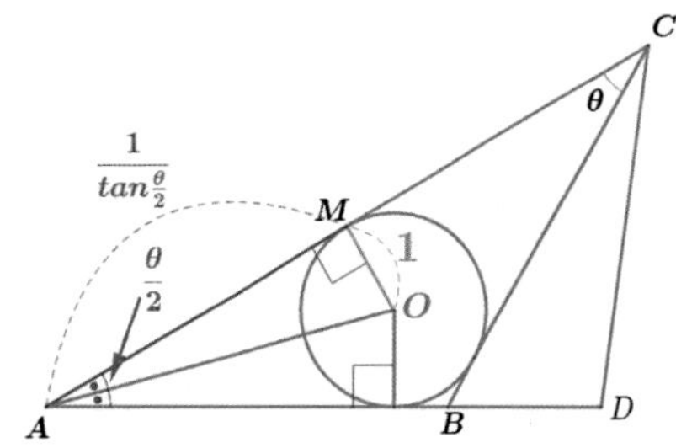

원의 중심을 점O라 하고, 내접원과 선분 AC의 접점을 M이라 하면, 원의 접선의 성질에 의해 $\angle MAO = \frac{\theta}{2}$이다.

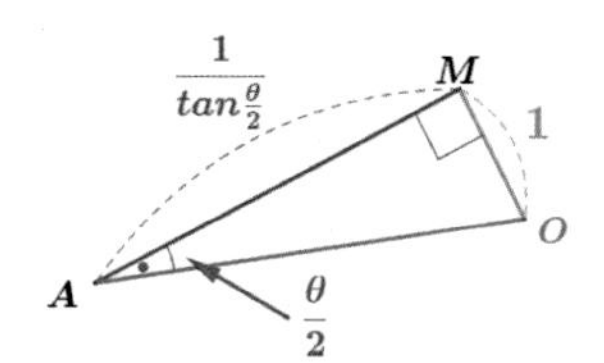

따라서 삼각비에 의해 $\overline{AM} = \frac{1}{\tan\frac{\theta}{2}}$이다.

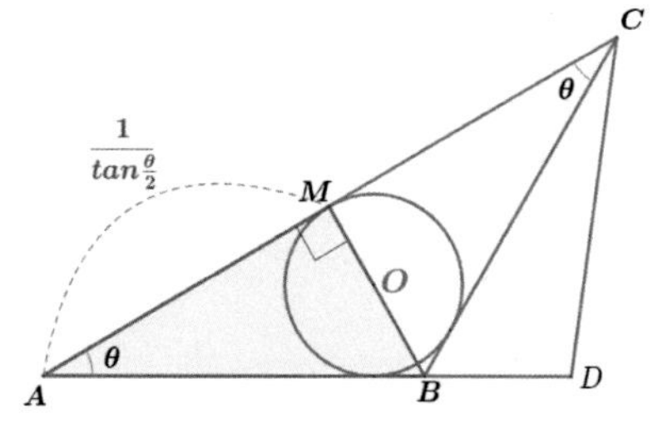

한편 직각삼각형 AMB에서

$\overline{AB} = \frac{1}{\tan\frac{\theta}{2}} \times \frac{1}{\cos\theta}$이다.

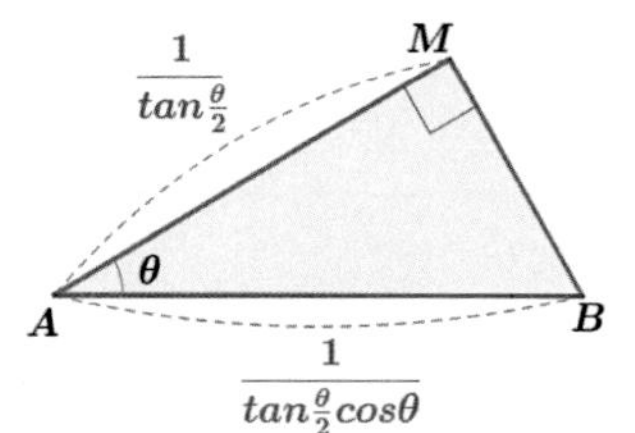

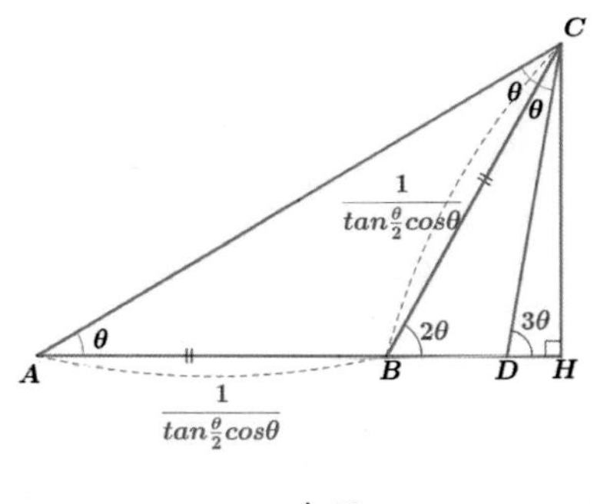

$\triangle ABC$가 이등변삼각형이고,
외각정리에 의해
$\angle CBD=2\theta$, $\angle CDH=3\theta$이다.

따라서 $\overline{CH}=\dfrac{\sin 2\theta}{\tan\dfrac{\theta}{2}\cos\theta}$가 된다.

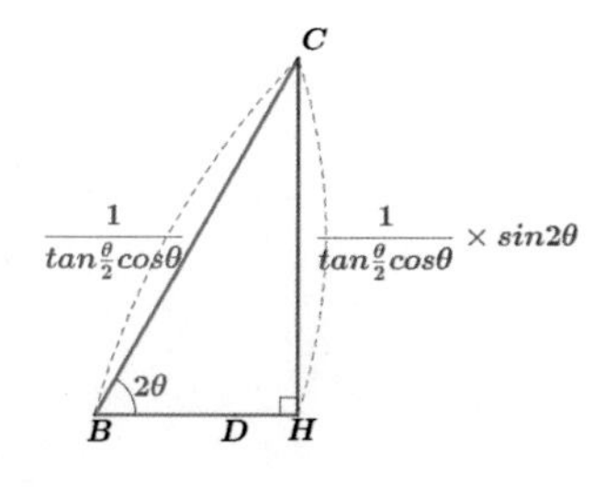

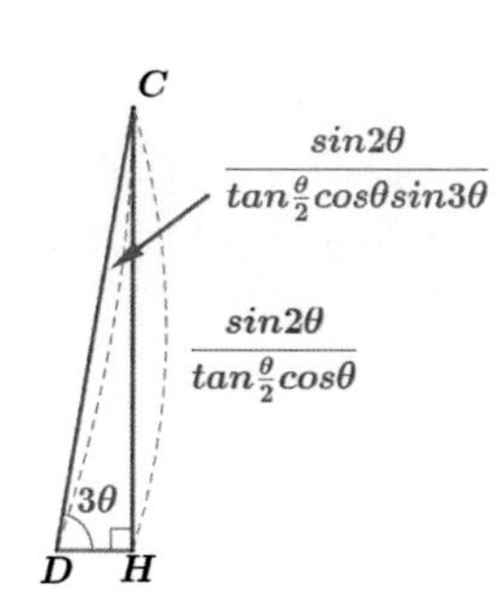

결국 $\overline{CD}=\dfrac{\sin 2\theta}{\tan\dfrac{\theta}{2}\cos\theta \sin 3\theta}$가 된다.

[2019 수능 나형 16번 일부] - P. 39

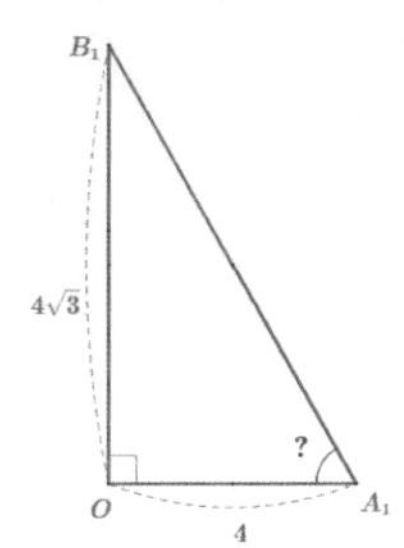

직각삼각형 OA_1B_1에서 $\angle OA_1B_1$의 크기를 구하시오.

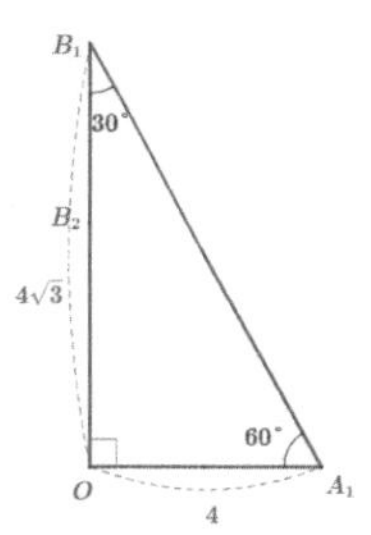

|풀이| 직각삼각형 OA_1B_1의 선분의 길이비가 $\overline{OA_1} : \overline{OB_1}=1:\sqrt{3}$이므로 $\angle OA_1B_1=60°$가 된다.

[2014 수능 가형 28번 일부] - P. 39

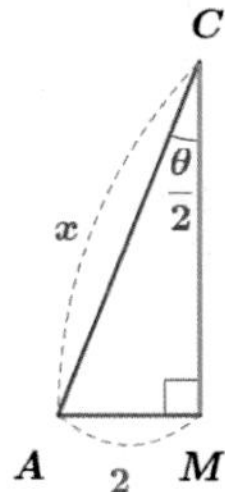

x를 θ에 대한 식으로 나타내시오.

|풀이| $x=\dfrac{2}{\sin\dfrac{\theta}{2}}$

[2012 수능 가형 8번 일부] - P. 39

삼각형 ABC에서 $\overline{AB}=2, \angle B=90°, \angle C=30°$ 이다. 점 P는 선분 BC의 중점이다. $\overline{PA}$의 값은?

|풀이| 그림으로 나타내면 다음과 같다.

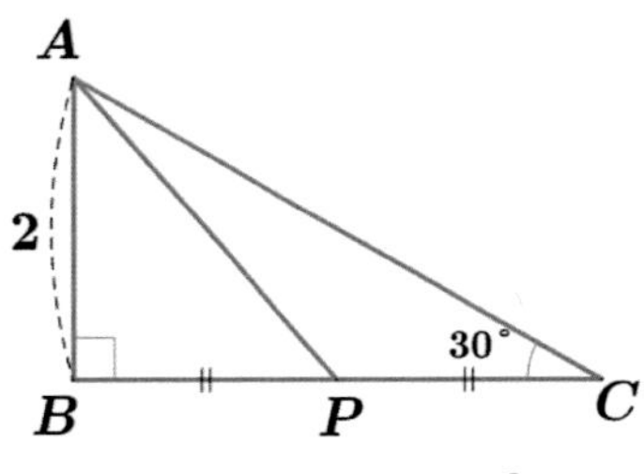

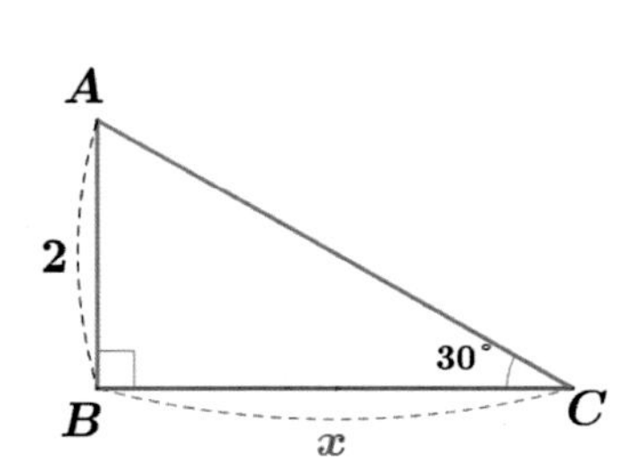

직각삼각형ABC에서 $x=\dfrac{2}{\tan 30°}=2\sqrt{3}$ 이다.

$\therefore \overline{PB}=\sqrt{3}$

$\therefore \overline{PA}=\sqrt{2^2+(\sqrt{3})^2}=\sqrt{7}$ 이다.

[2012 수능 가형 27번 일부] - P. 40

그림과 같이 중심이 O이고 길이가 2인 선분 AB를 지름으로 하는 원 위의 점 P에서 선분 AB에 내린 수선의 발을 Q, 점 Q에서 선분 OP에 내린 수선의 발을 R, 점 O에서 선분 AP에 내린 수선의 발을 S라 하자.

$\angle PAQ=\theta(0<\theta<\dfrac{\pi}{4})$일 때, 삼각형 AOS의 넓이를 $f(\theta)$,삼각형 PRQ의 넓이를 $g(\theta)$라 하자.

$f(\theta)$, $g(\theta)$를 θ로 나타내시오.

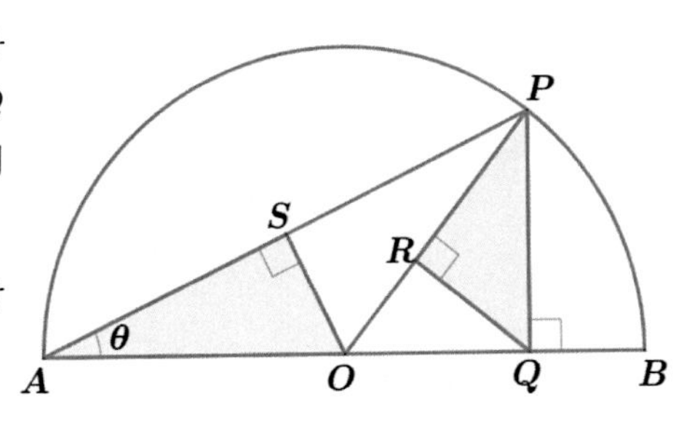

|풀이| 삼각함수의 정의에 의해 다음 그림과 같이 구해진다. 따라서 $f(\theta)=\dfrac{1}{2}\sin\theta\cos\theta$이다.

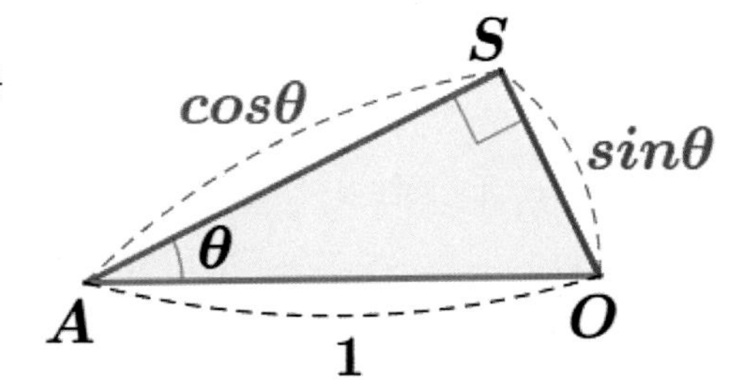

한편, 삼각형 AOP는 이등변삼각형이므로, $\overline{OP}=1$이다.

또 외각 정리에 의해 $\angle POQ=2\theta$가 된다.

따라서 직각삼각형 POQ에서 $\overline{PQ}=1\times \sin 2\theta$이다.

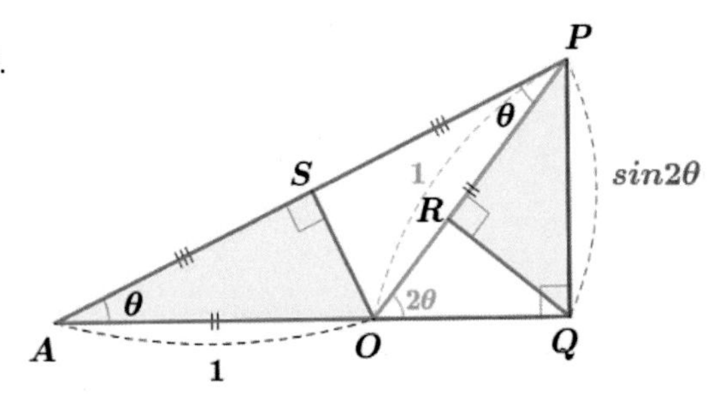

$\angle OQR=\frac{\pi}{2}-2\theta$이므로 $\angle PQR=2\theta$이다.

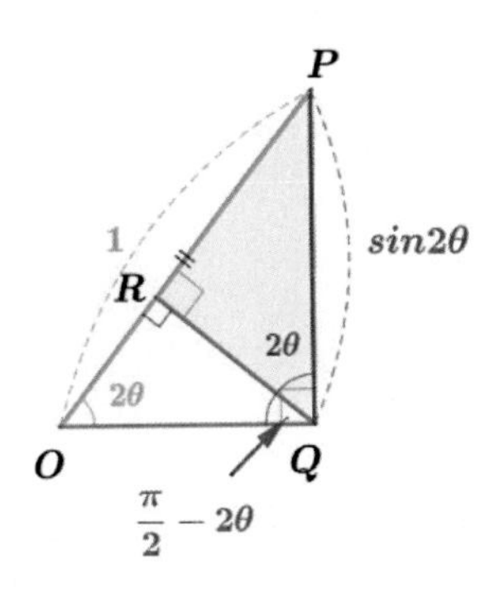

직각삼각형 PRQ에서

$\overline{PR}=\sin2\theta\times sin2\theta$, $\overline{RQ}=\sin2\theta\times cos2\theta$가 되어

$g(\theta)=\frac{1}{2}\overline{PR}\times\overline{PQ}=\frac{1}{2}\sin^3 2\theta\cos2\theta$가 된다.

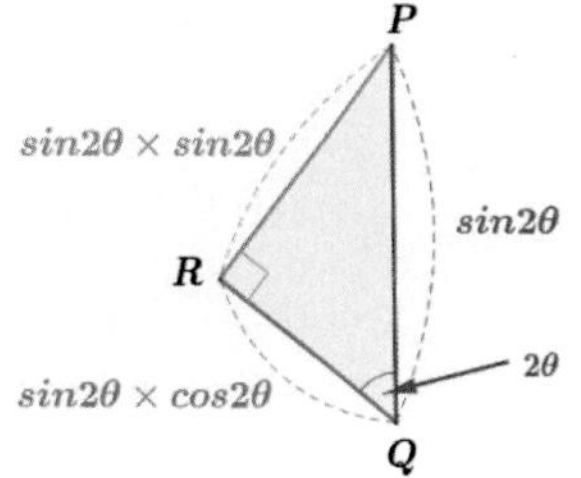

[중선, 수선, 각의 이등분선]

[2019 수능 가형 18번 일부] - P. 42

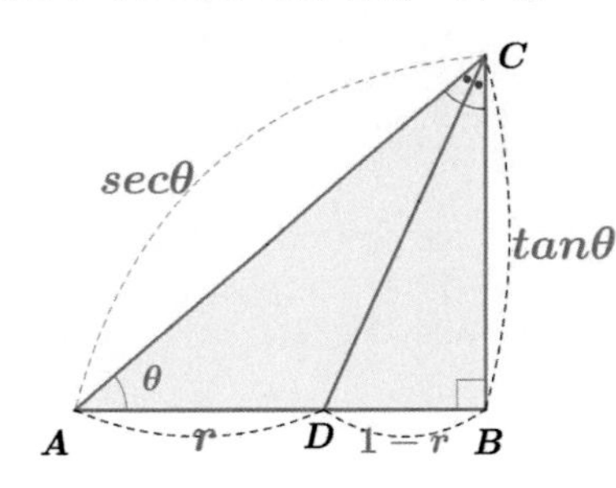

그림과 같이 $\overline{AB}=1$, $\angle B=\frac{\pi}{2}$인 직각삼각형 ABC에서 $\angle C$를 이등분하는 직선과 선분 AB의 교점을 D라 할 때, 선분 AD의 길이인 r을 삼각함수로 나타내시오.

|풀이| 각의 이등분선 이므로 $\sec\theta:\tan\theta=r:1-r$이다.

따라서 $r\tan\theta=(1-r)\sec\theta$이므로 $r=\frac{\sec\theta}{\tan\theta+\sec\theta}$이 된다.

즉, $r=\frac{1}{1+\sin\theta}$이다.

〔코사인 법칙〕

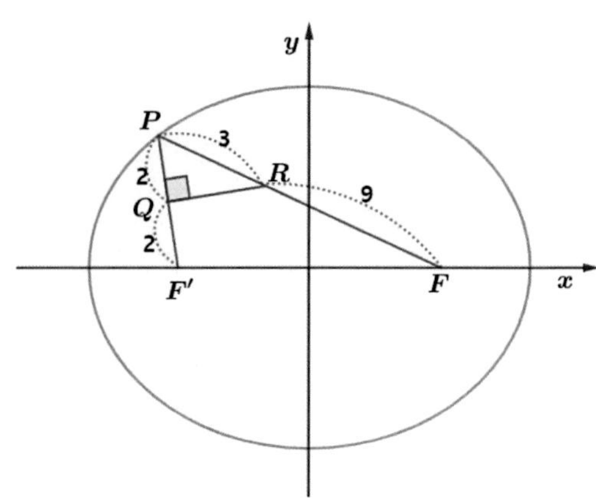

[2016 수능 가형 26번 일부] - P. 45

$\overline{F'F}$ 를 구하면?

|풀이| 직각삼각형 PQR에서 $\cos\theta=\dfrac{2}{3}$이다.

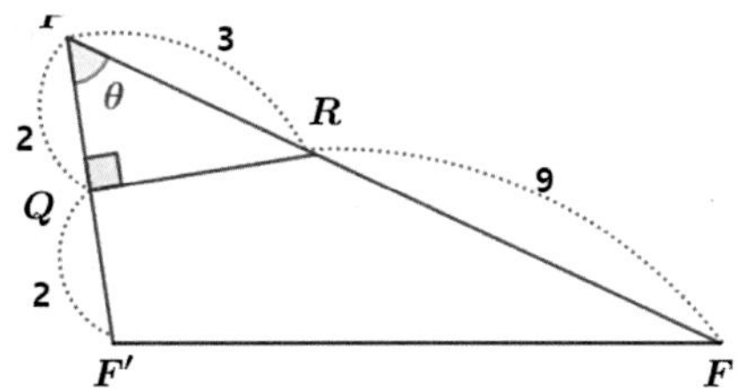

한편, 제2 코사인법칙에 의해

$\overline{F'F}^2=12^2+4^2-2\times12\times4\times\cos\theta$

$=160-96\times\dfrac{2}{3}=96$

따라서 $\overline{F'F}=\sqrt{96}=4\sqrt{6}$ 이다.

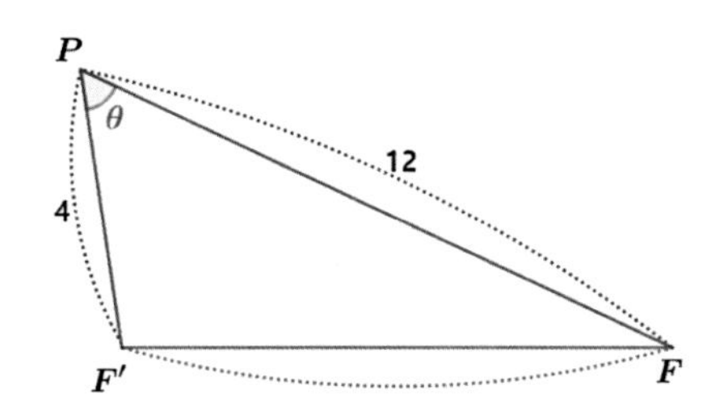

[2016 경찰대 19번] - P. 45

△ABC에서 $\overline{AB}=x$, $\overline{BC}=x+1$, $\overline{AC}=x+2$이고 $\angle B=2\theta$, $\angle C=\theta$일 때, $\cos\theta$의 값은?

|풀이| $\angle ABC$를 이등분하는 직선과 선분AC의 교점을 점 D라 하자.

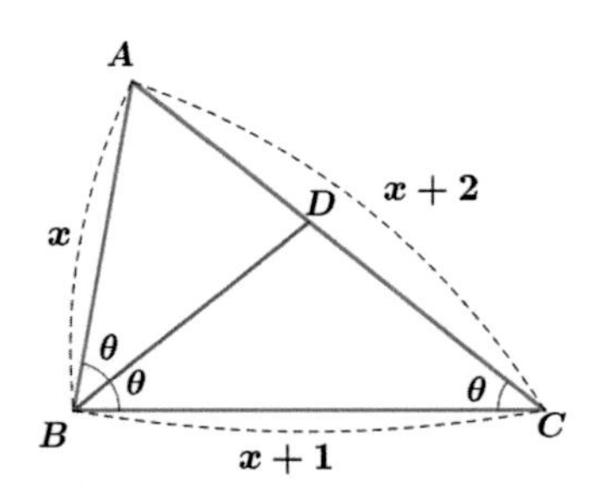

삼각형의 각의 이등분선의 성질에 의해 $\overline{AD}:\overline{DC}=x:x+1$이다.

$\therefore \overline{AD}=\frac{x}{2x+1}(x+2),\ \overline{DC}=\frac{x+1}{2x+1}(x+2)$

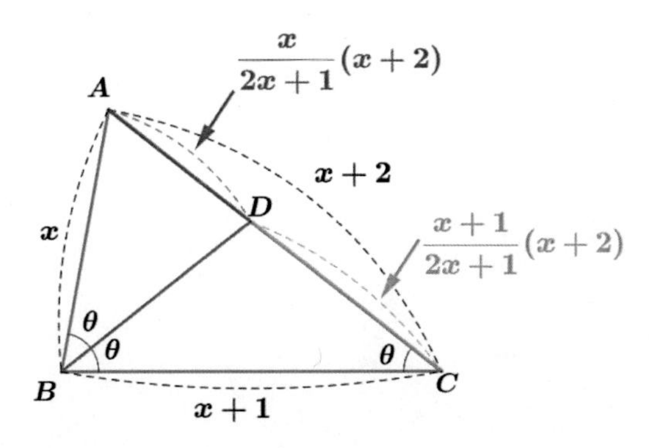

한편 $\triangle ABD \backsim \triangle ACB$ ($\because$ AA닮음) 이므로

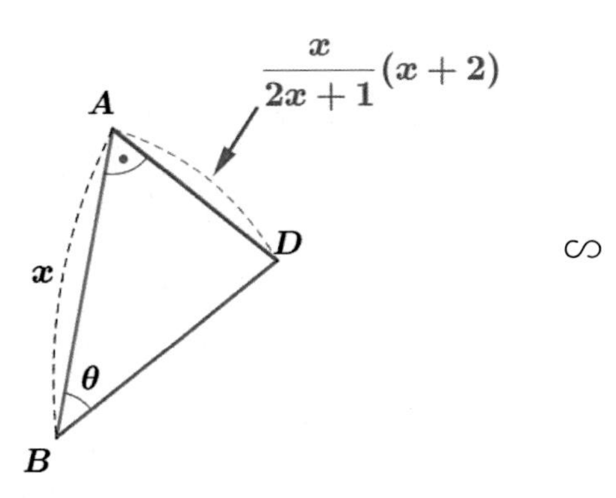

$\backsim$

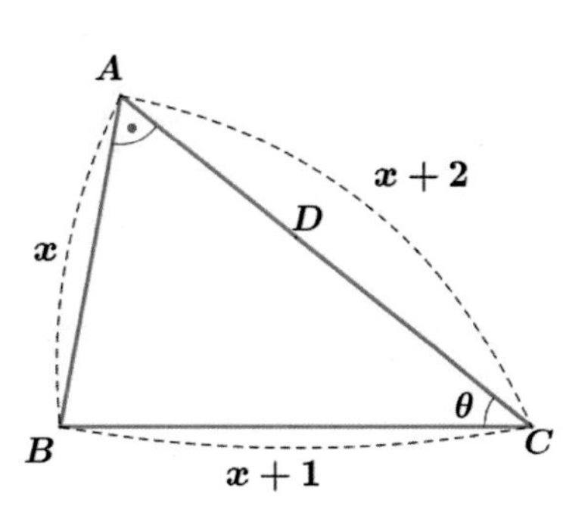

$x+2:x=x:\frac{x}{2x+1}(x+2)$이다. 따라서 $(x-4)(x+1)=0$이므로 $x=4$이다.

따라서 제2 코사인법칙에 의해 $\cos\theta=\frac{6^2+5^2-4^2}{2\times6\times5}=\frac{3}{4}$이다.

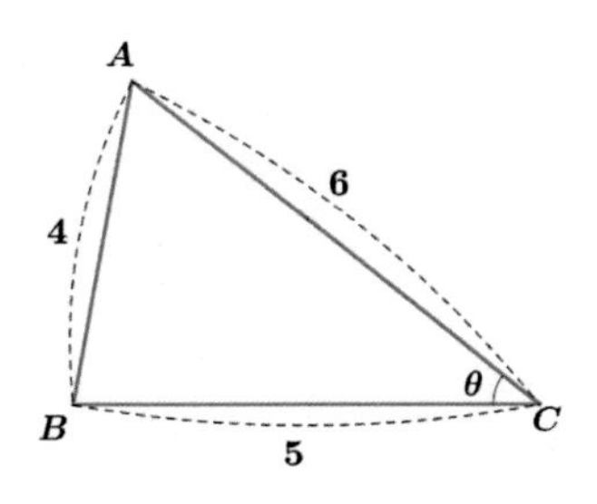

[2014 3월 학평(고2) 27번 일부] - P. 45

그림과 같이 원에 내접하는 사각형 $ABCD$가 $\overline{AB}=10$, $\overline{AD}=2$, $\cos(\angle BCD)=\frac{3}{5}$을 만족시킨다. 선분 BD의 길이는?

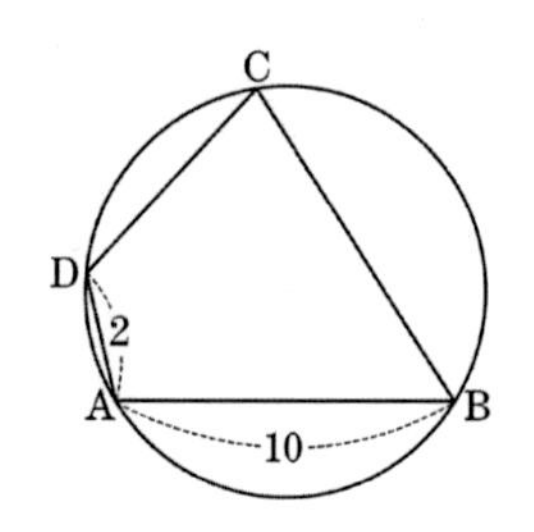

|풀이| 사각형 $ABCD$가 원에 내접하므로 $\angle BCD=\theta(0<\theta<\pi)$라 하면 $\angle BAD=\pi-\theta$ 이다.

선분 BD의 길이를 x라 하자.

삼각형 ABD에서 제2 코사인법칙에 의해

$$x^2=2^2+10^2-2\times2\times10\times cos(\pi-\theta)$$
$$=104+40\cos\theta$$
$$=104+40\times\frac{3}{5}$$
$$=128$$
$$\therefore\ x=\sqrt{128}=8\sqrt{2}$$

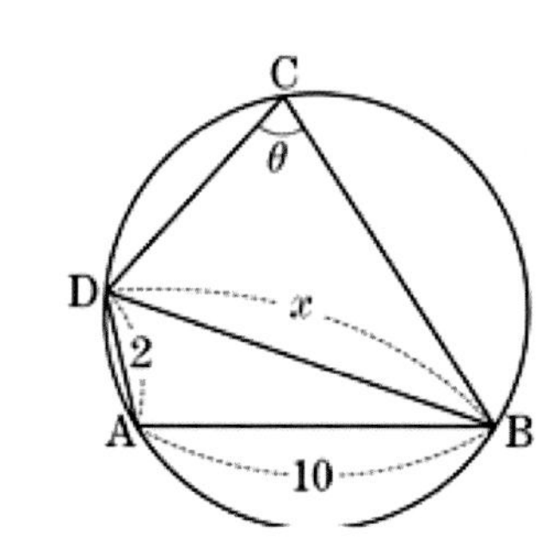

[사인 법칙]

[2013 수능 가형 29번] - P. 47

삼각형 ABC에서 $\overline{AB}=1$이고 $\angle A=\theta, \angle B=2\theta$이다. 변 AB 위의 점 D를 $\angle ACD=2\angle BCD$가 되도록 잡는다. $\lim_{\theta\to+0}\frac{\overline{CD}}{\theta}=a$일 때, $27a^2$의 값을 구하시오. (단, $0<\theta<\frac{\pi}{4}$ 이다.)

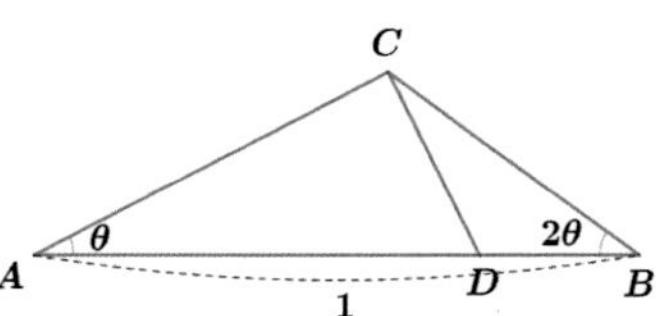

|풀이| $\angle ACD=2\alpha$, $\angle BCD=\alpha$라 하자.

$\overline{AD}=x, \overline{BD}=y$ 라 하자.

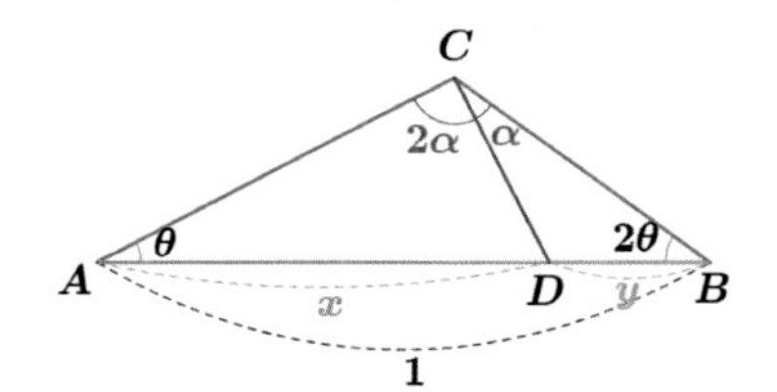

사인법칙에 의해 $\frac{x}{\sin2\alpha}=\frac{\overline{CD}}{\sin\theta}$, $\frac{y}{\sin\alpha}=\frac{\overline{CD}}{\sin2\theta}$이다.

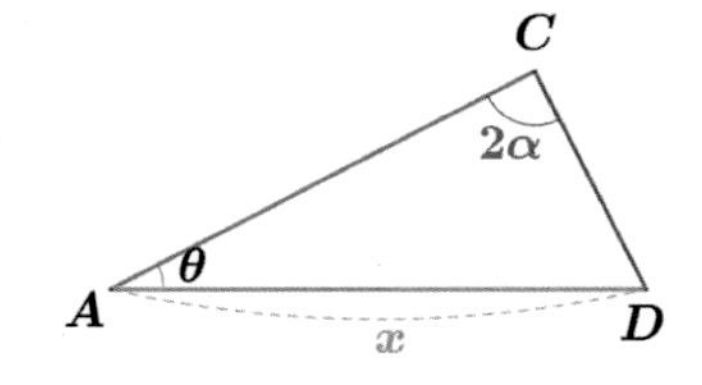

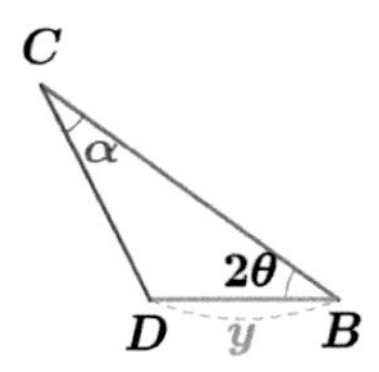

한편 $x+y=1$이므로 $\overline{CD}\times\left(\frac{\sin2\alpha}{\sin\theta}+\frac{\sin\alpha}{\sin2\theta}\right)=1$이다.

$$\therefore \overline{CD}=\frac{1}{\frac{\sin2\alpha}{\sin\theta}+\frac{\sin\alpha}{\sin2\theta}}=\frac{1}{\frac{2\sin\alpha\cos\alpha}{\sin\theta}+\frac{\sin\alpha}{2\sin\theta\cos\theta}}=\frac{\sin\theta}{\sin\alpha}\times\frac{1}{2\cos\alpha+\frac{1}{2\cos\theta}}$$

그런데, $\triangle ABC$의 내각의 합 π이므로 $3\theta+3\alpha=\pi$이다. 따라서 $\alpha+\theta=\frac{\pi}{3}$이다.

$$\therefore \lim_{\theta\to+0}\sin\alpha=\lim_{\theta\to+0}\sin\left(\frac{\pi}{3}-\theta\right)=\frac{\sqrt{3}}{2}\ ,\ \lim_{\theta\to+0}\cos\alpha=\lim_{\theta\to+0}\cos\left(\frac{\pi}{3}-\theta\right)=\frac{1}{2}$$

$$\therefore \lim_{\theta\to+0}\frac{\overline{CD}}{\theta}=\lim_{\theta\to+0}\frac{\sin\theta}{\theta}\times\frac{1}{\sin\alpha}\times\frac{1}{2\cos\alpha+\frac{1}{2\cos\theta}}=\frac{1}{\frac{\sqrt{3}}{2}}\times\frac{1}{2\cdot\frac{1}{2}+\frac{1}{2}}=\frac{4}{3\sqrt{3}}$$

$$\therefore 27a^2=27\left(\frac{4}{3\sqrt{3}}\right)^2=16$$

[2016 경찰대 19번 변형] - P. 47

$\triangle$ABC에서 $\overline{AB}=x$, $\overline{BC}=x+1$, $\overline{AC}=x+2$이고 $\angle B=2\theta$, $\angle C=\theta$일 때, x의 값은?
(사인법칙과 미적분에 나오는 삼각함수의 덧셈정리를 활용할 것)

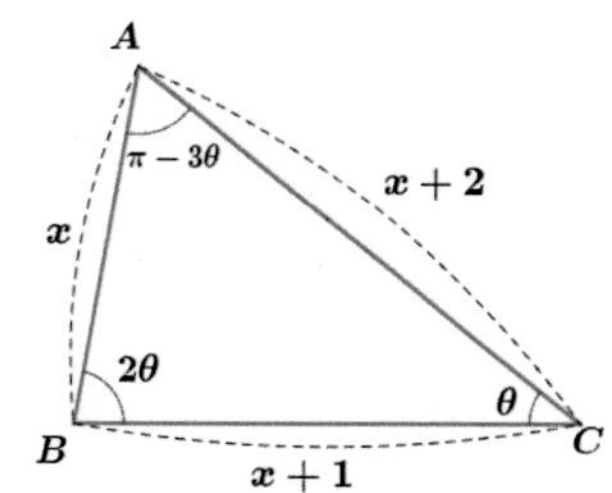

|풀이| 그림과 같으므로

사인법칙에 의해 $\frac{x}{\sin\theta}=\frac{x+2}{\sin2\theta}=\frac{x+1}{\sin(\pi-3\theta)}$이다.

$$\therefore \frac{x}{\sin\theta}=\frac{x+2}{\sin2\theta}=\frac{x+1}{\sin3\theta}$$

삼각함수의 덧셈정리에 의해 $\frac{x}{\sin\theta}=\frac{x+2}{2\sin\theta\cos\theta}=\frac{x+1}{\sin\theta\cos2\theta+2\sin\theta\cos^2\theta}$가 된다.

따라서 $\frac{x}{\sin\theta}=\frac{x+2}{2\sin\theta\cos\theta}$을 연립하면 $\cos\theta=\frac{x+2}{2x}$이고, $\cdots$ (ㄱ)

$\frac{x+2}{2\sin\theta\cos\theta}=\frac{x+1}{\sin\theta\cos2\theta+2\sin\theta\cos^2\theta}$을 연립하고, (ㄱ)식을 대입하면 $x=\frac{x+1}{4\cos^2\theta-1}$이 되어

$4\cos^2\theta=\frac{2x+1}{x}$이 된다. $\cdots$ (ㄴ)

(ㄱ), (ㄴ)을 연립하면 $(x-4)(x+1)=0$이므로 $x=4$이다.

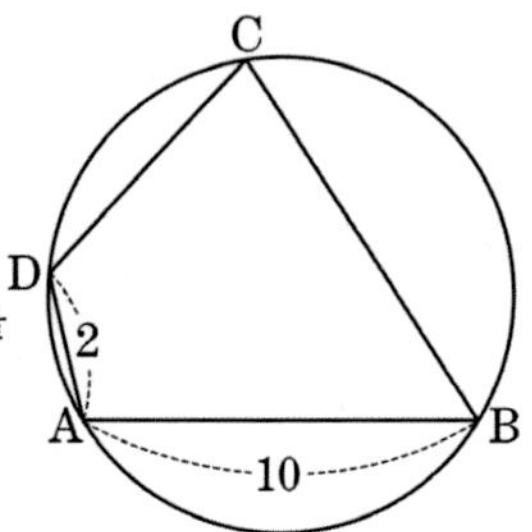

[2014 3월 학평(고2) 27번] - P. 47

그림과 같이 원에 내접하는 사각형 $ABCD$가 $\overline{AB}=10$, $\overline{AD}=2$, $\cos(\angle BCD)=\frac{3}{5}$을 만족시킨다. 이 원의 넓이가 $a\pi$일 때, a의 값을 구하시오.

|풀이| 사각형 $ABCD$가 원에 내접하므로 $\angle BCD=\theta\,(0<\theta<\pi)$라 하면 $\angle BAD=\pi-\theta$ 이다.

선분 BD의 길이를 x라 하자.

삼각형 ABD에서 제2 코사인법칙에 의해

$$x^2=2^2+10^2-2\times2\times10\times\cos(\pi-\theta)$$

$$=104+40\cos\theta \quad =104+40\times\frac{3}{5} \quad =128$$

$$\therefore\ x=\sqrt{128}=8\sqrt{2}$$

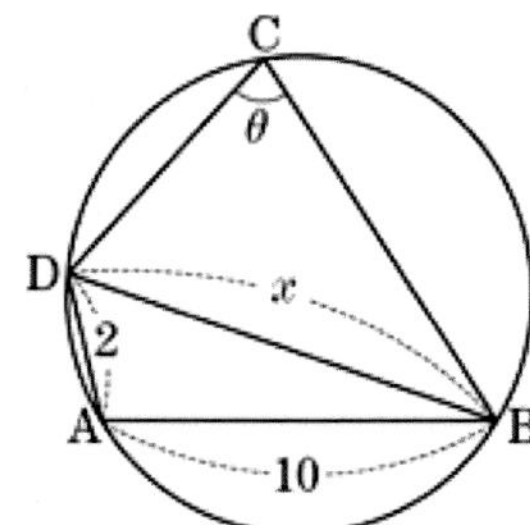

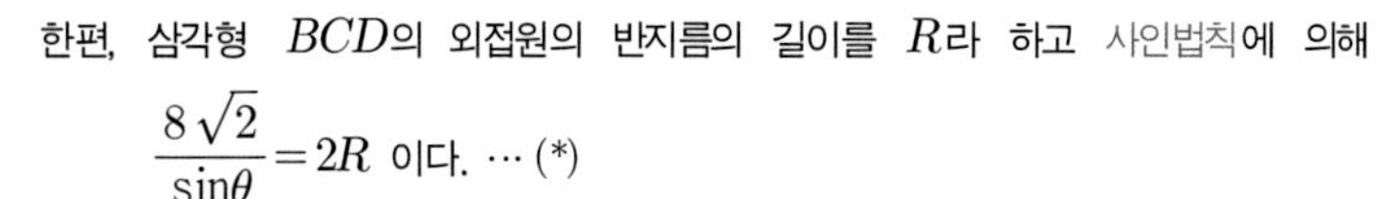

한편, 삼각형 BCD의 외접원의 반지름의 길이를 R라 하고 사인법칙에 의해

$\frac{8\sqrt{2}}{\sin\theta}=2R$ 이다. … (*)

$\sin\theta=\sqrt{1-\cos^2\theta}=\sqrt{1-\frac{9}{25}}=\frac{4}{5}$이므로 (*)식에 대입하면,

$R=5\sqrt{2}$이므로 외접원의 넓이는 $\pi(5\sqrt{2})^2=50\pi$ 이 된다.

$\therefore\ a=50$

[각의 이등분선]

[2016 경찰대 19번 일부] - P. 49

$\triangle$ABC에서 $\overline{\text{AB}}=x$, $\overline{\text{BC}}=x+1$, $\overline{\text{AC}}=x+2$이고 $\angle\text{B}=2\theta$, $\angle\text{C}=\theta$일 때, x의 값은?

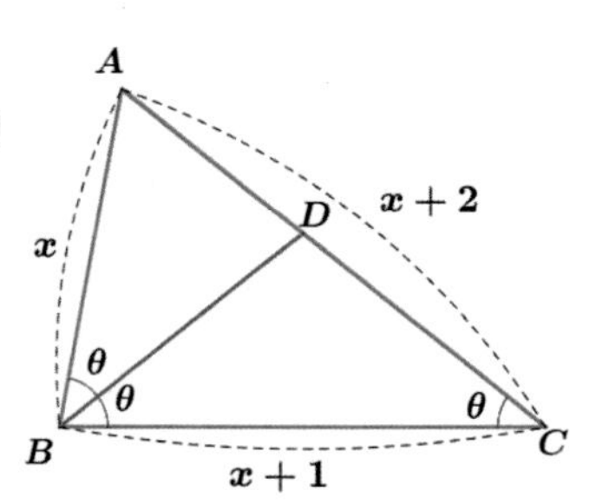

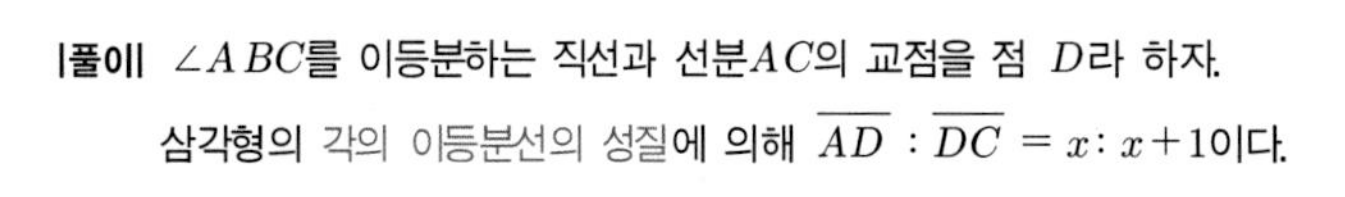

|풀이| $\angle ABC$를 이등분하는 직선과 선분AC의 교점을 점 D라 하자.

삼각형의 각의 이등분선의 성질에 의해 $\overline{AD}:\overline{DC}=x:x+1$이다.

$\therefore \overline{AD}=\frac{x}{2x+1}(x+2),\ \overline{DC}=\frac{x+1}{2x+1}(x+2)$

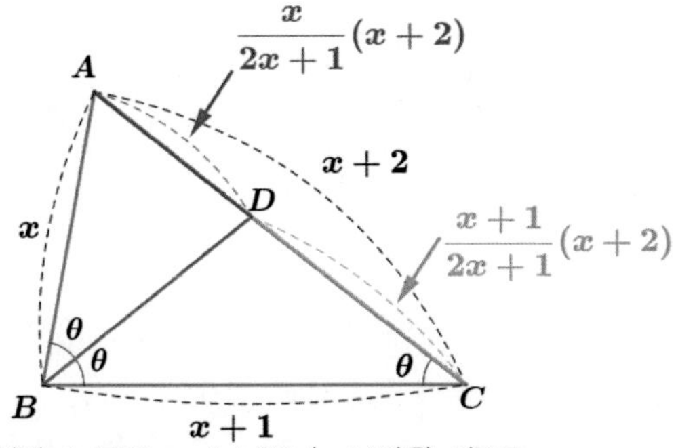

한편 $\triangle ABD \backsim \triangle ACB$ ($\because$ AA닮음) 이므로

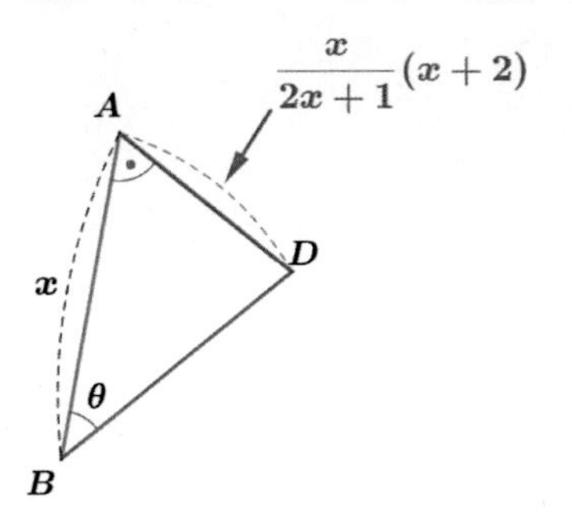

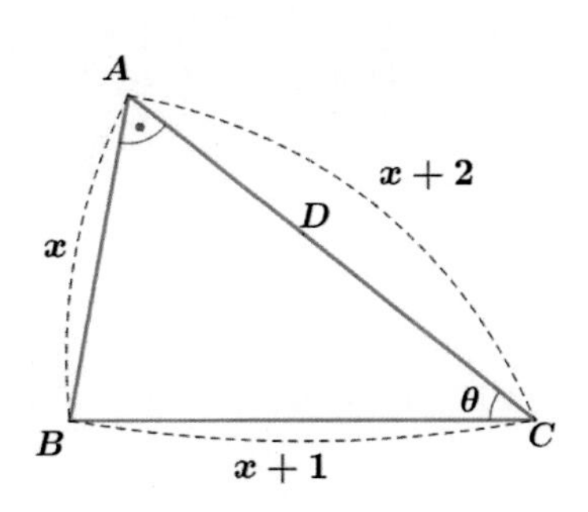

$x+2 : x = x : \frac{x}{2x+1}(x+2)$이다. 따라서 $(x-4)(x+1)=0$이므로 $x=4$이다.

[2007 10월 학평 가형 19번 변형] - P. 49

점 $F'(-3,0), F(3,0)$와 점 P에 대하여 $\angle F'PF$의 이등분선이 x축과 점 $A(1,0)$에서 만난다. 또한 $\overline{PF'}-\overline{PF}=4$일 때, $\triangle F'PF$의 둘레의 길이는?

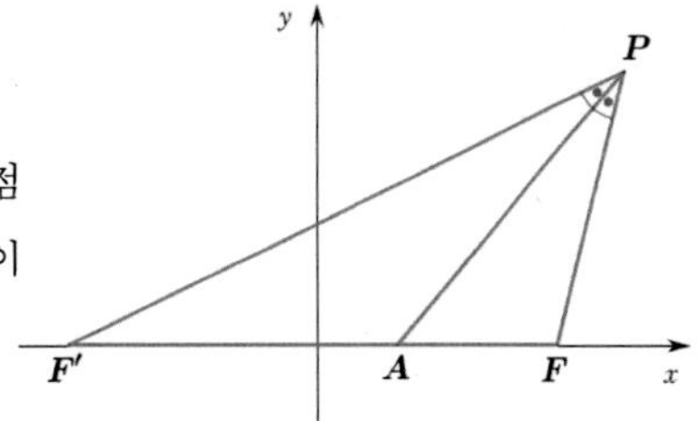

|풀이| $\overline{PF'}=a, \overline{PF}=b$라 하면, $\overline{F'A}=4, \overline{AF}=2$이므로 **삼각형의** 각의 이등분선의 성질에 의해 $a:b=4:2$ 이다.

$\therefore a:b=2:1$이 되어 $a=2b$이다.

한편, 문제에서 $a-b=4$이므로 $2b-b=4$이다. $\therefore b=4$ $\therefore a=8$

따라서 $\triangle F'PF$의 둘레의 길이는 $8+4+6=18$이다.

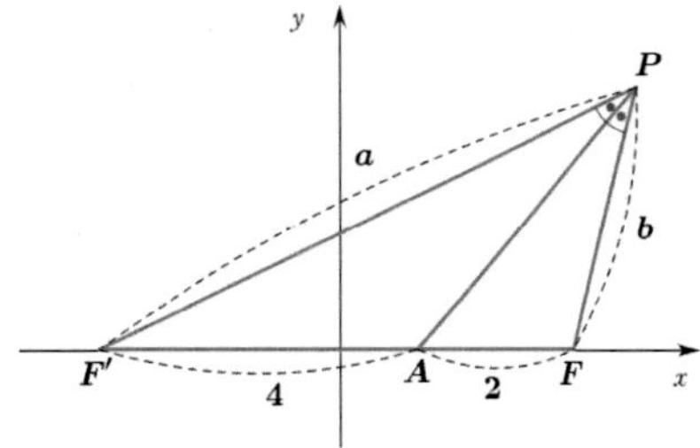

[직각&직각]

[2010 4월 학평 나형 25번] - P. 53

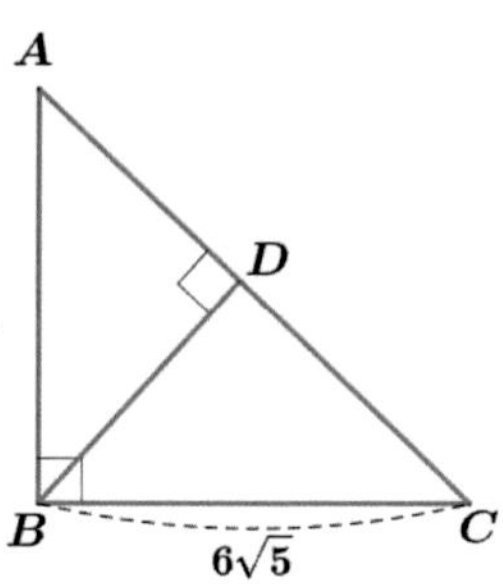

그림과 같이 $\angle B=90°$ 이고 선분 BC의 길이가 $6\sqrt{5}$인 직각삼각형 ABC의 꼭짓점 B에서 빗변 AC에 내린 수선의 발을 D라 하자. 세 선분 AD, CD, AB의 길이가 이 순서대로 등차수열을 이룰 때, 선분 AC의 길이를 구하시오.

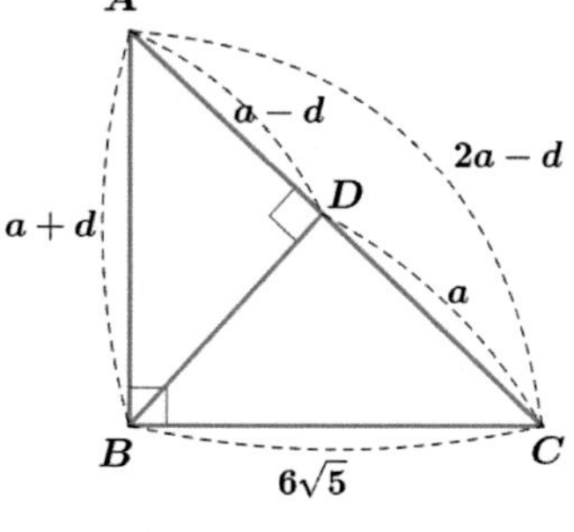

|풀이| 등차수열이므로 $\overline{AD}=a-d$, $\overline{CD}=a$, $\overline{AB}=a+d$라 하자.

$\triangle ABD \backsim \triangle ACB$이므로

$(a+d)^2=(a-d)(2a-d)$이다. $\therefore a^2=5ad$에서 $a>0$이므로

$a=5d$이다. $\cdots$(ㄱ)

한편 피타고라스 정리에 의해

$(a+d)^2+(6\sqrt{5})^2=(2a-d)^2$이다. $\cdots$(ㄴ)

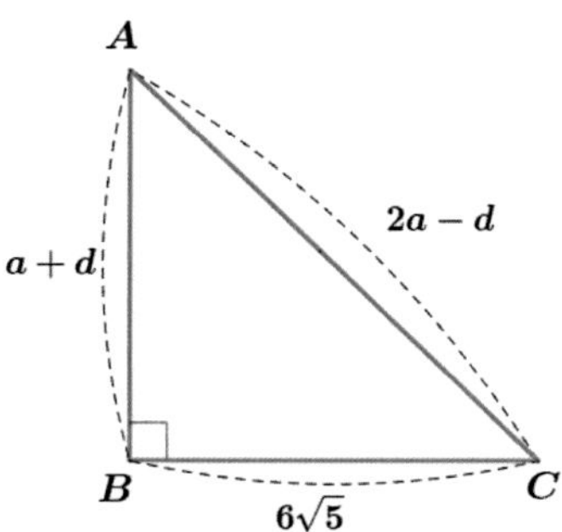

따라서 (ㄱ),(ㄴ)을 연립하면 $d>0$이므로 $d=2, a=10$ 이 된다.

따라서 선분 AC의 길이$=2a-d=18$ 이다.

[삼각형의 넓이]

[2019 수능 가형 18번 일부] - P. 62

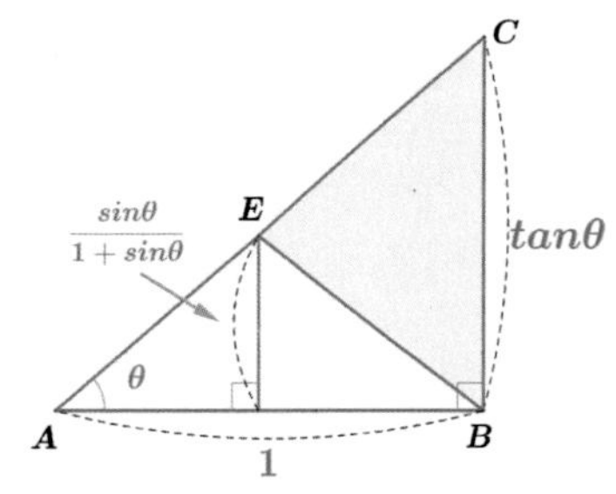

그림에서 삼각형 BCE의 넓이를 삼각함수로 나타내시오.

|풀이| 직각삼각형 ABC의 넓이 $-$ 삼각형 ABE의 넓이

$$=\frac{1}{2}\times1\times\tan\theta-\frac{1}{2}\times1\times\frac{\sin\theta}{1+\sin\theta}$$

$$=\frac{1}{2}\left(\tan\theta-\frac{\sin\theta}{1+\sin\theta}\right)$$

[2016 수능 가형 28번 일부] - P. 62

그림과 같이 좌표평면에서 원 $x^2+y^2=1$과 곡선 $y=\ln(x+1)$이 제 1사분면에서 만나는 점을 A라 하자.

점 $B(1,0)$ 에 대하여 호 AB 위의 점 P 에서 y축에 내린 수선의 발을 H, 선분 PH와 곡선 $y=\ln(x+1)$이 만나는 점을 Q 라 하자. $\angle POB=\theta$ 라 할 때, 삼각형 OPQ 의 넓이를 삼각함수를 이용하여 나타내시오.

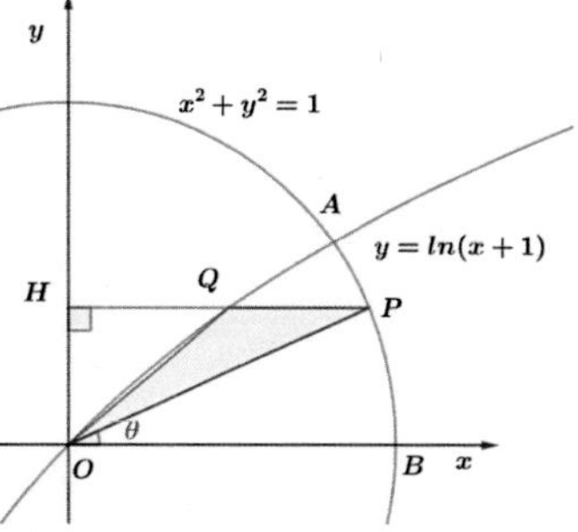

|풀이| $P(\cos\theta, \sin\theta)$ 이므로 점 Q의 y좌표는 $\sin\theta$이다.

따라서 점 Q의 x좌표는 $\sin\theta=\ln(x+1)$에서 $x=e^{\sin\theta}-1$ 이다.

따라서 $Q(e^{\sin\theta}-1, \sin\theta)$이므로

삼각형 OPQ의 넓이$=\frac{1}{2}\times(\cos\theta-e^{\sin\theta}+1)\times\sin\theta$ 이다.

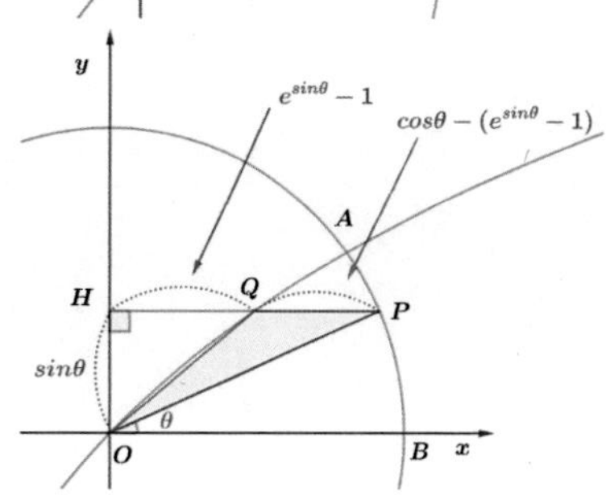

[2015 수능 가형 20번 일부] - P. 63

$\triangle BDC$의 넓이를 삼각함수를 이용하여 나타내시오.

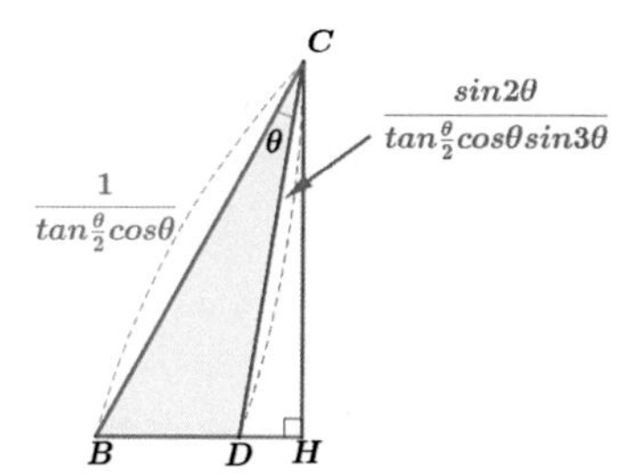

|풀이| $\triangle BDC$의 넓이는 $\frac{1}{2}\times\frac{\sin\theta}{\tan\frac{\theta}{2}\cos\theta}\times\frac{\sin2\theta}{\tan\frac{\theta}{2}\cos\theta sin3\theta}$ 이다.

[2015 수능 가형 20번 일부] - P. 63

그림과 같이 반지름의 길이가 1인 원에 외접하고 $\angle CAB=\angle BCA=\theta$인 이등변삼각형 ABC가 있다. 선분 AB의 연장선 위에 점 A가 아닌 점 D 를 $\angle DCB=\theta$ 가 되도록 잡는다. 삼각형 BCD의 넓이를 삼각함수를 이용하여 나타내시오.

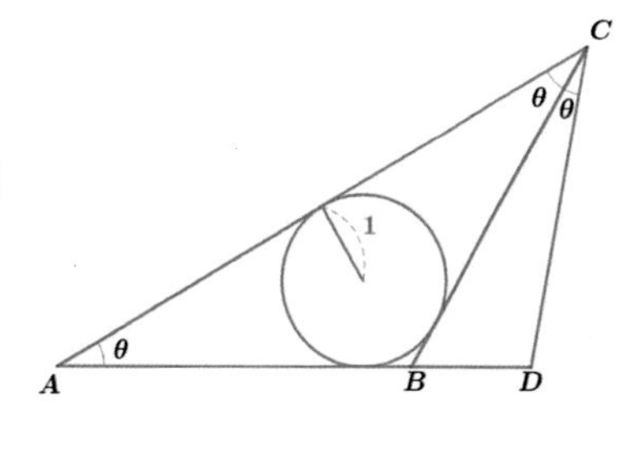

|풀이| 원의 중심을 점O라 하면, 원의 접선의 성질에 의해 $\angle MAO=\frac{\theta}{2}$이다.

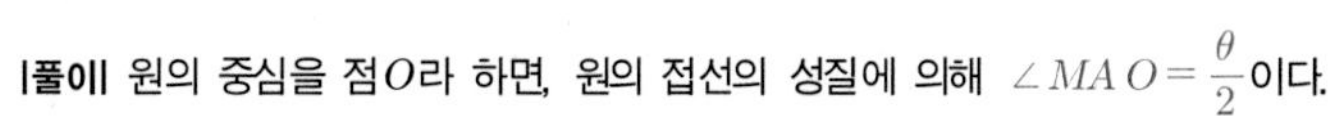

따라서 삼각비에 의해 $\overline{AM}=\frac{1}{\tan\frac{\theta}{2}}$ 이다.

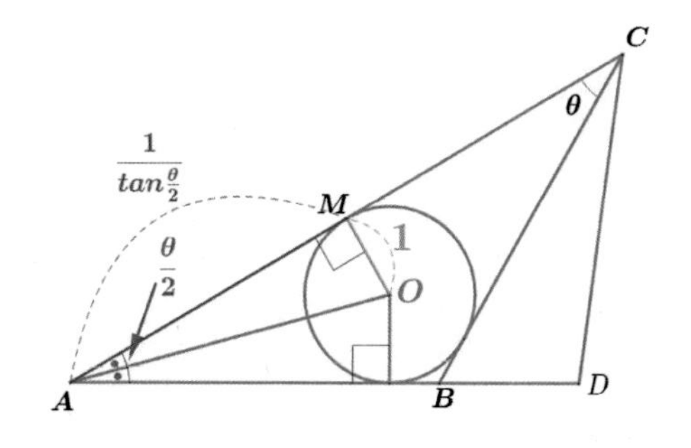

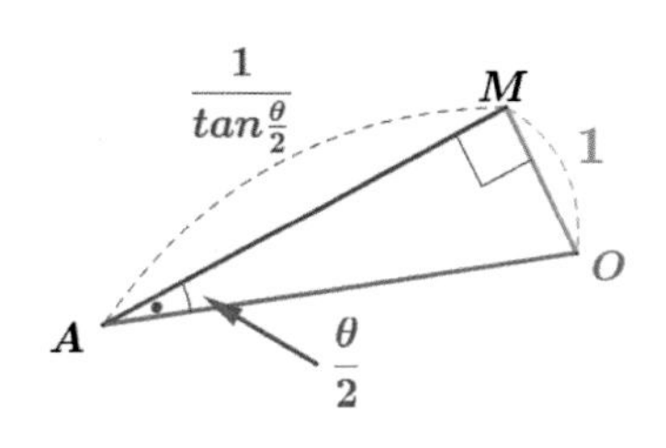

한편 직각삼각형 AMB에서

$\overline{AB}=\dfrac{1}{\tan\dfrac{\theta}{2}}\times\dfrac{1}{\cos\theta}$이다.

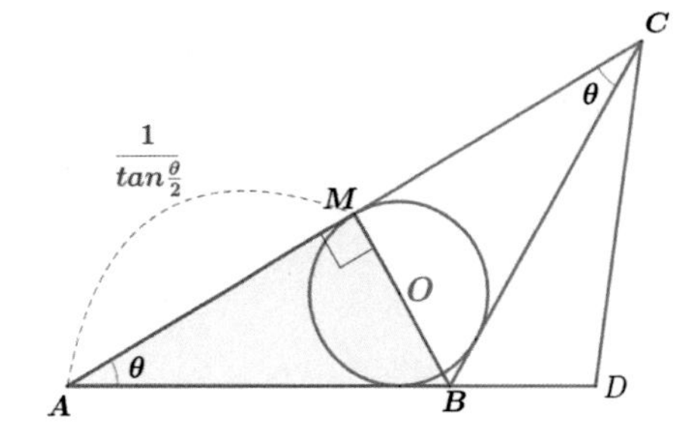

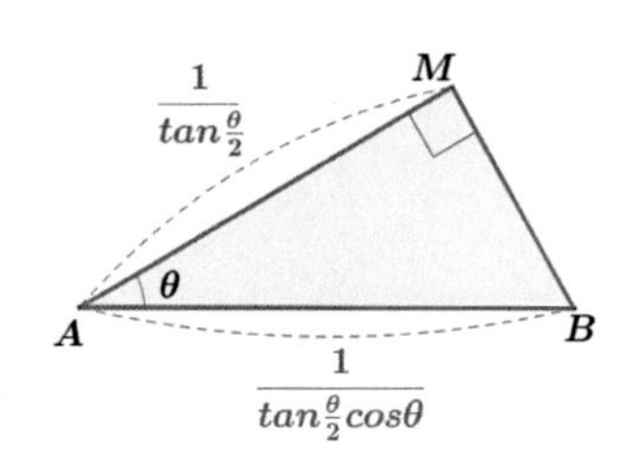

$\triangle ABC$가 이등변삼각형이고,

외각정리에 의해

$\angle CBD=2\theta,\ \angle CDH=3\theta$이다.

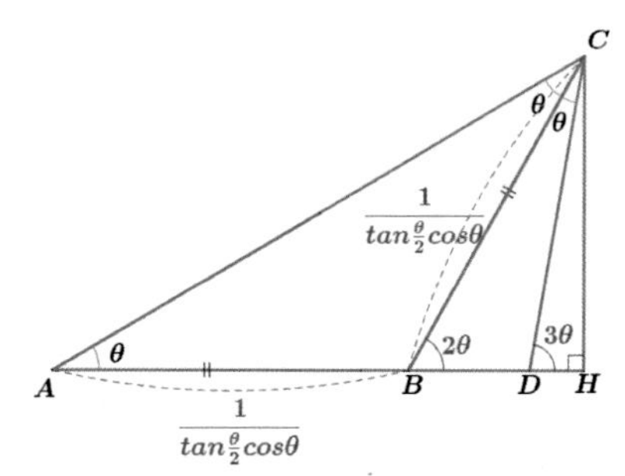

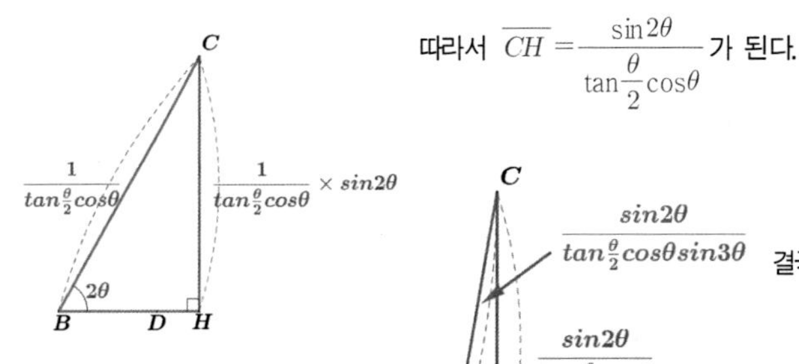

따라서 $\overline{CH}=\dfrac{\sin2\theta}{\tan\dfrac{\theta}{2}\cos\theta}$가 된다.

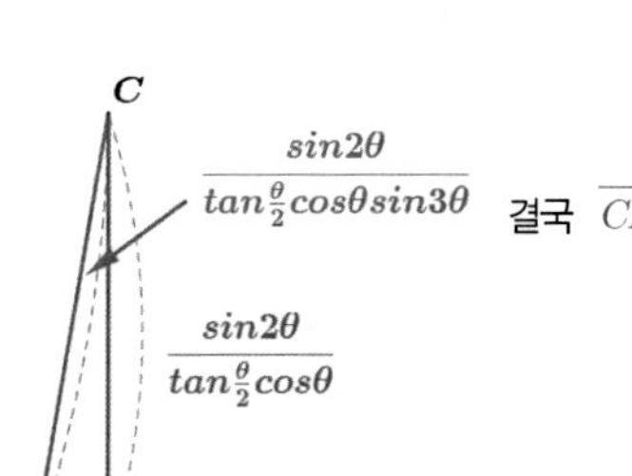

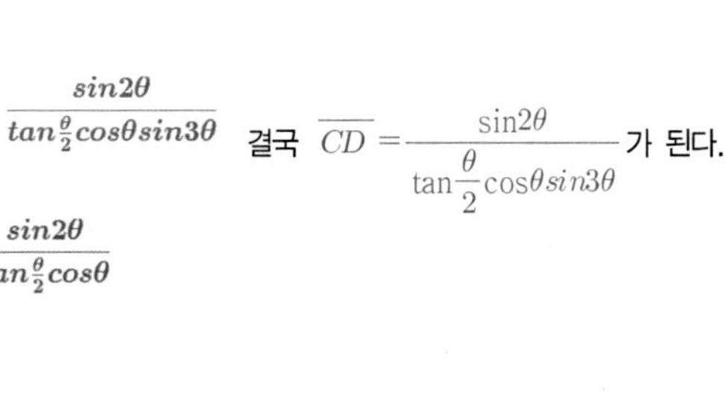

결국 $\overline{CD}=\dfrac{\sin2\theta}{\tan\dfrac{\theta}{2}\cos\theta sin3\theta}$가 된다.

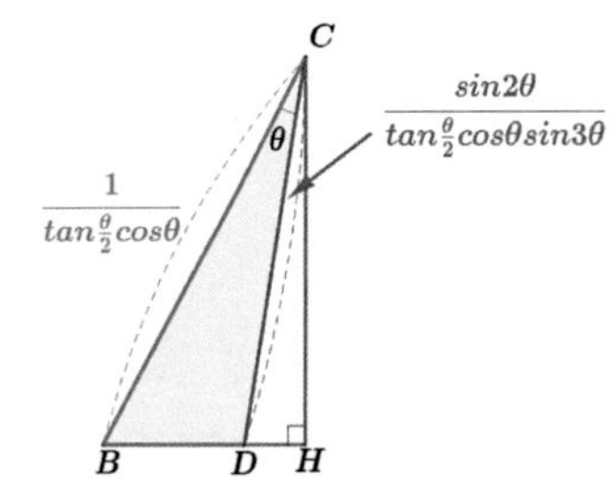

$\triangle BDC$의 넓이는 $\dfrac{1}{2}\times\dfrac{\sin\theta}{\tan\dfrac{\theta}{2}\cos\theta}\times\dfrac{\sin2\theta}{\tan\dfrac{\theta}{2}\cos\theta sin3\theta}$이다.

[2019 수능 나형 16번 일부] - P. 63

그림과 같이 $\overline{OA_1}=4$, $\overline{OB_1}=4\sqrt{3}$인 직각삼각형 OA_1B_1이 있다. 중심이 O이고 반지름의 길이가 $\overline{OA_1}$인 원이 선분 OB_1과 만나는 점을 B_2라 하자. 삼각형 OA_1B_1의 내부와 부채꼴 OA_1B_2의 내부에서 공통된 부분을 제외한 ◣ 모양의 도형에 색칠하여 얻은 그림을 R_1이라 하자. 색칠된 부분의 넓이를 구하시오.

|풀이| 직각삼각형 OA_1B_1의 선분의 길이비가 $\overline{OA_1}:\overline{OB_1}=1:\sqrt{3}$이므로 $\angle OA_1B_1=60°$가 된다.

한편 선분A_1B_1과 호A_1B_2의 교점을 C_1이라 하면

$\triangle OA_1C_1$은 정삼각형이므로 $\angle A_1OC_1=60°$이다.

T_1의 넓이= $\triangle OB_1C_1$의 넓이−부채꼴OB_2C_1의 넓이

$=\frac{1}{2}\times4\sqrt{3}\times2-\frac{1}{2}\times4^2\times\frac{\pi}{6}=4\sqrt{3}-\frac{4}{3}\pi$

T_2의 넓이=부채꼴OA_1C_1의 넓이-$\triangle OA_1C_1$의 넓이

$=\frac{1}{2}\times4^2\times\frac{\pi}{3}-\frac{\sqrt{3}}{4}(4)^2=\frac{8}{3}\pi-4\sqrt{3}$

따라서 $T_1+T_2=\frac{4}{3}\pi$ 이다.

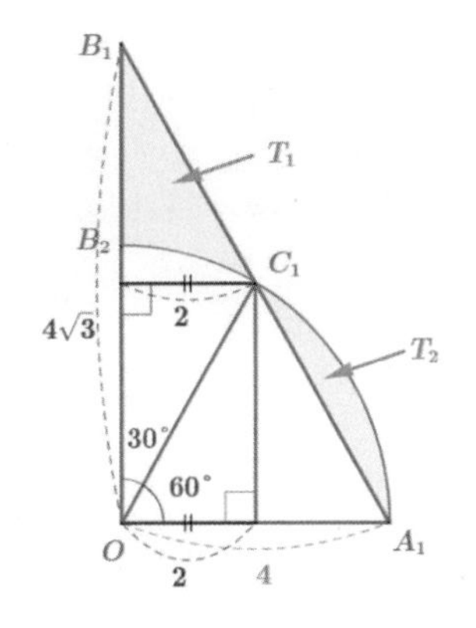

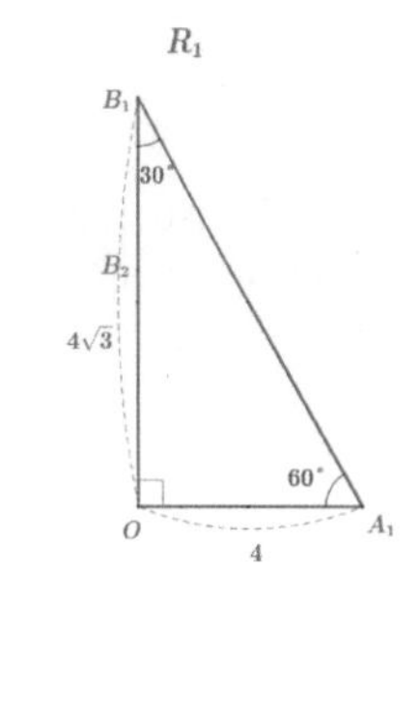

[2018 수능 나형 19번 일부] - P. 64

그림과 같이 한 변의 길이가 1인 정삼각형 $A_1B_1C_1$ 이 있다. 선분 A_1B_1의 중점을 D_1이라 하고, 선분 B_1C_1위의 $\overline{C_1D_1}=\overline{C_1B_2}$인 점 B_2에 대하여 중심이 C_1인 부채꼴$C_1D_1B_2$를 그린다. 점 B_2에서 선분 C_1D_1에 내린 수선의 발을 A_2, 선분 C_1B_2의 중점을 C_2라 하자. 두 선분 B_1B_2, B_1D_1 과 호D_1B_2로 둘러싸인 영역과 삼각형 $C_1A_2C_2$의 내부에 색칠된 부분의 넓이를 구하시오.

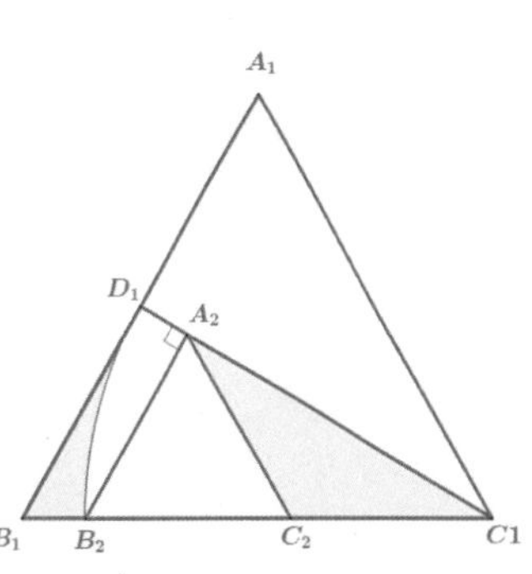

|풀이|

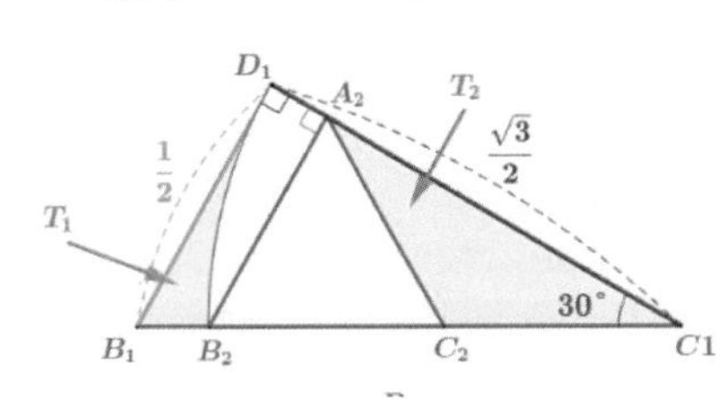

정삼각형이므로

$\overline{D_1C_1}=\frac{\sqrt{3}}{2}$, $\angle B_1C_1D_1=30°$, $\overline{B_1D_1}=\frac{1}{2}$이다.

$T_1=\triangle B_1C_1D_1$의 넓이−부채꼴$B_2C_1D_1$의 넓이

$=\frac{1}{2}\times\frac{\sqrt{3}}{2}\times\frac{1}{2}-\frac{1}{2}\left(\frac{\sqrt{3}}{2}\right)^2\frac{\pi}{6}$

$=\frac{\sqrt{3}}{8}-\frac{3\pi}{48}=\frac{\sqrt{3}}{8}-\frac{\pi}{16}$이다.

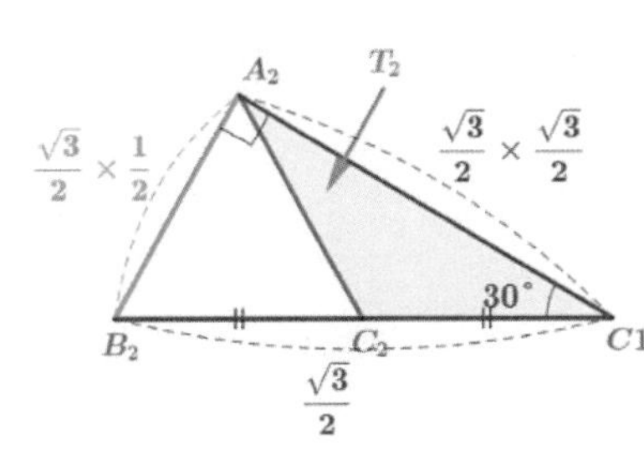

한편, $\overline{B_2C_1}=\overline{C_1D_1}=\frac{\sqrt{3}}{2}$이다.

$\therefore\ \overline{A_2B_2}=\frac{\sqrt{3}}{2}\times\sin30°=\frac{\sqrt{3}}{2}\times\frac{1}{2}=\frac{\sqrt{3}}{4}$이고,

$\overline{A_2C_1}=\frac{\sqrt{3}}{2}\times\frac{\sqrt{3}}{2}=\frac{3}{4}$이다.

따라서 $T_2 = \triangle C_1C_2A_2$의 넓이$= \dfrac{1}{2}\triangle A_2B_2C_1$의 넓이

$= \dfrac{1}{2}\left(\dfrac{1}{2}\times\dfrac{3}{4}\times\dfrac{\sqrt{3}}{4}\right) = \dfrac{3\sqrt{3}}{64}$이다.

결국 $T_1 + T_2 = \dfrac{11\sqrt{3}-4\pi}{64}$이다.

[2017 수능 나형 17번 일부] - P. 64

그림과 같이 길이가 4인 선분 AB를 지름으로 하는 원 O가 있다. 원의 중심을 C라 하고, 선분 AC의 중점과 선분 BC의 중점을 각각 D, P라 하자. 선분 AC의 수직이등분선과 선분 BC의 수직이등분선이 원 O의 위쪽 반원과 만나는 점을 각각 E, Q라 하자. 선분 DE를 한 변으로 하고 원 O와 점 A에서 만나며 선분 DF가 대각선인 정사각형 DEFG를 그리고, 선분 PQ를 한 변으로 하고 원 O와 점 B에서 만나며 선분 PR가 대각선인 정사각형 PQRS를 그린다. 원 O의 내부와 정사각형 DEFG의 내부의 공통부분인 모양의 도형과 원 O의 내부와 정사각형 PQRS의 내부의 공통부분인 모양의 도형에 색칠하자. 색칠된 부분의 넓이는?

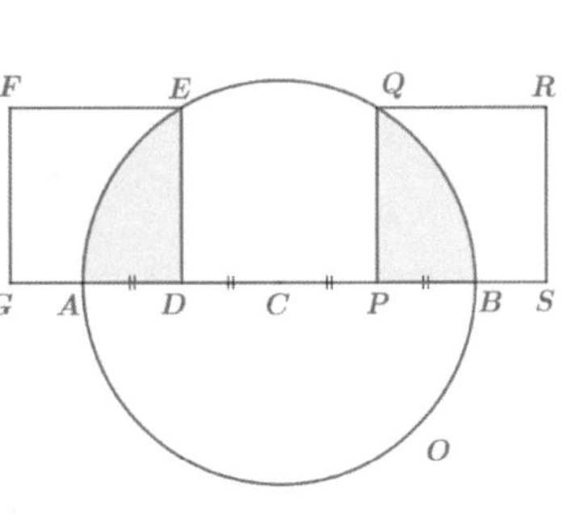

|풀이| 그림과 같이 두 점 C, E를 연결하여 직각삼각형 ECD를 만든다.

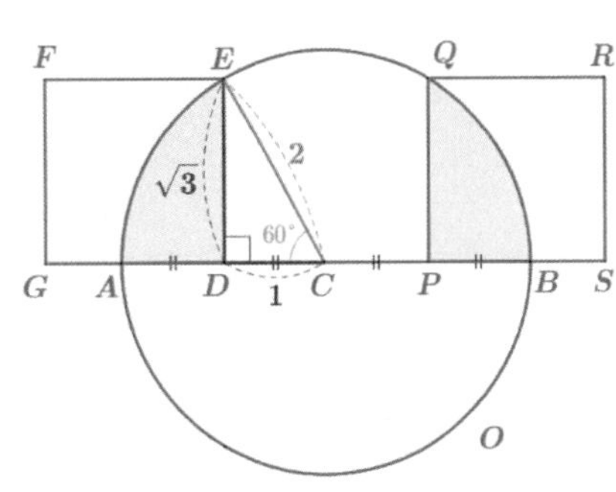

직각삼각형 ECD 에서 $\overline{CE}=2$, $\overline{CD}=1$ 이므로

$\overline{DE}= \sqrt{2^2-1^2} = \sqrt{3}$

이 때, $\angle ECD = \dfrac{\pi}{3}$이다.

그러므로 도형 R_1에 색칠된 부분의 넓이는

$2\times$(부채꼴ECA의 넓이-$\triangle ECD$의 넓이)

$=2\left\{\dfrac{1}{2}\times 2^2\times\dfrac{\pi}{3} - \dfrac{1}{2}\times 1\times\sqrt{3}\right\}$

$=\dfrac{4}{3}\pi - \sqrt{3}$

[2014 수능 가형 28번] - P. 64

그림과 같이 길이가 4 인 선분 AB를 한 변으로 하고, $\overline{AC}=\overline{BC}$, $\angle ACB=\theta$ 인 이등변삼각형 ACB가 있다. 선분AB 의 연장선 위에 $\overline{AC}=\overline{AD}$ 인 점 D 를 잡고, $\overline{AC}=\overline{AP}$이고 $\angle PAB=2\theta$인 점 P를 잡는다. 삼각형 BDP 의 넓이를 $S(\theta)$라 하자.

(1) $S(\theta)$를 θ에 대한 식으로 나타내시오.

|풀이| $S(\theta)=\triangle PAD$의 넓이 $-$ $\triangle PAB$의 넓이 이다.

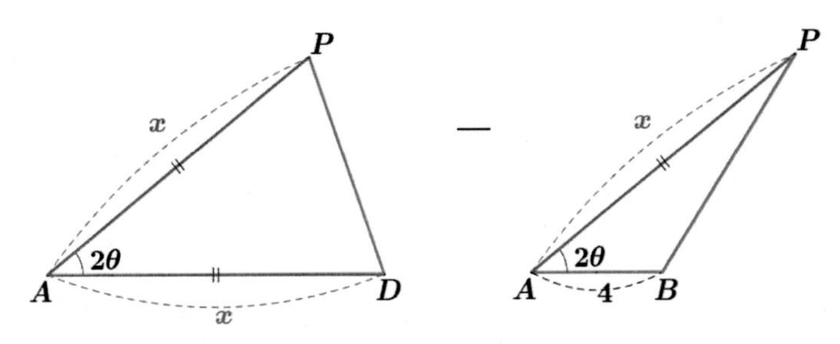

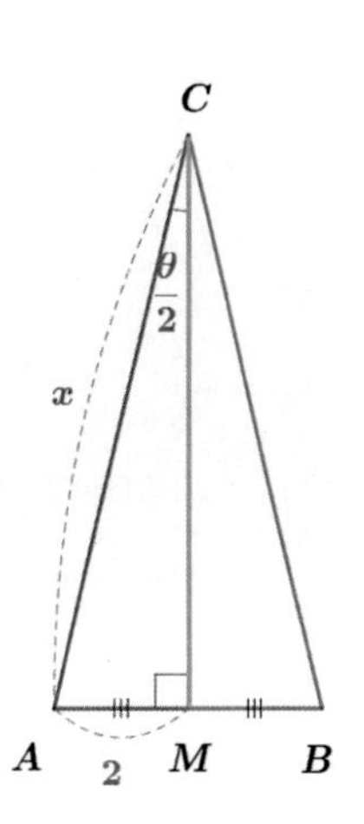

$$\therefore S(\theta)=\frac{1}{2}x^2\sin2\theta-\frac{1}{2}\times4\times x\sin2\theta$$

$$=\frac{1}{2}xsin2\theta(x-4)$$ 이다.

한편, 점A,B의 중점을 점 M이라 하자. 직각삼각형 CAM에서 삼각비에 의해

$$x=\frac{2}{\sin\frac{\theta}{2}}$$ 이다.

$$\therefore S(\theta)=\frac{1}{2}\times\frac{2}{\sin\frac{\theta}{2}}\sin2\theta\left(\frac{2}{\sin\frac{\theta}{2}}-4\right)$$

$$=\frac{\sin2\theta}{\sin\frac{\theta}{2}}\times\left(\frac{2}{\sin\frac{\theta}{2}}-4\right)=\frac{2\sin2\theta}{\sin^2\frac{\theta}{2}}-\frac{4\sin2\theta}{\sin\frac{\theta}{2}}$$ 이다.

(2) $\lim_{\theta\to+0}(\theta\times S(\theta))$값을 구하시오. (단, $0<\theta<\frac{\pi}{6}$)

|풀이| $\theta\times S(\theta)=\frac{2\theta sin2\theta}{\sin^2\frac{\theta}{2}}-\frac{4\theta sin2\theta}{\sin\frac{\theta}{2}}$ 이므로 $\lim_{\theta\to+0}(\theta\times S(\theta))=\frac{2\times2}{\left(\frac{1}{2}\right)^2}-4\times\frac{2}{\left(\frac{1}{2}\right)}\times0=16-0=16$이다.

[2012 수능 가형 27번] - P. 65

그림과 같이 중심이 O이고 길이가 2인 선분 AB를 지름으로 하는 원 위의 점 P에서 선분 AB에 내린 수선의 발을 Q, 점 Q에서 선분 OP에 내린 수선의 발을 R, 점 O에서 선분 AP에 내린 수선의 발을 S라 하자. $\angle PAQ=\theta\left(0<\theta<\frac{\pi}{4}\right)$일 때, 삼각형 AOS의 넓이를 $f(\theta)$,삼각형 PRQ의 넓이를 $g(\theta)$라 하자. $\lim_{\theta\to+0}\frac{\theta^2 f(\theta)}{g(\theta)}=\frac{q}{p}$일 때, p^2+q^2의 값을 구하시오. (단, p와 q는 서로소인 자연수이다.)

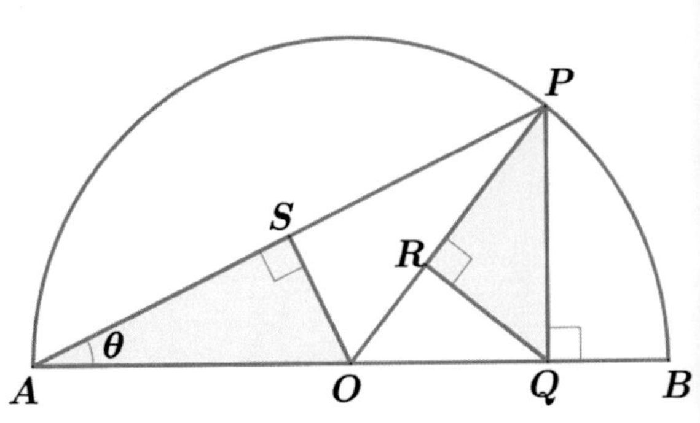

|풀이| 삼각함수의 정의에 의해 다음 그림과 같이 구해진다. 따라서 $f(\theta)=\frac{1}{2}\sin\theta cos\theta$이다.

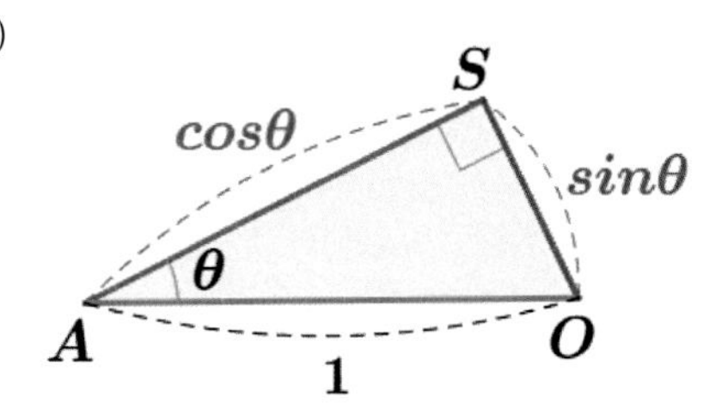

한편, 삼각형 AOP는 이등변삼각형이므로, $\overline{OP}=1$이다.
또 외각 정리에 의해 $\angle POQ=2\theta$가 된다.
따라서 직각삼각형 POQ에서 $\overline{PQ}=1\times sin2\theta$이다.

$\angle OQR=\frac{\pi}{2}-2\theta$이므로 $\angle PQR=2\theta$이다.

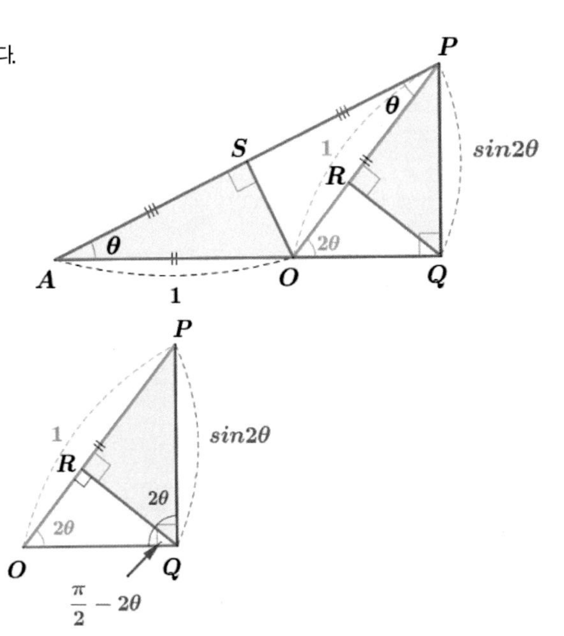

직각삼각형 PRQ에서

$\overline{PR}=\sin2\theta\times sin2\theta$, $\overline{RQ}=\sin2\theta\times cos2\theta$가 되어

$$g(\theta)=\frac{1}{2}\overline{PR}\times\overline{PQ}=\frac{1}{2}\sin^3 2\theta\cos2\theta$$

$$=2\cos^2\theta\cdot sin^2\theta\cdot sin2\theta\cdot cos2\theta$$가 된다.

$$\lim_{\theta\to+0}\frac{\theta^2 f(\theta)}{g(\theta)}=\lim_{\theta\to+0}\frac{\frac{1}{2}\theta^2\sin\theta cos\theta}{2\cos^2\theta\cdot sin^2\theta\cdot sin2\theta\cdot cos2\theta}$$

$$=\lim_{\theta\to+0}\frac{1}{4}\cdot\frac{1}{\cos\theta\cdot cos2\theta}\cdot\frac{\theta^2}{\sin\theta\cdot sin2\theta}$$

$$=\lim_{\theta\to+0}\frac{1}{4}\cdot\frac{\theta}{\sin\theta}\cdot\frac{2\theta}{\sin2\theta}\cdot\frac{1}{2}$$

$$=\frac{1}{8}$$

따라서 $p^2+q^2=64+1=65$ 이다.

[2011 수능 가형 10번 일부] - P. 65

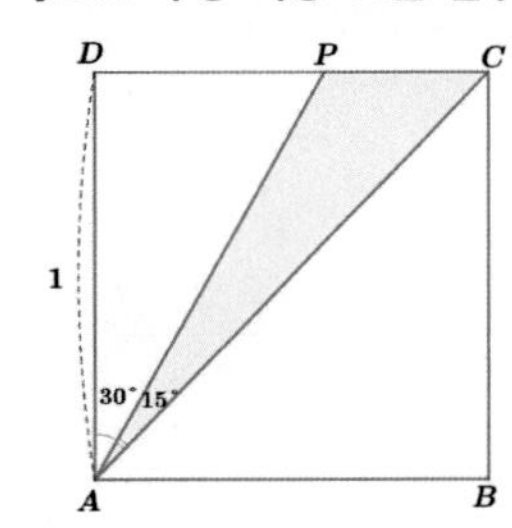

정사각형 $ABCD$의 한변의 길이가 1일 때, 삼각형 PAC의 넓이를 구하시오.

|풀이| 특수각에 의해 선분 DP의 길이는 $\frac{1}{\sqrt{3}}$ 이다.

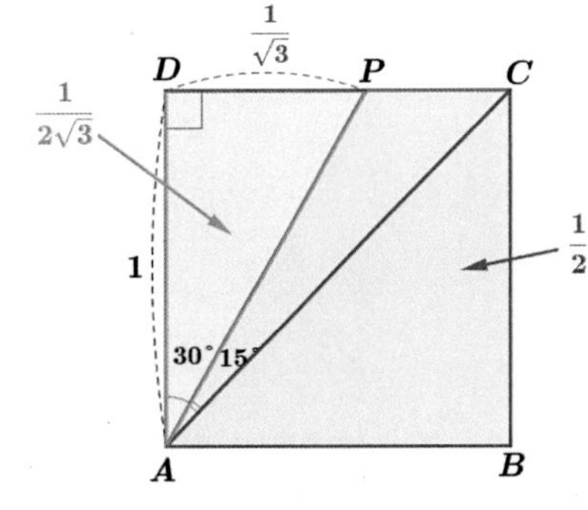

따라서 삼각형 PAC의 넓이$=1-\left(\frac{1}{2\sqrt{3}}+\frac{1}{2}\right)=\frac{3-\sqrt{3}}{6}$이다.

[겉넓이, 부피, 닮음비]

도형의 닮음

[2016 수능 가형 13번 일부] - P. 70

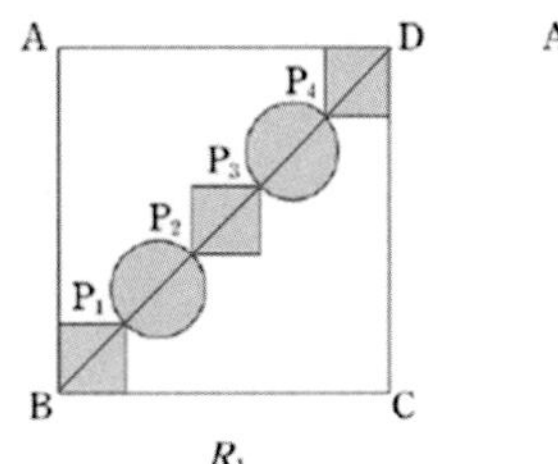

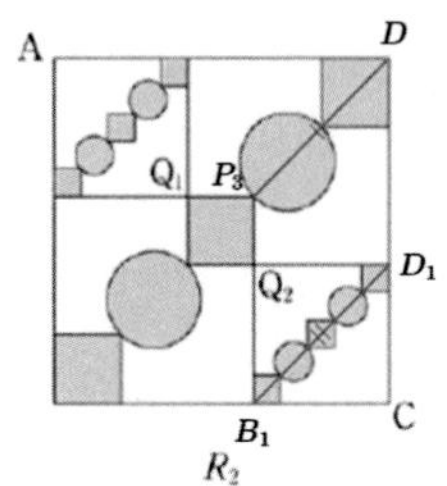

그림과 같이 한 변의 길이가 5인 정사각형 ABCD의 대각선 BD의 5등분점을 점 B에서 가까운 순서대로 각각 P_1, P_2, P_3, P_4라 하고, 선분 BP_1, P_2P_3, P_4D 를 각각 대각선으로 하는 정사각형과 선분 P_1P_2, P_3P_4 를 각각 지름으로 하는 원을 그린 후, 모양의 도형에 색칠하여 얻은 그림을 R_1이라 하자.

그림 R_1에서 선분 P_2P_3 을 대각선으로 하는 정사각형의 꼭짓점 중 점 A와 가장 가까운 점을 Q_1, 점 C와 가장 가까운 점을 Q_2 라 하자. 선분 AQ_1 을 대각선으로 하는 정사각형과 선분 CQ_2 를 대각선으로 하는 정사각형을 그리고, 새로 그려진 2개의 정사각형 안에 그림 R_1을 얻는 것과 같은 방법으로 모양의 도형을 각각 그리고 색칠하여 얻은 그림을 R_2 라 하자. 이때 선분 B_1D_1의 길이는?

|풀이| 정사각형$ABCD$와 정사각형$Q_2B_1CD_1$은 닮음이고, 특징점을 대각선(선분BD, 선분B_1D_1)으로 잡으면 '두 정사각형의 닮음비=두 대각선의 길이비'가 된다.

즉 '닮음비 $= \overline{BD} : \overline{B_1D_1}$'이 된다.

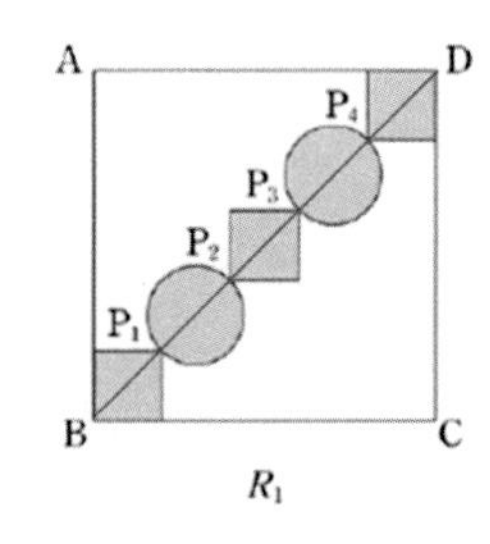

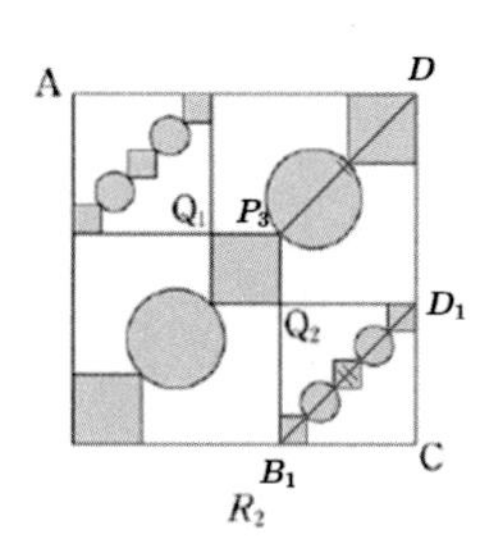

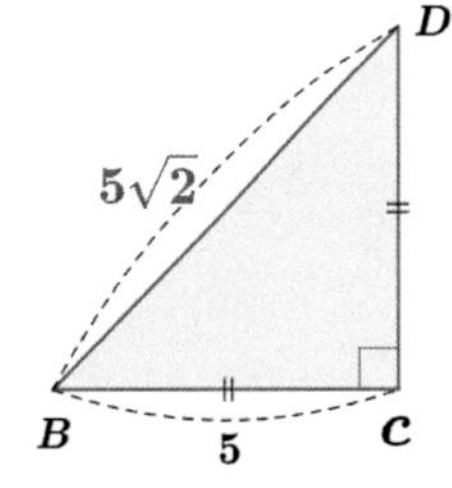

한편, 직각이등변삼각형BCD에서 $\angle DBC = 45°$ 이므로 $\overline{BD} = 5\sqrt{2}$이고,

$\frac{2}{5}\overline{BD} = \overline{P_3D} = \overline{B_1D_1}$ 이므로 $\overline{B_1D_1} = \frac{2}{5} \times 5\sqrt{2} = 2\sqrt{2}$이다.

[2019 수능 나형 16번 일부] - P. 71

그림과 같이 $\overline{OA_1}=4$, $\overline{OB_1}=4\sqrt{3}$인 직각삼각형 OA_1B_1이 있다. 중심이 O이고 반지름의 길이가 $\overline{OA_1}$인 원이 선분 OB_1과 만나는 점을 B_2라 하자. 삼각형 OA_1B_1의 내부와 부채꼴 OA_1B_2의 내부에서 공통된 부분을 제외한 ◣ 모양의 도형에 색칠하여 얻은 그림을 R_1이라 하자. 그림 R_1에서 점 B_2를 지나고 선분 A_1B_1에 평행한 직선이 선분 OA_1과 만나는 점을 A_2, 중심이 O이고 반지름의 길이가 $\overline{OA_2}$인 원이 선분 OB_2와 만나는 점을 B_3이라 하자. 삼각형 OA_2B_2의 내부와 부채꼴 OA_2B_3의 내부에서 공통된 부분을 제외한 ◣ 모양의 도형에 색칠하여 얻은 그림을 R_2라 하자. $\triangle OA_1B_1$과 $\triangle OA_2B_2$사이의 닮음비를 구하시오.

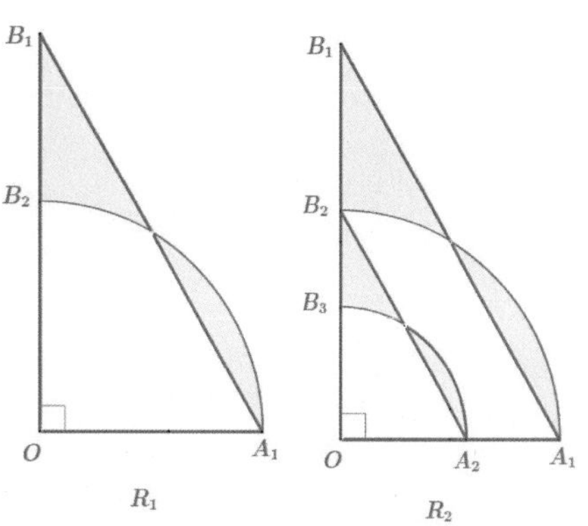

|풀이| 특징점을 $\overline{OB_k}$로 잡으면,

삼각형OA_1B_1과 삼각형 OA_2B_2의

닮음비는$\overline{OB_1}:\overline{OB_2}=4\sqrt{3}:4=\sqrt{3}:1$이다.

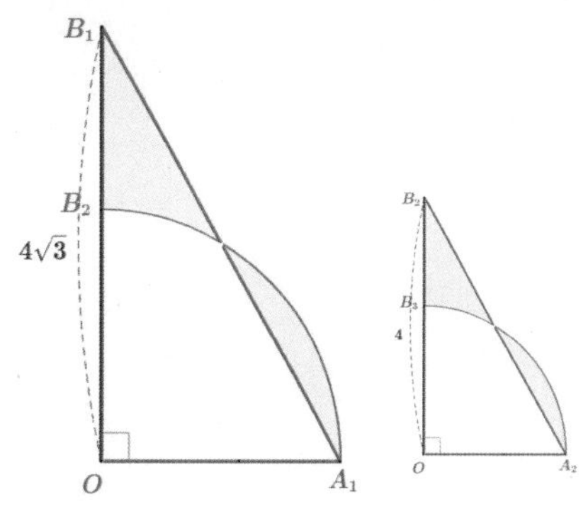

[2018 수능 나형 19번 일부] - P. 71

그림과 같이 한 변의 길이가 1인 정삼각형 $A_1B_1C_1$ 이 있다. 선분 A_1B_1의 중점을 D_1이라 하고, 선분 B_1C_1위의 $\overline{C_1D_1}=\overline{C_1B_2}$인 점 B_2에 대하여 중심이 C_1인 부채꼴$C_1D_1B_2$를 그린다. 점 B_2에서 선분 C_1D_1에 내린 수선의 발을 A_2, 선분 C_1B_2의 중점을 C_2라 하자. 두 선분 B_1B_2, B_1D_1 과 호D_1B_2로 둘러싸인 영역과 삼각형 $C_1A_2C_2$의 내부에 색칠하여 얻은 그림을 R_1이라 하자.

그림 R_1에서 선분 A_2B_2의 중점을 D_2라 하고, 선분 B_2C_2 위의 $\overline{C_2D_2}=\overline{C_2B_3}$인 점 B_3에 대하여 중심이 C_2인 부채꼴 $C_2D_2B_3$을 그린다. 점 B_3에서 선분 C_2D_2에 내린 수선의 발을 A_3, 선분 C_2B_3의 중점을 C_3이라 하자. 두 선분 B_2B_3, B_2D_2와 호 D_2B_3으로 둘러싸인 영역과 삼각형 $C_2A_3C_3$의 내부에 색칠하여 얻은 그림을 R_2라 하자. $\triangle A_1B_1C_1$과 $\triangle A_2B_2C_2$의 닮음비를 구하시오.

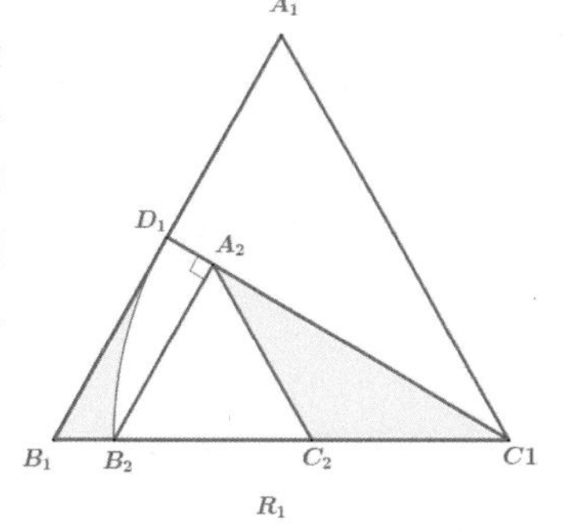

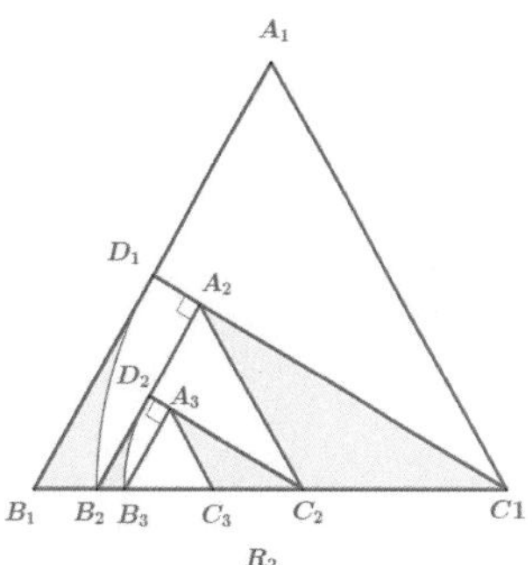

|풀이|

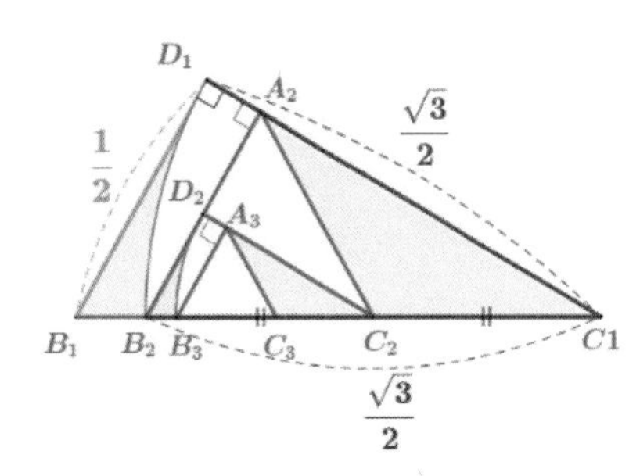

$\triangle A_1B_1C_1$가 정삼각형이므로

$\overline{D_1C_1}=\frac{\sqrt{3}}{2}$, $\angle B_1C_1D_1=30^\circ$, $\overline{B_1D_1}=\frac{1}{2}$이다

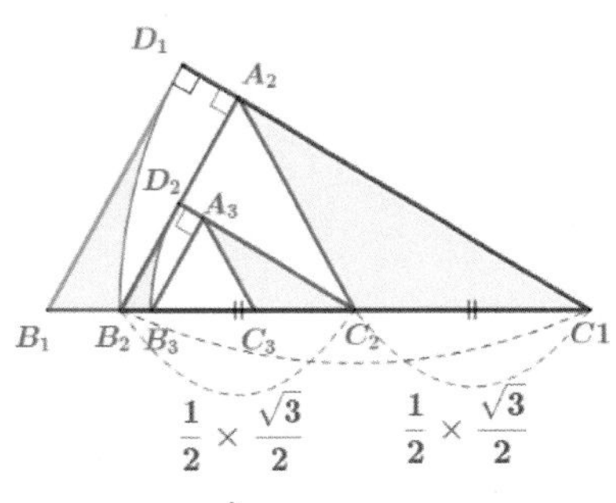

$\overline{B_2C_2}=\overline{C_2C_1}$이므로 $\overline{B_2C_2}=\frac{1}{2}\times\frac{\sqrt{3}}{2}=\frac{\sqrt{3}}{4}$이다.

한편, '특징점'을 '정삼각형의 두 꼭지점'이라 하면, '닮음비'는 '두 정삼각형의 한 변의 길이비'가 된다.

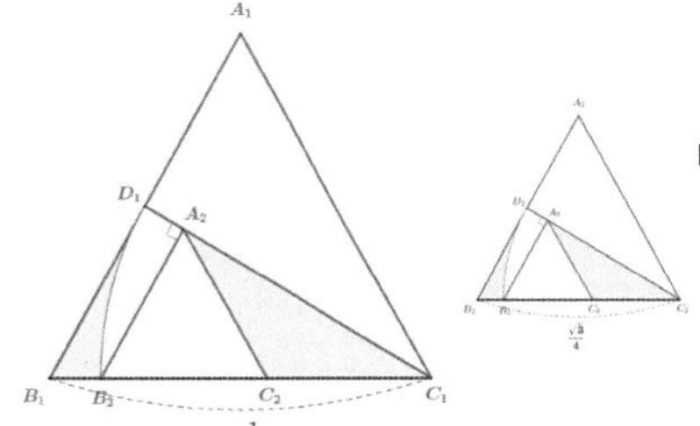

따라서 $\triangle A_1B_1C_1$과 $\triangle A_2B_2C_2$의 닮음비는 $1:\frac{\sqrt{3}}{4}$이다.

[2017 수능 나형 17번 일부] - P. 72

그림과 같이 길이가 4인 선분 AB를 지름으로 하는 원 O가 있다. 원의 중심을 C라 하고, 선분 AC의 중점과 선분 BC의 중점을 각각 D, P라 하자. 선분 AC의 수직이등분선과 선분 BC의 수직이등분선이 원 O의 위쪽 반원과 만나는 점을 각각 E, Q라 하자. 선분 DE를 한 변으로 하고 원 O와 점 A에서 만나며 선분 DF가 대각선인 정사각형 DEFG를 그리고, 선분 PQ를 한 변으로 하고 원 O와 점 B에서 만나며 선분 PR가 대각선인 정사각형 PQRS를 그린다.

그림 R_1에서 점 F를 중심으로 하고 반지름의 길이가 $\frac{1}{2}\overline{DE}$인 원 O_1을 그린다. 원 O_1에 그림 R_1을 얻은 것과 같은 방법으로 만들어지는 그림을 R_2라 하자. 원 O와 원O_1의 닮음비는?

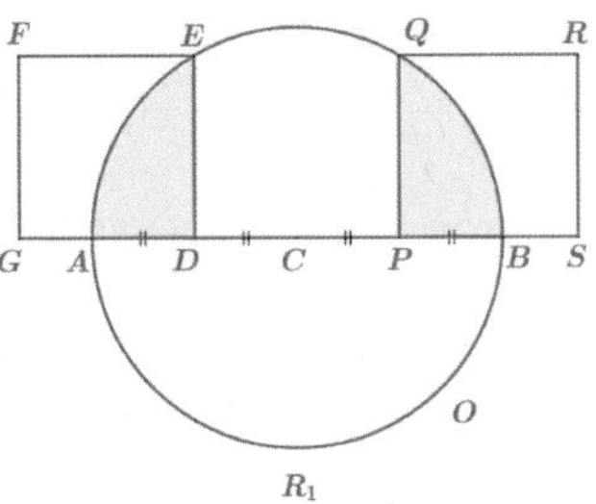

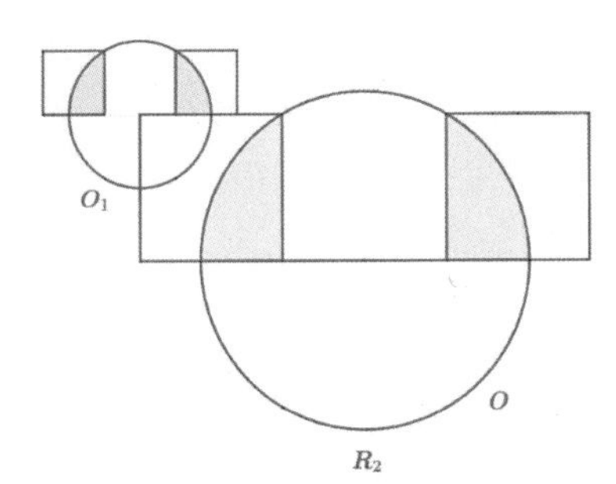

|풀이| 그림 R_1에서 아래 그림과 같이 두 점 C, E를 연결하여 직각삼각형 ECD를 만든다.

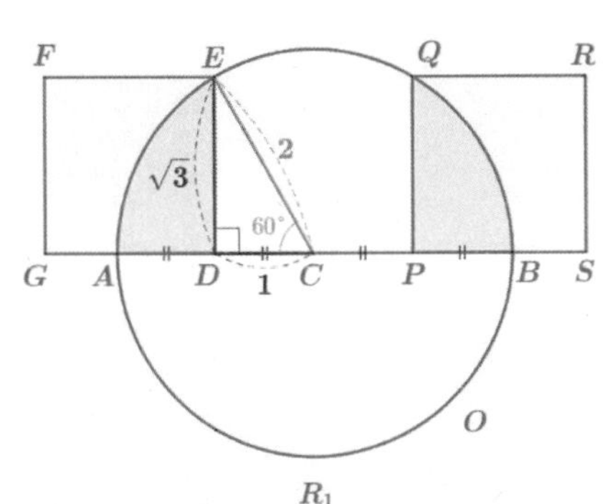

직각삼각형 ECD 에서 $\overline{\mathrm{CE}}=2$, $\overline{\mathrm{CD}}=1$ 이므로

$\overline{\mathrm{DE}}=\sqrt{2^2-1^2}=\sqrt{3}$

반지름의 길이가 $\frac{1}{2}\overline{DE}$인 원 O_1이므로

원 O_1의 반지름의 길이는 $\frac{\sqrt{3}}{2}$ 이다.

따라서 "원 O의 지름의 길이 : 원 O_1의 반지름의 길이" $=4:\sqrt{3}$ 이다.

따라서 원 O와 원O_1의 닮음비는 $4:\sqrt{3}$ 이다.

[2012 수능 가형 14번 일부] - P. 72

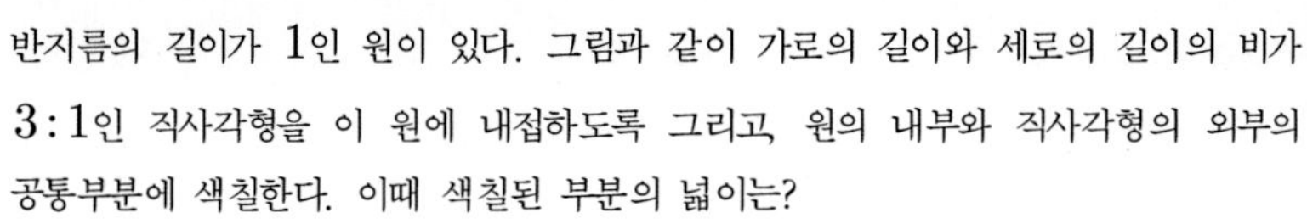
반지름의 길이가 1인 원이 있다. 그림과 같이 가로의 길이와 세로의 길이의 비가 $3:1$인 직사각형을 이 원에 내접하도록 그리고, 원의 내부와 직사각형의 외부의 공통부분에 색칠한다. 이때 색칠된 부분의 넓이는?

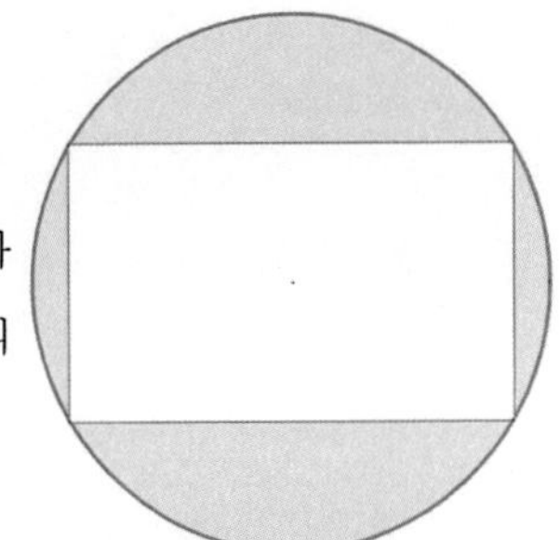

|풀이| $\overline{OA}$: $\overline{AB}$ $=3:1$가 되어, 피타고라스 정리에 의해

$\overline{OA}=\frac{3}{\sqrt{10}}$, $\overline{AB}=\frac{1}{\sqrt{10}}$ 이다.

따라서 직사각형의 넓이는 $\frac{6}{\sqrt{10}}\times\frac{2}{\sqrt{10}}=\frac{12}{10}=\frac{6}{5}$ 이다.

결국, 색칠된 부분의 넓이는 $\pi-\frac{6}{5}$ 이다.

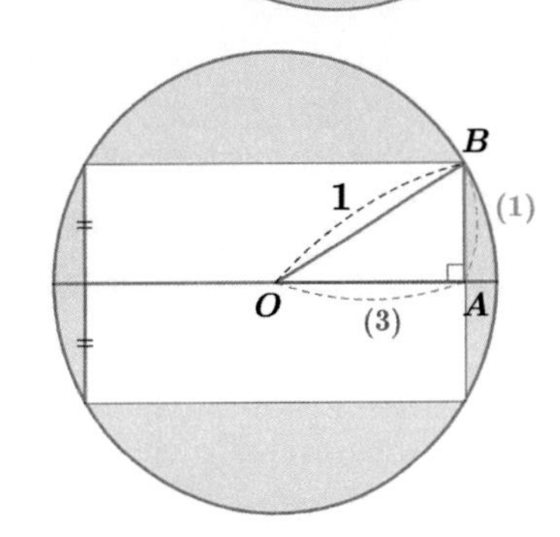

[2011 수능 가형 5번 일부] - P. 72

반지름의 길이가 1인 색칠된 부채꼴 OQ_1Q_2의 호의 길이를 구하시오.

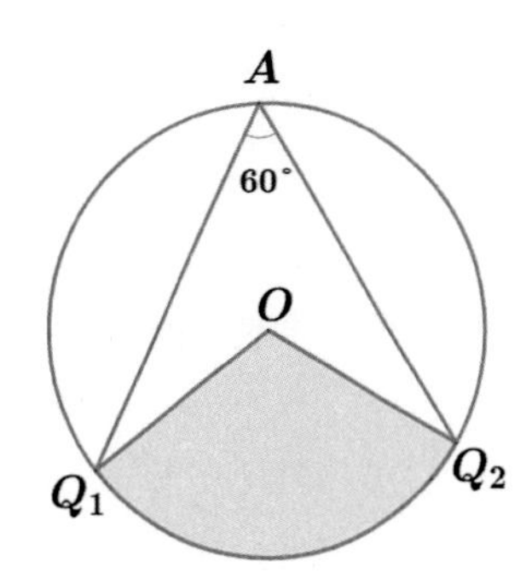

|풀이| 원의 중심이 점O이므로 중심각 $\angle Q_1OQ_2$의 크기는 120° 이다.

따라서 부채꼴의 호의 길이는 $1\times120^\circ$ 이다. 즉 $1\times\frac{2}{3}\pi=\frac{2}{3}\pi$이다.

부채꼴의 넓이

[2019 수능 가형 18번 일부] - P. 72

부채꼴 ADE의 넓이를 삼각함수로 나타내시오.

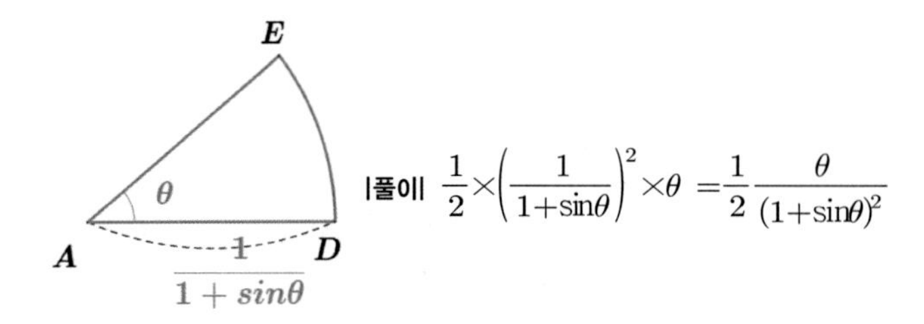

|풀이| $\frac{1}{2}\times\left(\frac{1}{1+\sin\theta}\right)^2\times\theta = \frac{1}{2}\frac{\theta}{(1+\sin\theta)^2}$

〔원의 접선〕

[2009 6월 학평 수학Ⅰ 8번 고2] - P. 80

그림과 같이 한 원이 y축과 직선 $y=ax$에 동시에 접한다. 각각의 접점 A, B와 원 위의 한 점 P에 대하여 $\angle APB$의 크기가 $\frac{\pi}{3}$일 때, a의 값은? (단, $a>0$)

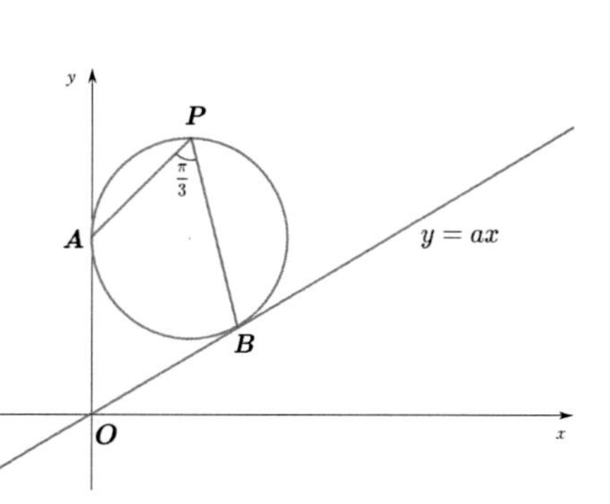

|풀이| 호의 원주각은 접선과 현의 이루는 각과 같으므로

$\angle APB = \angle OBA$이다.

또한 원의 외부에서 원에 접선을 그으면 두 선분의 길이는 같으므로 $\overline{OA} = \overline{OB}$이다.

따라서 $\triangle OAB$는 정삼각형이 된다.

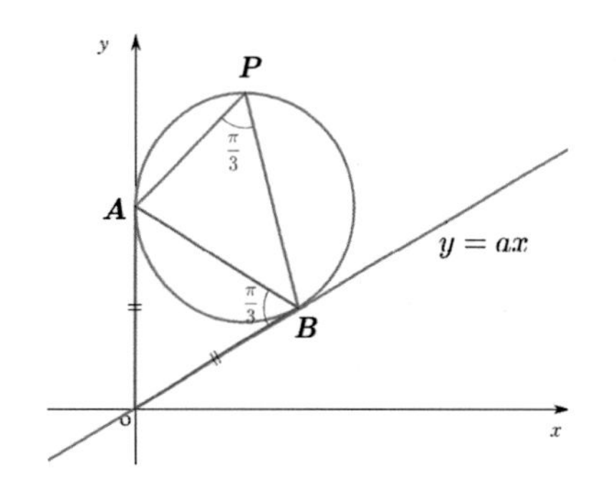

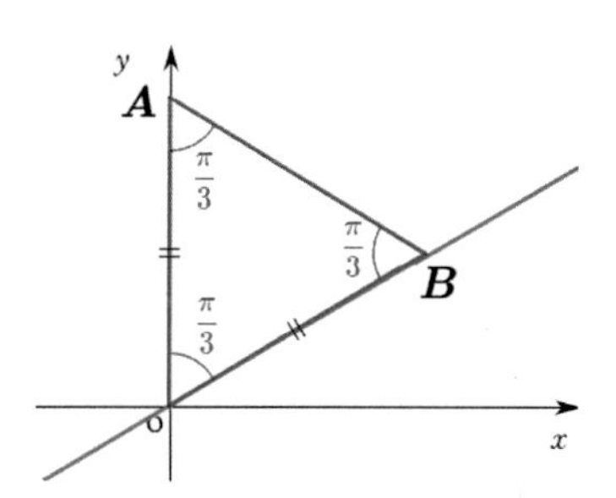

결국, $a = \tan\frac{\pi}{6} = \frac{\sqrt{3}}{3}$ 이다.

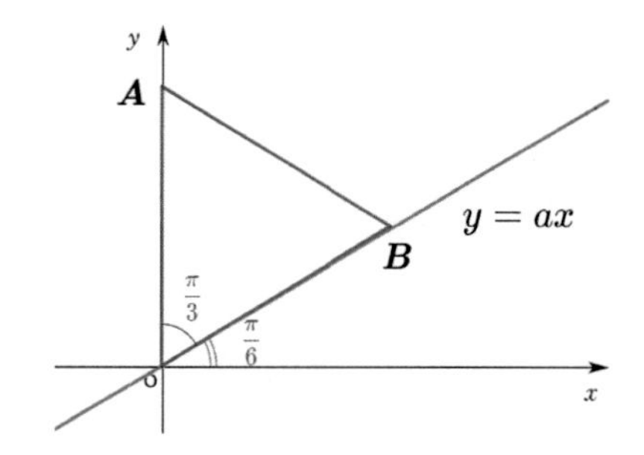

[접한다]

[2019 서울대 면접 문항 일부] - P. 86

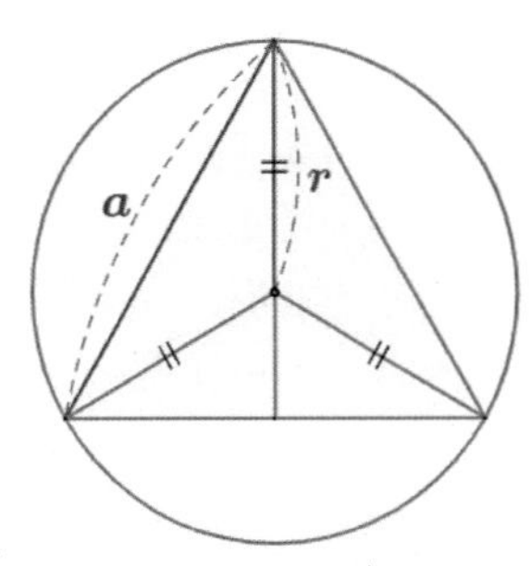

한 변의 길이가 a인 정삼각형의 외접원의 반지름의 길이를 r이라고 하자.

이때, a를 r에 대한 식으로 나타내시오.

|풀이| '정삼각형의 외심=정삼각형의 무게중심' 이므로 $\frac{3}{2}r=\frac{\sqrt{3}}{2}a$ 이다.

따라서 $a=\sqrt{3}\,r$이다.

[2009 6월 학평 수학Ⅱ 27번 고2] - P. 86

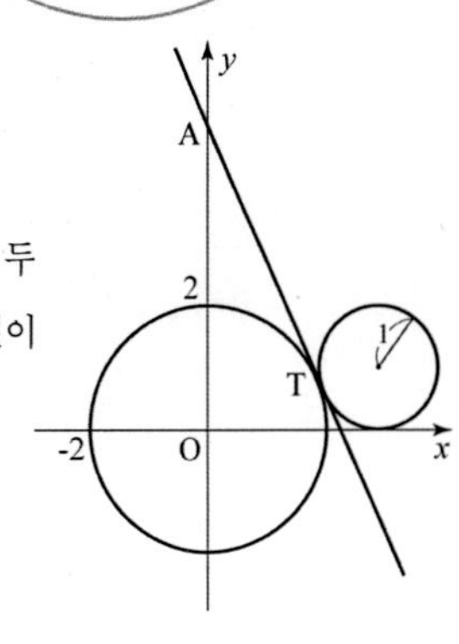

그림과 같이 원 $x^2+y^2=4$와 x축에 동시에 접하고 반지름의 길이가 1인 원이 있다. 이 두 원의 접점 T와 이 두 원의 공통내접선이 y축과 만나는 점 A에 대하여 선분 $\overline{AT}$의 길이를 l이라 할 때, l^2의 값을 구하시오.

|풀이| 접선이므로 선분 OT와 선분 AT는 직교한다. (수직으로 점 T에서 만난다.)

작은 원은 x축과 접하므로, 그 접점을 H라 한다면 선분O_2H는 x축과 직교한다.

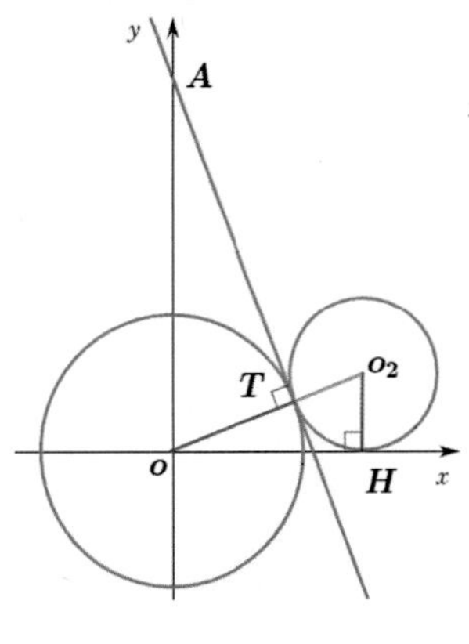

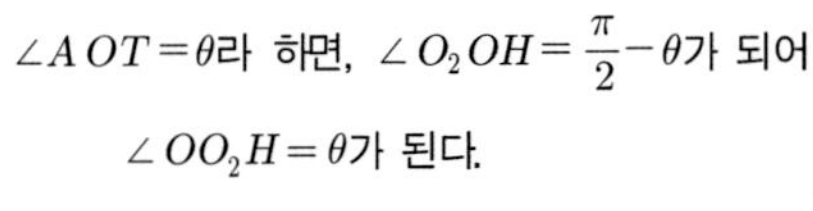

$\angle AOT=\theta$라 하면, $\angle O_2OH=\frac{\pi}{2}-\theta$가 되어

$\angle OO_2H=\theta$가 된다.

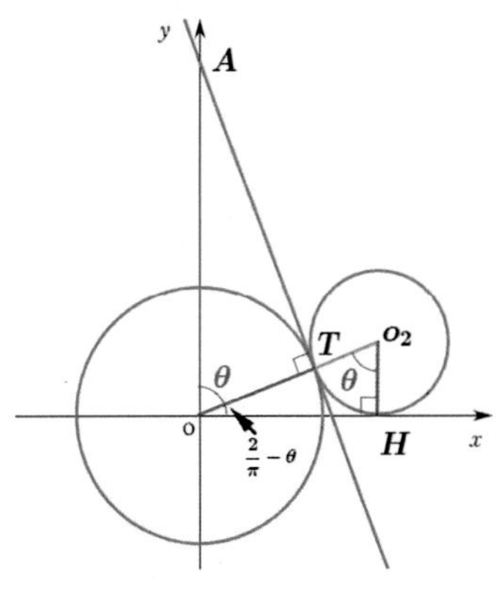

따라서 $\tan\theta=2\sqrt{2}$ 이다.

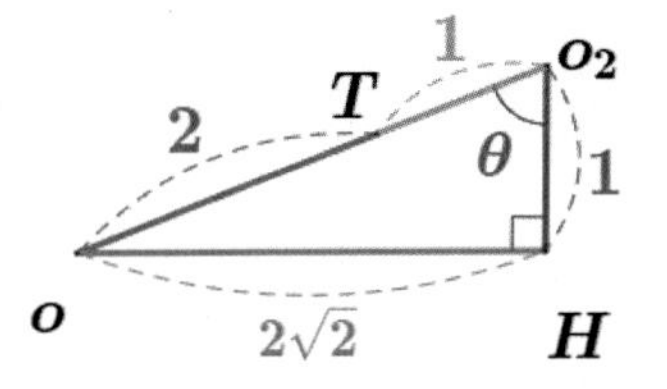

한편, 다음 그림과 같으므로 $\tan\theta=\frac{l}{2}$이다.

따라서 $\frac{l}{2}=2\sqrt{2}$ 이다.

$\therefore l^2=32$

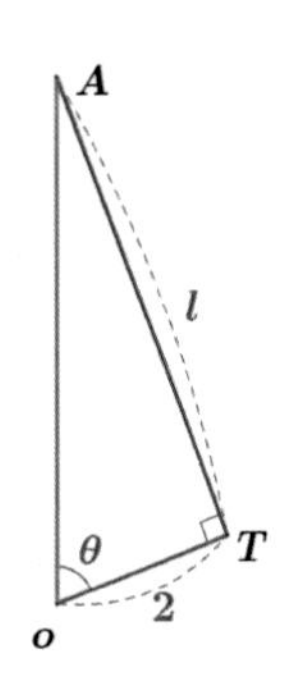

[이등변삼각형, 정삼각형]

[2015 수능 가형 12번 일부] - P. 92

한 변의 길이가 6인 정삼각형PAB의 높이는?

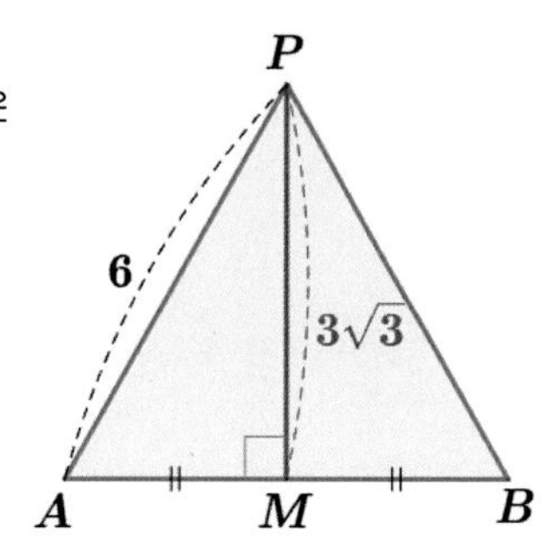

|풀이| 정삼각형의 '수선=중선'이므로 선분AB의 중점을 점M이라고 하면, 선분 PM은 수선이 된다.

따라서 정삼각형의 높이 $\overline{PM}=6\times\frac{\sqrt{3}}{2}=3\sqrt{3}$이다.

[사각형]

[2018 수능 가형 17번 일부] - P. 98

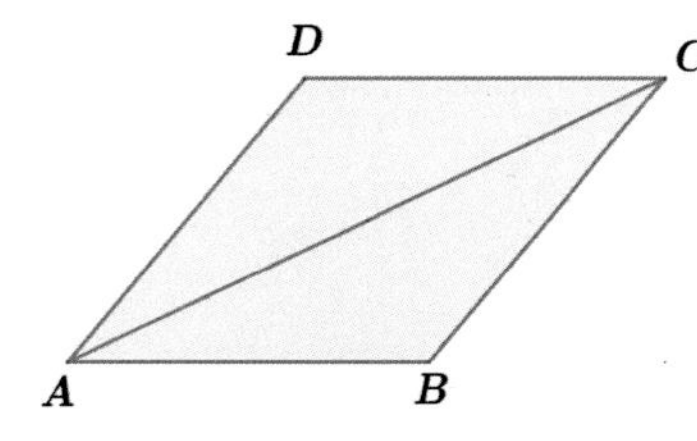

마름모$ABCD$에서 $\angle DAB=\theta$일 때, $\angle ACB$의 크기는?

|풀이| 마름모의 성질(평행사변형의 성질)에 의해

$\angle ACB=\frac{1}{2}\times\angle DAB=\frac{\theta}{2}$이다.

[2018 수능 가형 17번 일부] - P. 99

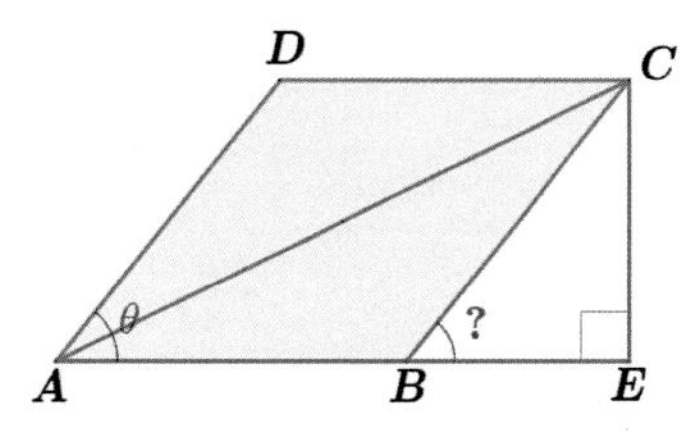

마름모$ABCD$에서 $\angle DAB=\theta$일 때, $\angle CBE$의 크기는?

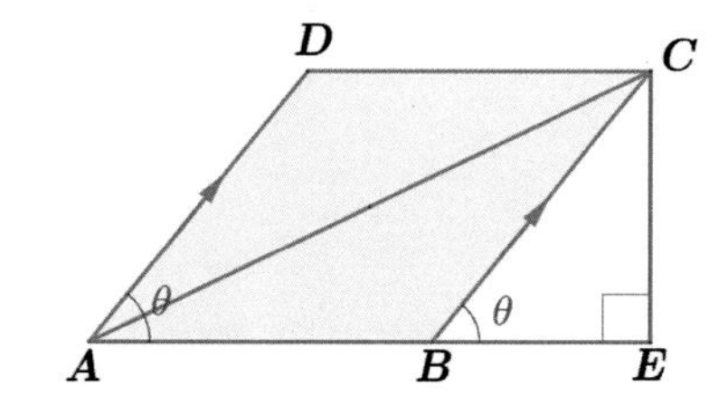

|풀이| 마름모의 성질(평행사변형의 성질)에 의해 두 변은 평행하므로, 동위각의 크기는 같다. 따라서 $\angle CBE=\angle DAB=\theta$ 이다.

[2016 수능 가형 15번 일부] - P. 99

좌표평면에서 점 A의 좌표는 $(1,0)$ 이고, $0<\theta<\frac{\pi}{2}$인 θ에 대하여 점 B의 좌표는 $(\cos\theta,\sin\theta)$이다. 사각형 $OACB$가 평행사변형이 되도록 하는 제 1사분면 위의 점 C 에 대하여 점 C의 좌표를 삼각함수를 이용하여 나타내시오.

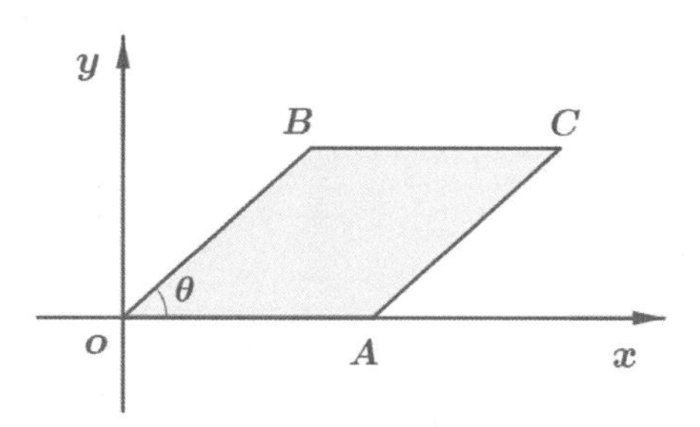

|풀이| 평행사변형의 성질에 의해 선분 OA와 선분 BC는 평행하고, 길이는 같다.

따라서 점 B의 좌표가 $(\cos\theta, \sin\theta)$이므로 점 C의 좌표는 $(1+\cos\theta, \sin\theta)$가 된다.

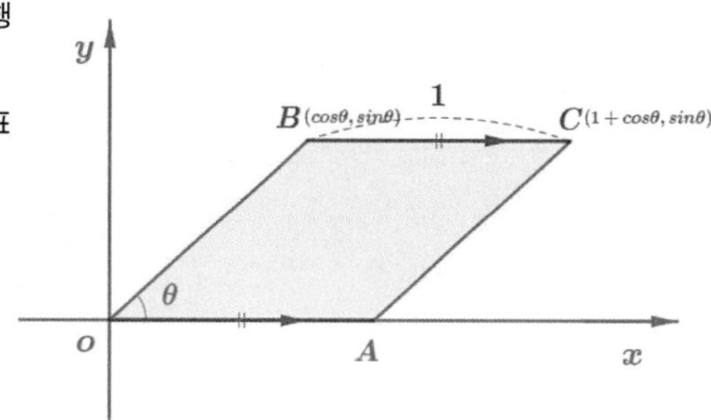

[2016 수능 가형 15번 일부] - P. 99

좌표평면에서 점 A의 좌표는 (1,0) 이고, $0 < \theta < \frac{\pi}{2}$인 θ에 대하여 점 B의 좌표는 $(\cos\theta, \sin\theta)$이다. 사각형 OACB가 평행사변형이 되도록 하는 제 1사분면 위의 점 C에 대하여 사각형 $OACB$의 넓이를 삼각함수를 이용하여 나타내시오.

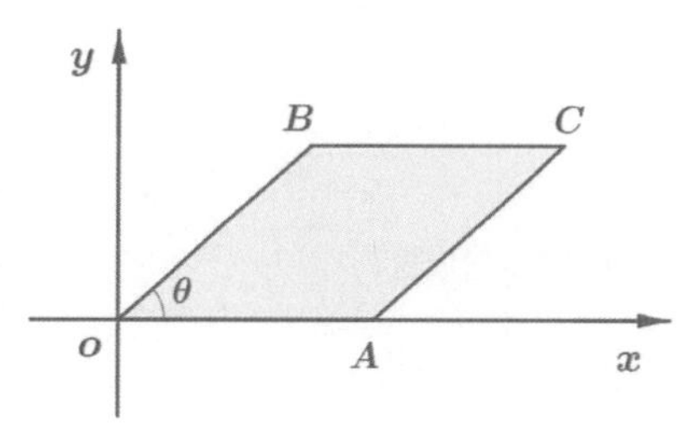

|풀이|

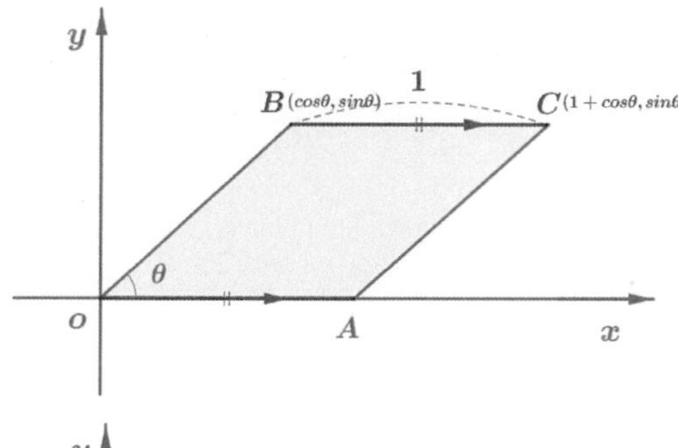

평행사변형의 성질에 의해 선분 OA와 선분 BC는 평행하고, 길이는 같다.

점 B의 좌표가 $(\cos\theta, \sin\theta)$이므로 점 C의 좌표는 $(1+\cos\theta, \sin\theta)$이 된다.

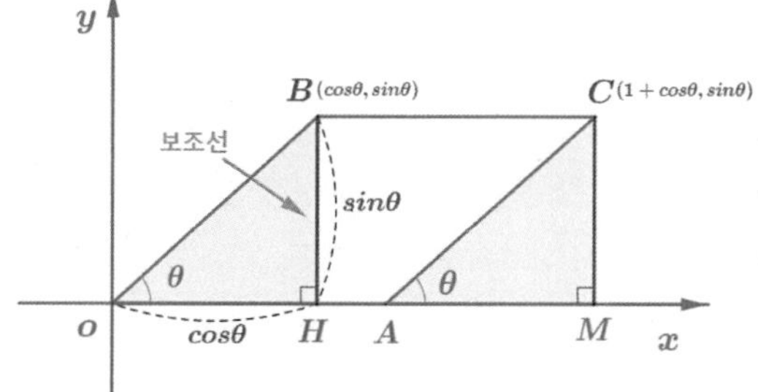

수선인 선분 BH, 선분 CM을 그리면 평행사변형의 성질에 의해 동위각인 $\angle BOH$와 $\angle CAM$의 크기는 같다.

따라서 직각삼각형 BOH와 CAM은 합동이다.

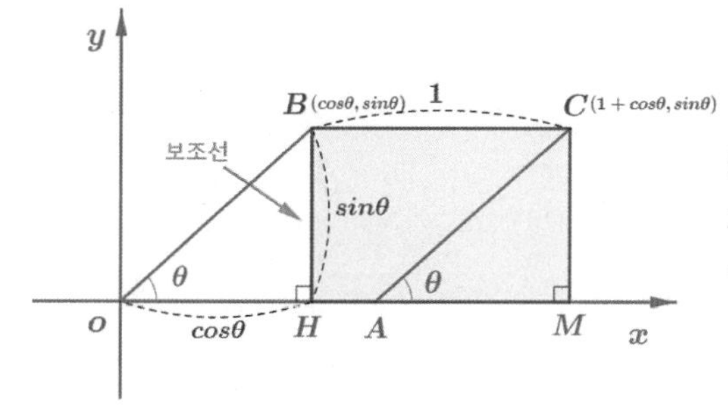

결국 평행사변형의 넓이는 직사각형 $BHMC$의 넓이와 같다.

그러므로 평행사변형의 넓이 = 직사각형의 넓이

$=1\times\sin\theta=\sin\theta$이다.

〔내심, 외심, 무게중심〕

[2016 수능 가형 3번] - P. 102

좌표공간에서 세 점 $A(a, 0, 5), B(1, b, -3), C(1, 1, 1)$을 꼭짓점으로 하는 삼각형의 무게중심의 좌표가 $(2, 2, 1)$일 때, $a+b$ 의 값은?

|풀이| 세 점 $A(a, 0, 5), B(1, b, -3), C(1, 1, 1)$을 세 꼭짓점으로 하는 삼각형의 무게중심의 좌표는

$$\left(\frac{a+1+1}{3}, \frac{0+b+1}{3}, \frac{5+(-3)+1}{3}\right) \therefore \left(\frac{a+2}{3}, \frac{b+1}{3}, 1\right)$$

이때, 무게중심의 좌표가 $(2, 2, 1)$이므로 $\frac{a+2}{3}=2, \frac{b+1}{3}=2$ $\therefore a=4, b=5$ $\therefore a+b=9$

〔내접원, 외접원〕

[2017 6월 모평 가형 미분과 적분 27번] - P. 103

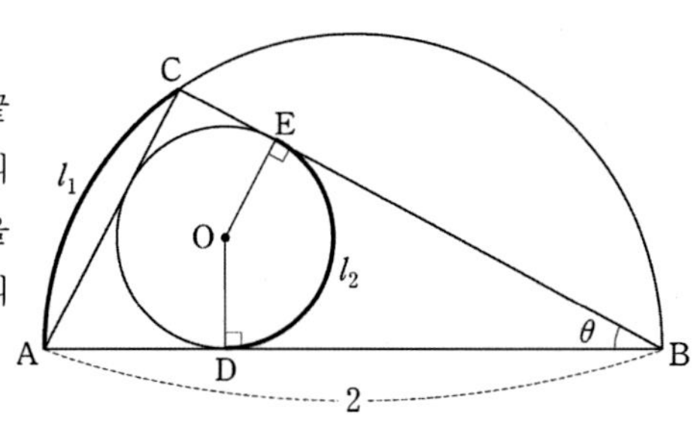

그림과 같이 지름의 길이가 2이고, 두 점 A, B를 지름의 양 끝 점으로 하는 반원 위에 점 C가 있다. 삼각형 ABC의 내접원의 중심을 O, 중심 O에서 선분 AB와 선분 BC에 내린 수선의 발을 각각 D, E라 하자. $\angle ABC=\theta$이고, 호 AC의 길이를 l_1, 호 DE의 길이를 l_2라 할 때, $\lim_{\theta \to 0} \frac{l_1}{l_2}$의 값은? (단, $0<\theta<\frac{\pi}{2}$이다.)

|풀이|

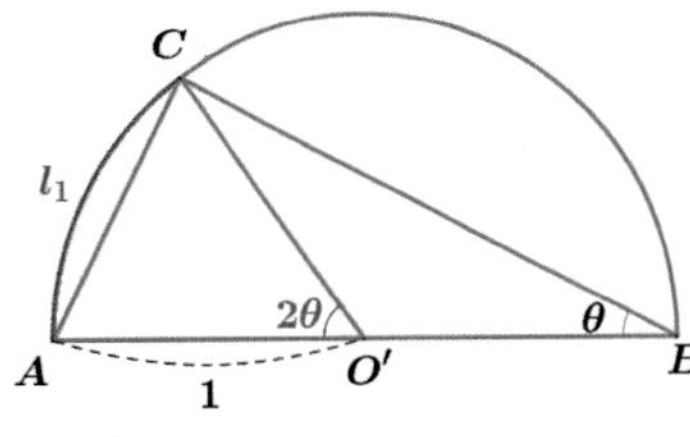

$l_1 = 1\times 2\theta = 2\theta$ 이다.

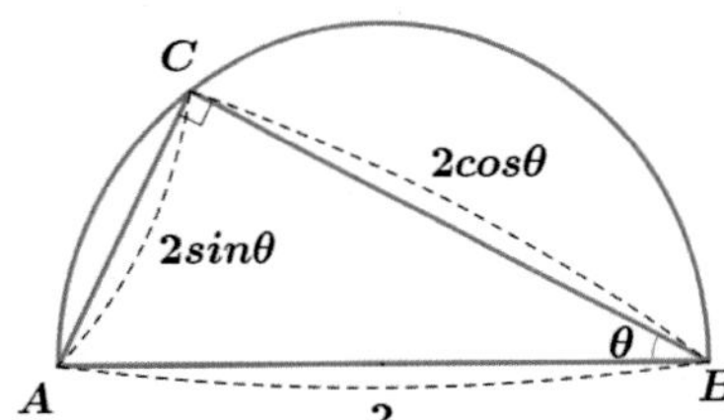

$\overline{AC} = 2\sin\theta$, $\overline{BC} = 2\cos\theta$ 이므로

$\triangle ABC$의 넓이$=\frac{1}{2}\times 2\sin\theta\times 2\cos\theta = 2\sin\theta\cos\theta$이다. $\cdots$(ㄱ)

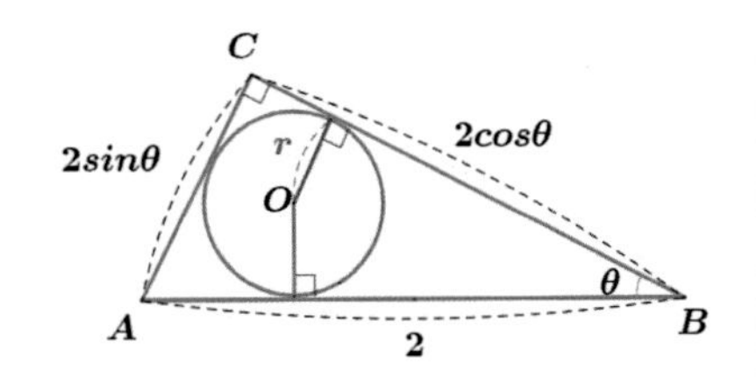

한편, 삼각형 ABC의 내접원의 반지름의 길이를 r이라고 하면

$\triangle ABC$의 넓이$=r\times\frac{2+2\sin\theta+2\cos\theta}{2} = r\times(1+\sin\theta+\cos\theta)$이다.

$\cdots$(ㄴ)

따라서 (ㄱ), (ㄴ)에 의해 $2\sin\theta\cos\theta = r\times(1+\sin\theta+\cos\theta)$ 이므로 $r=\frac{2\sin\theta\cos\theta}{1+\sin\theta+\cos\theta}$ 이다.

한편, 사각형 $ODBE$에서 $\angle DOE = \pi - \theta$ 이다.

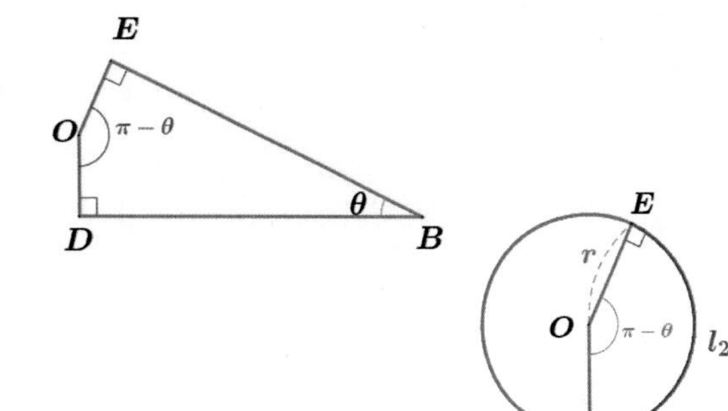

따라서 $l_2 = r(\pi-\theta) = \dfrac{2\sin\theta\cos\theta(\pi-\theta)}{1+\sin\theta+\cos\theta}$ 이다.

$$\therefore \lim_{\theta\to 0}\frac{l_1}{l_2} = \lim_{\theta\to 0}\frac{2\theta(1+\sin\theta+\cos\theta)}{2\sin\theta\cos\theta(\pi-\theta)} = \lim_{\theta\to 0}\frac{\theta}{\sin\theta}\frac{(1+\sin\theta+\cos\theta)}{\cos\theta(\pi-\theta)} = 1\times\frac{1+0+1}{1\times\pi} = \frac{2}{\pi}$$

[내분점, 외분점, 아폴로니우스 원]

[2019 수능 가형 3번] - P. 105

좌표공간의 두 점 $A(2, a, -2)$, $B(5, -2, 1)$에 대하여 선분 AB를 $2:1$로 내분하는 점이 x축 위에 있을 때, a의 값은?

|풀이| 선분 AB를 $2:1$로 내분하는 점을 P라 하면 점 P의 y 좌표는

$\dfrac{2\times(-2)+1\times a}{2+1} = \dfrac{-4+a}{3}$ 이다.

이때 점P가 x축 위에 있으므로 $\dfrac{-4+a}{3}=0$

따라서 $a=4$

[2018 수능 가형 3번] - P. 105

좌표공간의 두 점 $A(1,6,4), B(a,2,-4)$에 대하여 선분 AB를 $1:3$으로 내분하는 점의 좌표가 $(2,5,2)$이다. a의 값은?

|풀이| 두 점 $\mathrm{A}(1,\ 6,\ 4)$, $\mathrm{B}(a, 2, 4)$에 대하여 선분 AB를 $1:3$으로 내분하는 점의 좌표가 $(2,5,2)$이므로 $\dfrac{1\times a+3\times 1}{1+3}=2$

이다. 즉, $a+3=8$이므로 $a=5$

[2017 수능 가형 8번] - P. 106

좌표공간의 두 점 $A(1,a,-6), B(-3,2,b)$에 대하여 선분 AB를 $3:2$로 외분하는 점이 x축 위에 있을 때, $a+b$의 값은?

|풀이| 두 점 $A(1, a, -6), B(-3, 2, b)$, 에 대하여 선분 AB를 $3:2$로 외분하는 점의 좌표는

$$\left(\frac{3\times(-3)-2\times 1}{3-2},\ \frac{3\times 2-2\times a}{3-2}, \frac{3\times b-2\times(-6)}{3-2}\right)$$

즉, $(-11,\ 6-2a,\ 3b+12)$이다.

이 점이 x축 위에 있으므로 $6-2a=0,\ 3b+12=0\ \ \therefore a=3, b=-4$이다.

$\therefore a+b=3+(-4)=-1$

[2015 수능 가형 5번] - P. 106

좌표공간에서 두 점 $A(2, a, -2), B(5, -3, b)$에 대하여 선분 AB를 $2:1$로 내분하는 점이 x축 위에 있을 때, $a+b$의 값은?

|풀이| 선분 AB를 2 : 1로 내분하는 점의 좌표는 $\left(\frac{2\times5+1\times2}{2+1}, \frac{2\times(-3)+1\times a}{2+1}, \frac{2\times b+1\times(-2)}{2+1}\right)$

즉, $\left(4, \frac{a-6}{3}, \frac{2b-2}{3}\right)$이고, 이 점이 x축 위에 있으므로 $\frac{a-6}{3}=0$, $\frac{2b-2}{3}=0$

따라서, $a=6$, $b=1$ 이므로 $a+b=7$이다.

[2014 수능 가형 3번] - P. 106

좌표공간에서 두 점 $A(a, 5, 2), B(-2, 0, 7)$에 대하여 선분 AB를 $3:2$로 내분하는 점의 좌표가 $(0, b, 5)$이다. $a+b$의 값은?

|풀이| 내분점은 $\left(\frac{3\times(-2)+2\times a}{3+2}, \frac{3\times0+2\times5}{3+2}, \frac{3\times7+2\times2}{3+2}\right)$이므로

$\left(\frac{-6+2a}{5}, 2, 5\right) = (0, b, 5)$이다.

$\frac{-6+2a}{5}=0$ 에서 $a=3$, $b=2$이다.

$\therefore\ a+b=3+2=5$

[2013 수능 가형 3번] - P. 106

좌표공간에서 두 점 $A(a, 1, 3), B(a+6, 4, 12)$에 대하여 선분 AB를 $1:2$로 내분하는 점의 좌표가 $(5, 2, b)$이다. $a+b$의 값은?

|풀이| $\left(\frac{2a+a+6}{3}, \frac{2+4}{3}, \frac{6+12}{3}\right)=(5, 2, b)$ 이므로 $a=3$, $b=6$이다. $\therefore\ a+b=9$

〔이차곡선〕

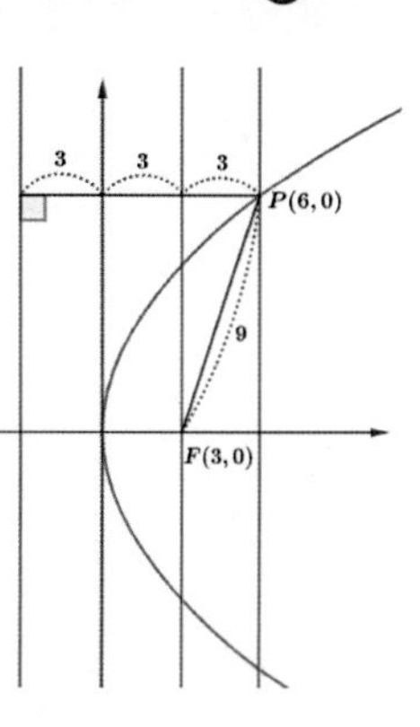

[2019 수능 가형 6번] - P. 121

초점이 F인 포물선 $y^2=12x$ 위의 점 P에 대하여 $\overline{PF}=9$일 때, 점 P의 x좌표는?

|풀이| 포물선 $y^2=12x$ 의 준선의 방정식은 $x=-3$ 이고, 포물선 위의 점에서 초점까지의 거리는 준선까지의 거리와 같으므로 점 P와 준선 $x=-3$ 사이의 거리가 9이어야 한다.

따라서 점P의 x좌표를 a라 하면 $a-(-3)=9$ 이므로 $a=6$

[2019 수능 가형 28번] - P. 121

두 초점이 F, F'인 타원 $\frac{x^2}{49}+\frac{y^2}{33}=1$이 있다. 원 $x^2+(y-3)^2=4$ 위의 점 P에 대하여 직선 $F'P$가 이 타원과 만나는 점 중 y좌표가 양수인 점을 Q라 하자. $\overline{PQ}+\overline{FQ}$의 최댓값을 구하시오.

|풀이| 타원의 정의에 의해 장축의 길이는 $\sqrt{49}\times2=14$이다.

$\therefore \overline{F'Q}+\overline{FQ}=14$

$\therefore \overline{F'P}+\overline{PQ}+\overline{FQ}=14 \quad \therefore \overline{PQ}+\overline{FQ}=14-\overline{F'P}$

따라서 '$\overline{PQ}+\overline{FQ}$의 최댓값'= '$14-\overline{F'P}$의 최댓값'이다.

즉, $\overline{F'P}$의 최솟값을 구하면 된다.

한편, 타원의 중심으로부터 초점까지의 거리는 $\sqrt{49-33}=4$ 이므로 $F'(-4,0)$이다.

$\overline{F'P}$가 최소일 때는 원의 중심과 점F'을 연결한 선분의 교점이 점P일 때이다. $(-4,0)$, $(0,3)$사이의 거리가 5이고, 원의 반지름의 길이가 2 이므로 $\overline{F'P}\ge3$이다.

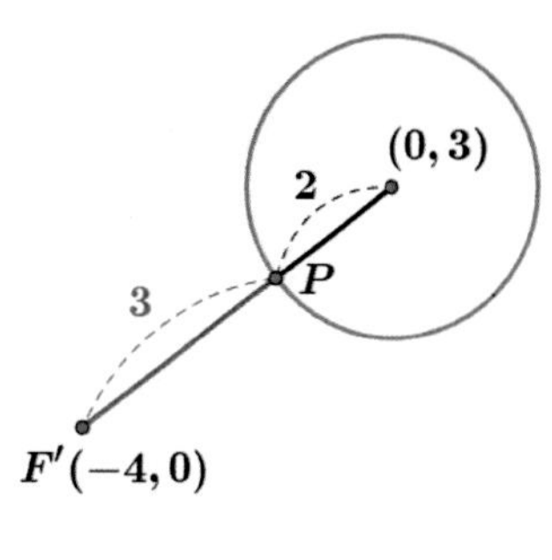

$\therefore \overline{PQ}+\overline{FQ}=14-\overline{F'P}\le14-3=11$

[2018 수능 가형 8번] - P. 121

타원 $\frac{(x-2)^2}{a}+\frac{(y-2)^2}{4}=1$의 두 초점의 좌표가 $(6,b)$, $(-2,b)$일 때, ab의 값은? (단, a는 양수이다.)

|풀이| 타원의 두 초점의 좌표가 $(6,\ b)$, $(-2,\ b)$이므로 이 타원의 중심은 $(2,\ b)$이다.

한편 타원 $\frac{(x-2)^2}{a}+\frac{(y-2)^2}{4}=1$은 타원 $\frac{x^2}{a}+\frac{y^2}{4}=1$을 x축의 방향으로 2만큼, y축의 방향으로 2만큼 평행이동시킨 것이므로 타원의 중심은 $(2,2)$이다.

따라서 두 점 $(2,\ b)$, $(2,\ 2)$은 일치해야하므로 $b=2$ 이다.

한편, 타원 $\frac{x^2}{a}+\frac{y^2}{4}=1$의 초점의 좌표를 $(c,\ 0)$, $(-c,\ 0)$(단, $c>0$)이라 하면

$c=4$이므로 $a=2^2+4^2=20$

따라서 $ab=20\times2=40$

[2018 수능 가형 27번] - P. 121

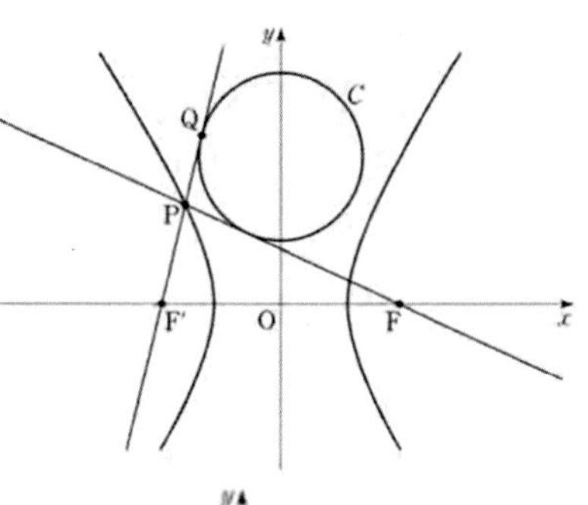

그림과 같이 두 초점이 F , F' 인 쌍곡선 $\frac{x^2}{8}-\frac{y^2}{17}=1$위의 점 P에 대하여 직선 FP와 직선 F'P에 동시에 접하고 중심이 y축 위에 있는 원 C가 있다. 직선 F'P와 원 C의 접점 Q에 대하여 $\overline{F'Q}=5\sqrt{2}$일 때, $\overline{\mathrm{FP}}^2+\overline{\mathrm{F'P}}^2$의 값을 구하시오.
(단, $\overline{\mathrm{F'P}}<\overline{\mathrm{FP}}$)

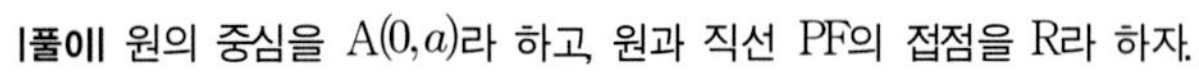
|풀이| 원의 중심을 $\mathrm{A}(0,a)$라 하고, 원과 직선 PF의 접점을 R라 하자.

$\overline{\mathrm{PF'}}=p,\ \overline{\mathrm{PQ}}=\overline{\mathrm{PR}}=q,\ \overline{\mathrm{RF}}=r$ 라 하자.

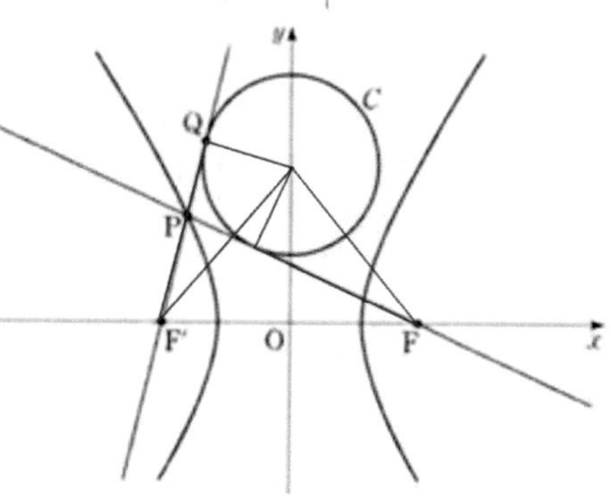

$\overline{\mathrm{F'Q}}=5\sqrt{2}$ 이므로 $p+q=5\sqrt{2}$ …㉠

쌍곡선의 주축의 길이가 $2\times2\sqrt{2}=4\sqrt{2}$이므로

쌍곡선의 정의에 의해 $\overline{\mathrm{PF}}-\overline{\mathrm{PF'}}=q+r-p=4\sqrt{2}$ … ㉡

$\overline{\mathrm{AQ}}=\overline{\mathrm{AR}},\ \overline{\mathrm{AF}}=\overline{\mathrm{AF'}}$이고 $\angle\mathrm{AQF'}=\angle\mathrm{ARF}=90^\circ$이므로

두 삼각형 AQF'과 직각삼각형 ARF는 서로 합동이다.

따라서 $\overline{\mathrm{RF}}=\overline{\mathrm{QF'}}$이므로 $r=5\sqrt{2}$ …㉢

㉢을 ㉡에 대입하여 정리하면 $p-q=\sqrt{2}$ …㉣

㉠, ㉣을 연립하면 $p=3\sqrt{2},\ q=2\sqrt{2}$

따라서 $\overline{\mathrm{FP}}^2+\overline{\mathrm{F'P}}^2=p^2+(q+r)^2=(3\sqrt{2})^2+(7\sqrt{2})^2=18+98=116$

[2017 수능 가형 19번] - P. 122

두 양수 k,p에 대하여 점 $A(-k,0)$에서 포물선 $y^2=4px$에 그은 두 접선이 y축과 만나는 두 점을 각각 F, F′, 포물선과 만나는 두 점을 각각 P,Q라 할 때, $\angle PAQ=\frac{\pi}{3}$이다. 두 점 F, F′을 초점으로 하고 두 점 P,Q를 지나는 타원의 장축의 길이가 $4\sqrt{3}+12$일 때, $k+p$의 값은?

|풀이| 포물선 y^2 = 4px 위의 $(x_1,\ y_1)$에서의 접선이 $y_1y=2p(x+x_1)$이므로 x축과 만나는 점의 좌표가 $(-x_1,\ 0)$ 이므로 점 P에서 x축에 내린 수선의 발을 H라 하면 $H(k,0)$이다.

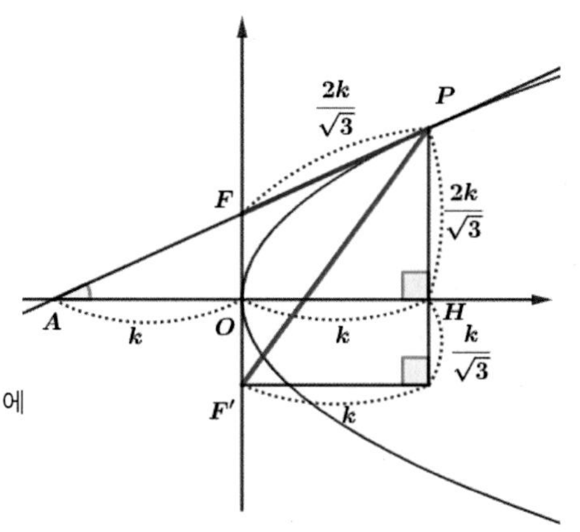

$\angle PAH=30^\circ$이므로 $\overline{FO}=\frac{k}{\sqrt{3}}$, $\overline{PH}=\frac{2k}{\sqrt{3}}$

$\overline{AF}=\overline{FP}=\frac{2k}{\sqrt{3}}$, $\overline{PF'}=\sqrt{k^2+(\frac{3k}{\sqrt{3}})^2}+2k$이므로

타원의 장축의 길이는 $\overline{PF}+\overline{PF'}=\frac{2k}{\sqrt{3}}+2k$

$\frac{2k}{\sqrt{3}}+2k=4\sqrt{3}+12$에서 $k=6$이다.

또, 점$(6,4\sqrt{3})$이 포물선 y^2 = 4px 위의 점이므로 $(4\sqrt{3})^2=24p$ 에서 $p=2$이다.

따라서 $k+p=8$ 이다.

[2017 수능 가형 28번] - P. 122

점근선의 방정식이 $y=\pm\frac{4}{3}x$이고 두 초점이 $F(c, 0), F'(-c, 0)(c>0)$인 쌍곡선이 다음 조건을 만족시킨다.

(가) 쌍곡선 위의 한 점 P에 대하여 $\overline{PF'}=30, 16\le\overline{PF}\le20$ 이다. (나) x좌표가 양수인 꼭짓점 A에 대하여 선분 AF의 길이는 자연수이다.

이 쌍곡선의 주축의 길이를 구하시오.

|풀이| 쌍곡선의 방정식을 $\frac{x^2}{a^2}-\frac{y^2}{b^2}=1$(단, $a>0,\ b>0$)로 놓으면 점근선의 방정식은 $y=\pm\frac{b}{a}x$이므로 $\frac{b}{a}=\frac{4}{3}$, $b=\frac{4}{3}a$

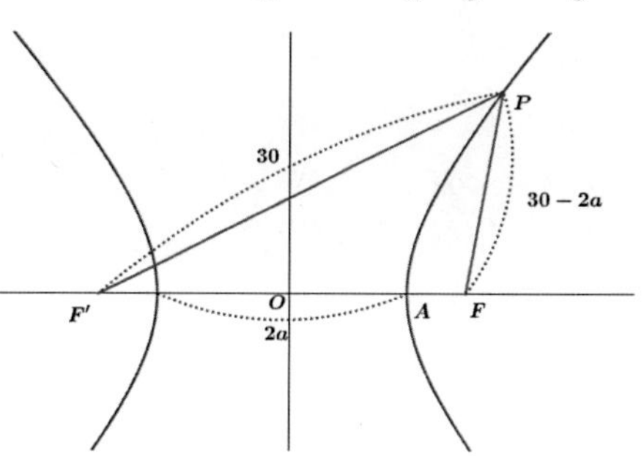

조건 (가)에서 $\overline{\mathrm{PF}'}>\overline{\mathrm{PF}}$이고, 점 P가 쌍곡선 위의 점이므로

쌍곡선의 정의에 의하여

$\overline{\mathrm{PF}'}-\overline{\mathrm{PF}}=2a$이므로 $\overline{\mathrm{PF}}=\overline{\mathrm{PF}'}-2a=30-2a$

이때, $16\le\overline{\mathrm{PF}}\le20$이므로 $16\le30-2a\le20$

$5\le a\le7$ ⋯⋯ ①

점 A의 좌표는 $(a,\ 0)$

쌍곡선의 정의에 의하여 $c=\sqrt{a^2+b^2}=\sqrt{a^2+\frac{16}{9}a^2}=\frac{5}{3}a$이므로 점 F의 좌표는 $\left(\frac{5}{3}a,\ 0\right)$

$\overline{\mathrm{AF}}=\frac{5}{3}a-a=\frac{2}{3}a$

조건 (나)에서 선분 AF의 길이가 자연수이므로 a는 3의 배수이어야 한다.

이때 ①에서 $a=6$ 이다. 따라서 구하는 쌍곡선의 주축의 길이는 $2a=12$

[2016 수능 가형 26번] - P. 122

그림과 같이 두 초점이 $F(c,0), F'(-c,0)$ 인 타원 $\frac{x^2}{a^2}+\frac{y^2}{b^2}=1$ 이 있다. 타원 위에 있고 제 2사분면에 있는 점 P 에 대하여 선분 PF'의 중점을 Q, 선분 PF 를 1:3 으로 내분하는 점을 R라 하자. $\angle PQR=\frac{\pi}{2}$, $\overline{QR}=\sqrt{5}$, $\overline{RF}=9$ 일 때, a^2+b^2의 값을 구하시오. (단 a, b, c는 양수이다.)

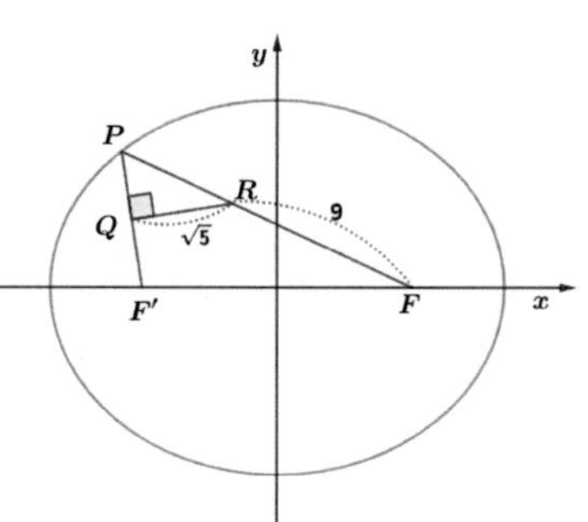

|풀이|

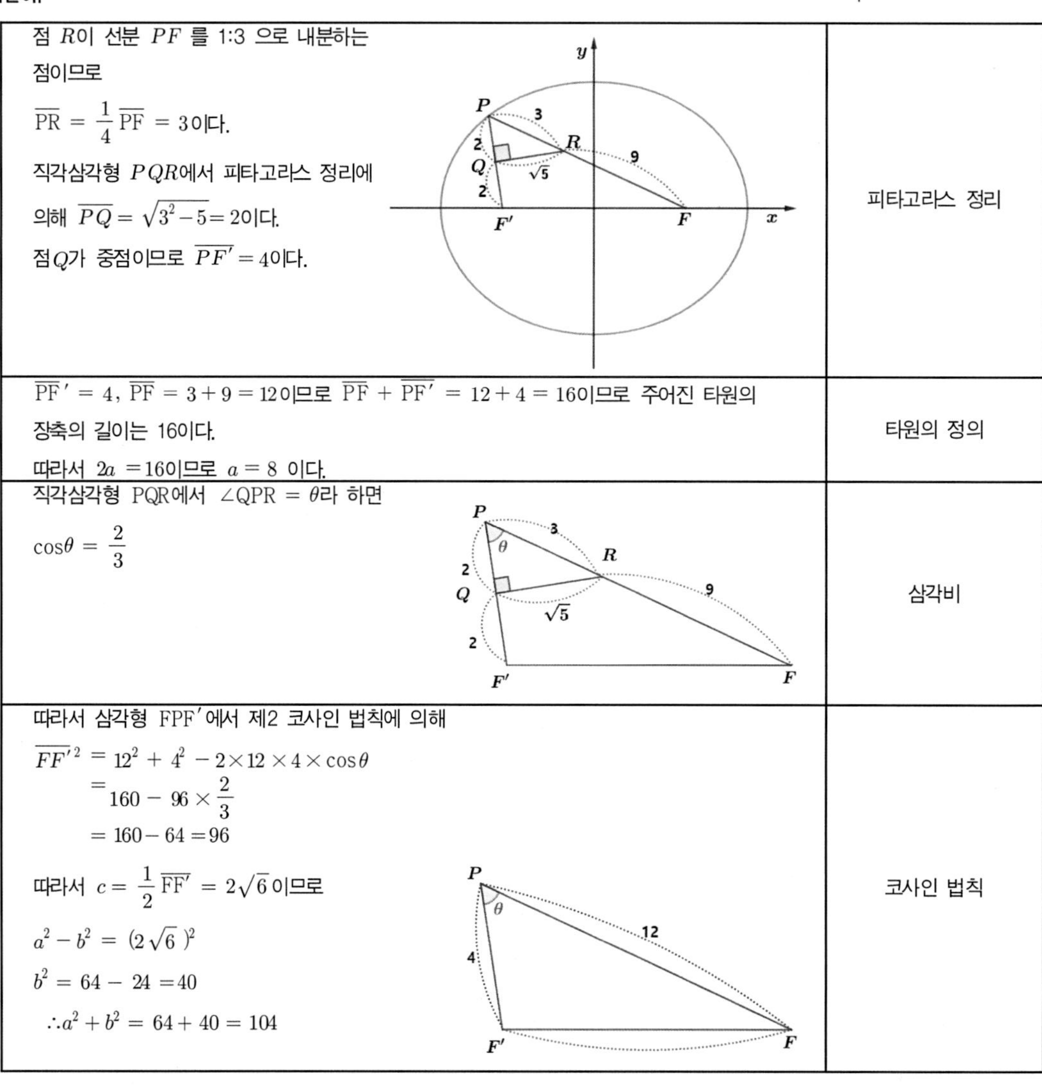

풀이	개념
점 R이 선분 PF 를 1:3 으로 내분하는 점이므로 $\overline{PR} = \frac{1}{4}\overline{PF} = 3$이다. 직각삼각형 PQR에서 피타고라스 정리에 의해 $\overline{PQ}=\sqrt{3^2-5}=2$이다. 점$Q$가 중점이므로 $\overline{PF'}=4$이다.	피타고라스 정리
$\overline{PF}'=4$, $\overline{PF}=3+9=12$이므로 $\overline{PF}+\overline{PF'}=12+4=16$이므로 주어진 타원의 장축의 길이는 16이다. 따라서 $2a=16$이므로 $a=8$ 이다.	타원의 정의
직각삼각형 PQR에서 $\angle QPR=\theta$라 하면 $\cos\theta=\frac{2}{3}$	삼각비
따라서 삼각형 FPF$'$에서 제2 코사인 법칙에 의해 $\overline{FF'}^2=12^2+4^2-2\times 12\times 4\times\cos\theta$ $=160-96\times\frac{2}{3}$ $=160-64=96$ 따라서 $c=\frac{1}{2}\overline{FF'}=2\sqrt{6}$이므로 $a^2-b^2=(2\sqrt{6})^2$ $b^2=64-24=40$ $\therefore a^2+b^2=64+40=104$	코사인 법칙

[2015 수능 가형 10번] - P. 123

그림과 같이 포물선 $y^2=12x$ 의 초점 F를 지나는 직선과 포물선이 만나는 두 점 A, B에서 준선 l 에 내린 수선의 발을 각각 C, D 라 하자. $\overline{AC}=4$일 때, 선분 BD 의 길이는?

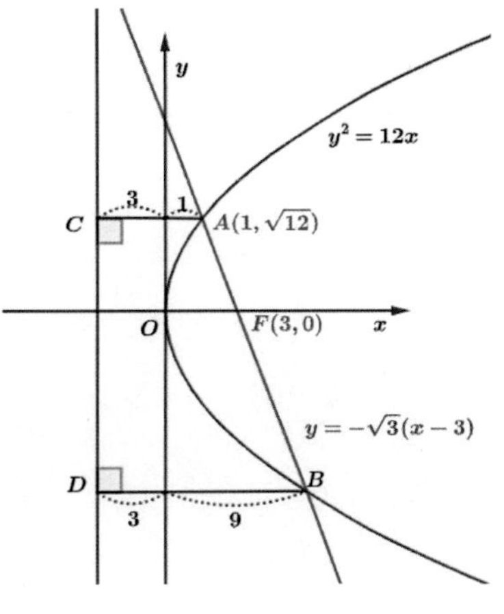

|풀이| $y^2=12x=4\times 3x$ 에서 $F(3,0)$이고 준선의 방정식은 $x=-3$이다.

$\therefore\ A(1,2\sqrt{3})$

따라서 두 점 A, F를 지나는 직선의 방정식은 $y=-\sqrt{3}(x-3)$이므로 점 B의 x좌표는

$\{-\sqrt{3}(x-3)\}^2=12x,\ (x-3)^2=4x$

$x^2-10x+9=0,\ (x-1)(x-9)=0$

$\therefore x=9\ (\because x>1)$

$\therefore \overline{BD}=9-(-3)=12$

[2015 수능 가형 27번] - P. 123

타원 $\dfrac{x^2}{9}+\dfrac{y^2}{4}=1$ 의 두 초점 중 x좌표가 양수인 점을 F, 음수인 점을 F′이라 하자. 이 타원 위의 점 P 를 $\angle FPF'=\dfrac{\pi}{2}$ 가 되도록 제 1사분면에서 잡고, 선분 FP의 연장선 위에 y좌표가 양수인 점 Q 를 $\overline{FQ}=6$이 되도록 잡는다. 삼각형 QF′F의 넓이를 구하시오.

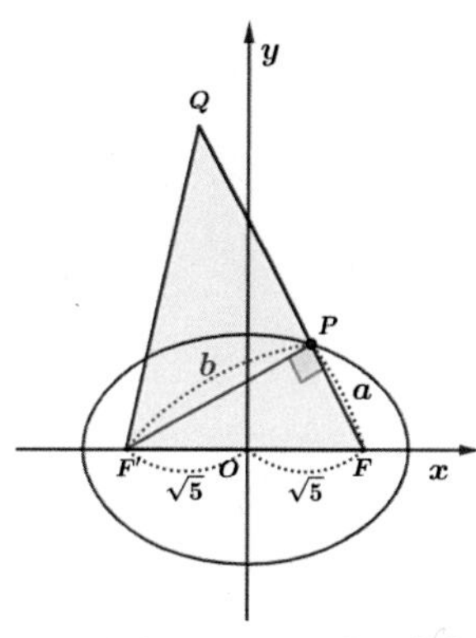

|풀이| $\overline{FP}=a, \overline{F'P}=b$라 하자.

타원의 장축의 길이가 6이므로 타원의 정의에 의해 $a+b=6$ … ㉠

주어진 타원의 두 초점 사이의 거리는 $2\times\sqrt{9-4}=2\sqrt{5}$이므로 직각삼각형 FPF'에서

$a^2+b^2=(2\sqrt{5})^2=20$ … ㉡

㉠, ㉡에서 $a=2, b=4$ $(\because b>a)$

$\therefore$삼각형 $QF'F$의 넓이$=\dfrac{1}{2}\times b\times 6=\dfrac{1}{2}\times 4\times 6=12$

[2014 수능 가형 8번] - P. 123

좌표평면에서 포물선 $y^2=8x$에 접하는 두 직선 l_1, l_2의 기울기가 각각 m_1, m_2이다. m_1, m_2가 방정식 $2x^2-3x+1=0$의 서로 다른 두 근일 때, l_1 과 l_2 의 교점의 x 좌표는?

|풀이| $2x^2-3x+1=(2x-1)(x-1)=0$ 에서 $x=\dfrac{1}{2}$ 또는 $x=1$이다.

$\therefore\ m_1=\dfrac{1}{2}\ ,\ m_2=1$

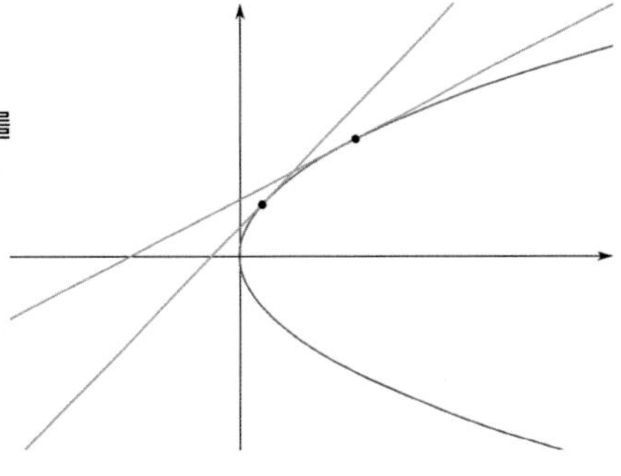

(i) 기울기 $m_1=\dfrac{1}{2}$ 인 접선 l_1 의 방정식은 $y=\dfrac{1}{2}x+k_1$이고, 이를 포물선 $y^2=8x$과 연립하면,

$\left(\dfrac{1}{2}x+k_1\right)^2=8x$이 된다.

$\therefore \dfrac{1}{4}x^2-8x+k_1x+{k_1}^2=0$

한편 한 개의 교점을 가지므로 위 식의 판별식은 0 이 된다.

즉, 판별식$=(k_1-8)^2-k_1^2=0$ 이다. 따라서 $k_1=4$이다.

(ii) 기울기 $m_2=1$인 접선 l_2 의 방정식은 $y=x+k_2$이고, 이를 포물선 $y^2=8x$과 연립하면,
$(x+k_2)^2=8x$이 된다.

$\therefore x^2+2k_2x-8x+k_2^2=0$

한편 한 개의 교점을 가지므로 위 식의 판별식은 0 이 된다.

즉, 판별식$=(k_2-4)^2-k_2^2=0$이다. 따라서 $k_2=2$이다.

두 직선을 연립하면 $\frac{1}{2}x+4=x+2$이다. $\therefore x=4$

따라서 구하는 교점의 좌표는 x좌표는 4이다.

[2014 수능 가형 27번] - P. 124

그림과 같이 y축 위의 점 $A(0,a)$와 두 점 F, F' 을 초점으로 하는 타원 $\frac{x^2}{25}+\frac{y^2}{9}=1$ 위를 움직이는 점 P가 있다. $\overline{AP}-\overline{FP}$ 의 최솟값이 1일 때, a^2 의 값을 구하시오.

|풀이| 타원의 장축의 길이가 10이므로, 타원의 정의에 의해 $\overline{FP}+\overline{F'P}=10$ 이다.

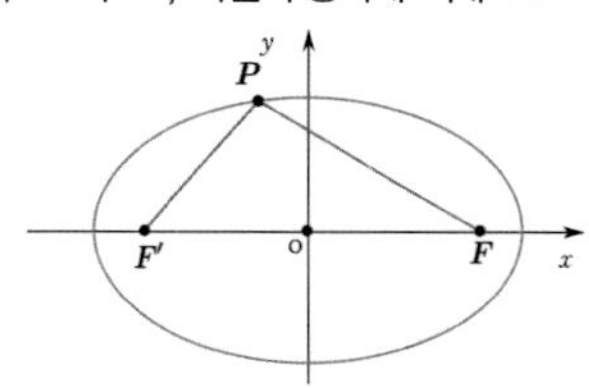

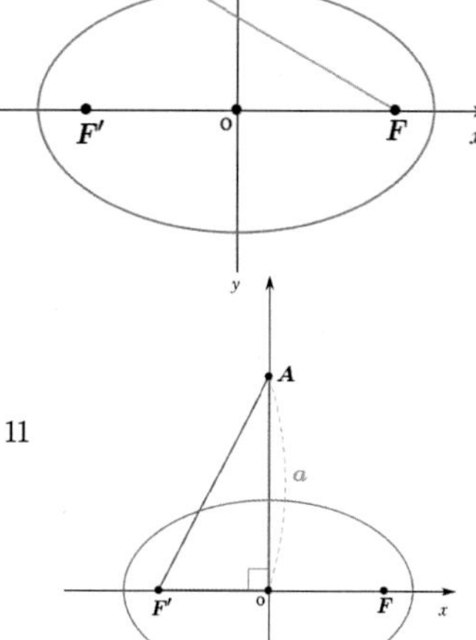

$\therefore \overline{FP}=10-\overline{F'P}$

$\therefore \overline{AP}-\overline{FP}=\overline{AP}-(10-\overline{F'P})=\overline{AP}+\overline{F'P}-10\geq\overline{AF'}-10=1$ $\therefore \overline{AF'}=11$

피타고라스의 정리에 의해 $\overline{AF'}=\sqrt{a^2+\overline{OF'}^2}$ 이다.

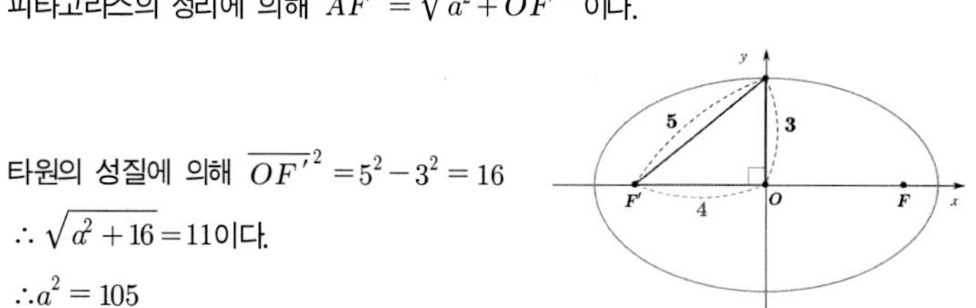

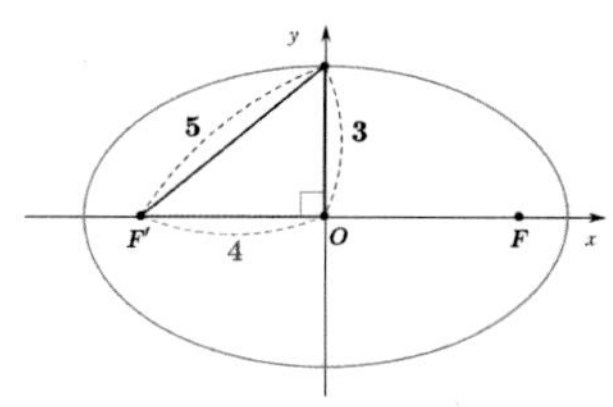

타원의 성질에 의해 $\overline{OF'}^2=5^2-3^2=16$

$\therefore \sqrt{a^2+16}=11$이다.

$\therefore a^2=105$

[2013 수능 가형 6번] - P. 124

쌍곡선 $x^2-4y^2=a$ 위의 점 $(b,1)$에서의 접선이 쌍곡선의 한 점근선과 수직이다. $a+b$의 값은? (단, a,b는 양수이다.)

|풀이| $(b,1)$에서의 접선의 방정식은 $bx-4y=a$이므로 $y=\frac{b}{4}x-\frac{a}{4}$이다. 따라서 접선의 기울기는 $\frac{b}{4}$이다.

한편 점근선의 방정식은 $x\pm 2y=0$이다.

$b>0$이고 접선과 점근선이 수직이므로 점근선의 기울기는 음수이므로 $-\frac{1}{2}$이다.

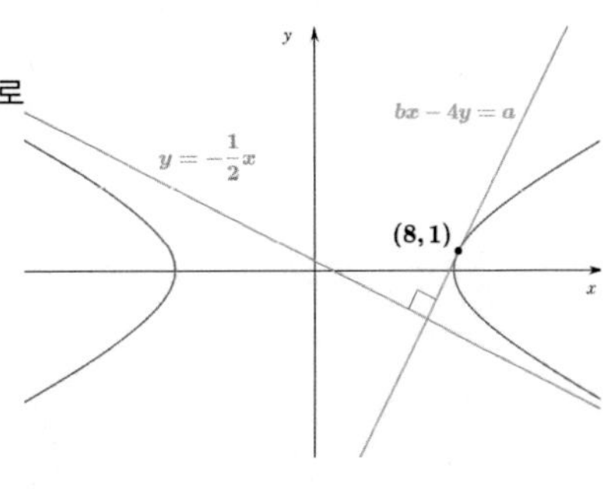

접선과 점근선이 수직이므로 $-\frac{1}{2}\times\frac{b}{4}=-\frac{b}{8}=-1$ 에서 $b=8$이다.

또, 점$(8,1)$이 쌍곡선 위의 점이므로 $8^2-4\times 1^2=a$이다.

$\therefore\ a=60$

따라서 $a+b=68$이다.

[2013 수능 가형 18번] - P. 124

자연수 n에 대하여 포물선 $y^2=\frac{x}{n}$의 초점 F를 지나는 직선이 포물선과 만나는 두 점을 각각 P, Q 라 하자.

$\overline{PF}=1$이고 $\overline{FQ}=a_n$이라 할 때, $\sum_{n=1}^{10}\frac{1}{a_n}$의 값은?

|풀이| 포물선의 방정식 $y^2=\frac{x}{n}$ 에서 초점은 $F(\frac{1}{4n},0)$이고 준선은 $x=-\frac{1}{4n}$이다.

다음 그림에서 초점 F를 지나고 y축과 평행한 직선이 점 P를 지나고 x축과 평행한 직선과 만나는 점을 A, 점 Q를 지나고 x축과 평행한 직선과 만나는 점을 B라고 하자.

그러면 삼각형 FPA와 삼각형 FQB는 닮음삼각형이다.

그런데 $\overline{PA}=1-\frac{1}{2n}$이고, $\overline{QB}=\frac{1}{4n}-(a_n-\frac{1}{4n})=\frac{1}{2n}-a_n$ 이다.

그러므로 $1:a_n=(1-\frac{1}{2n}):(\frac{1}{2n}-a_n)$

$\therefore a_n=\frac{1}{4n-1}$

$\therefore \sum_{n=1}^{10}\frac{1}{a_n}=\sum_{n=1}^{10}(4n-1)=210$이다.

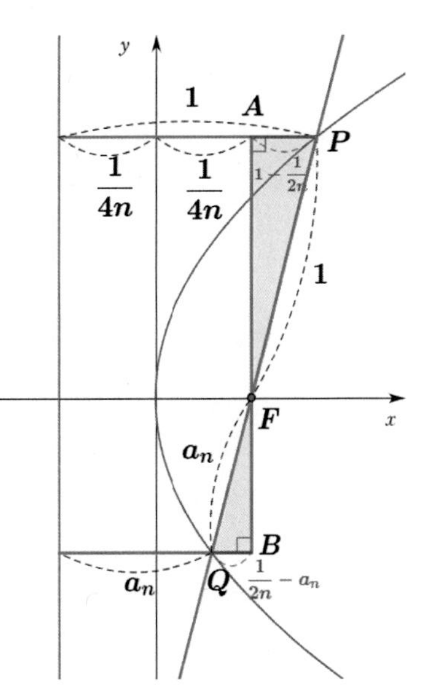

[2012 수능 가형 11번] - P. 125

한변의 길이가 10인 마름모 $ABCD$에 대하여 대각선 BD를 장축으로 하고, 대각선 AC를 단축으로 하는 타원의 두 초점 사이의 거리가 $10\sqrt{2}$ 이다. 마름모 $ABCD$의 넓이는?

A
10
B
D
C

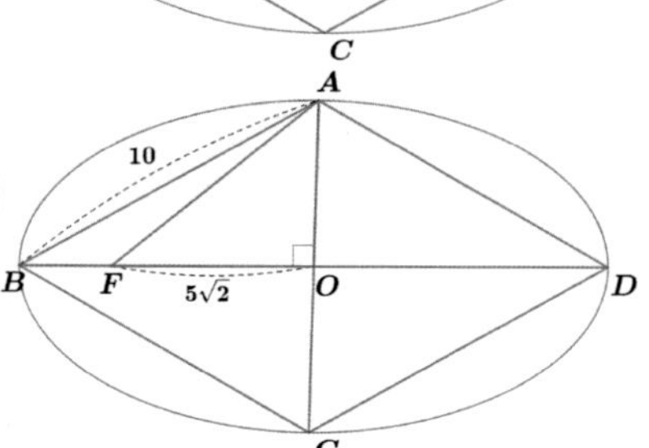

|풀이| 두 초점 사이의 거리가 $10\sqrt{2}$ 이므로 타원의 중심(점 O)로부터 초점(점 F)까지의 거리는 $5\sqrt{2}$ 이다.

또한 타원의 성질에 의해 $\overline{BO}=\overline{FA}$ 이므로 다음 그림과 같이 나타낼 수 있다.

피타고라스 정리에 의해

$a^2=(5\sqrt{2})^2+b^2$, $10^2=a^2+b^2$ 이다.

이를 연립하면 $a=5\sqrt{3}\,,b=5$이다.

따라서 마름모의 넓이$=\dfrac{1}{2}\times 2a\times 2b=50\sqrt{3}$ 이다.

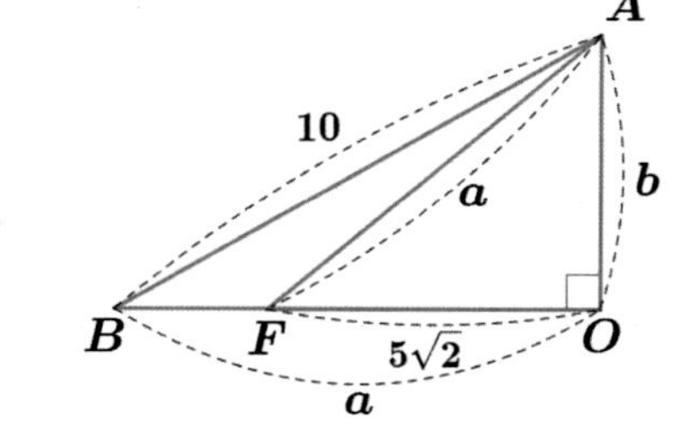

[2012 수능 가형 24번 일부] - P. 125

$H(9,0)$일 때, 타원 $\dfrac{x^2}{9}+y^2=1$ 위의 점 P에 대하여 $\overline{HP}$ 의 최댓값은?

|풀이| 점 $P(-3,0)$일 때 최댓값을 갖는다. 따라서 $\overline{HP}$ 의 최댓값은 12이다.

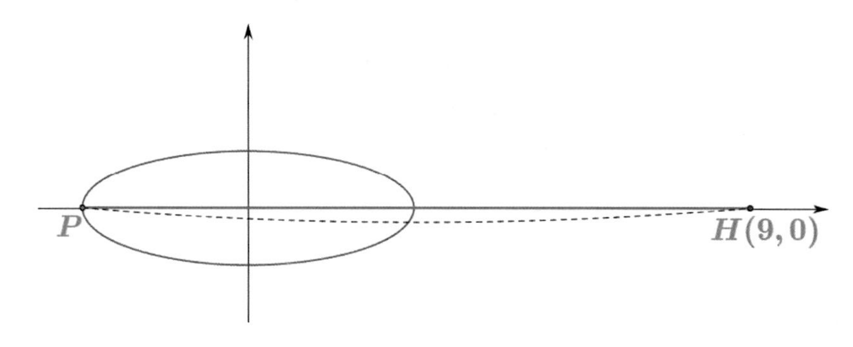

[2012 수능 가형 26번] - P. 125

포물선 $y^2=nx$의 초점과 포물선 위의 점 (n,n)에서의 접선 사이의 거리를 d라 하자. $d^2\ge 40$을 만족시키는 자연수 n의 최솟값을 구하시오.

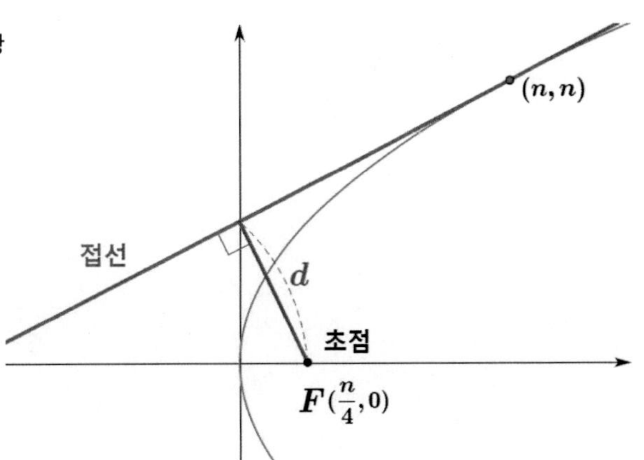

|풀이| 접점(n,n)이 주어졌을 때의 포물선의 접선의 방정식은 $ny=2p(x+n)$이므로

$ny=2\times\frac{n}{4}(x+n)$이다.

즉, 접선은 $y=\frac{1}{2}(x+n)$이다.

점(초점)과 직선(접선)사이의 거리

$d=\frac{\left|\frac{n}{4}-0+n\right|}{\sqrt{5}}=\frac{\frac{5n}{4}}{\sqrt{5}}$ 이 된다.

$\therefore d^2=\frac{5n^2}{16}\ge 40 \ \therefore n^2\ge 128 \ \therefore$ 자연수 $n\ge 12$ 이다.

[2020 수능 가형 13번] - P. 125

그림과 같이 두 점 $F(0,c)$, $F'(0,-c)$를 초점으로 하는 타원 $\frac{x^2}{a^2}+\frac{y^2}{25}=1$이 x축과 만나는 점 중에서 x좌표가 양수인 점을 A라 하자. 직선 $y=c$가 직선 AF'과 만나는 점을 B, 직선 $y=c$가 타원과 만나는 점 중 x좌표가 양수인 점을 P라 하자. 삼각형 BPF'의 둘레의 길이와 삼각형 BFA의 둘레의 길이의 차가 4일 때, 삼각형 AFF'의 넓이는? (단, $0<a<5$, $c>0$)

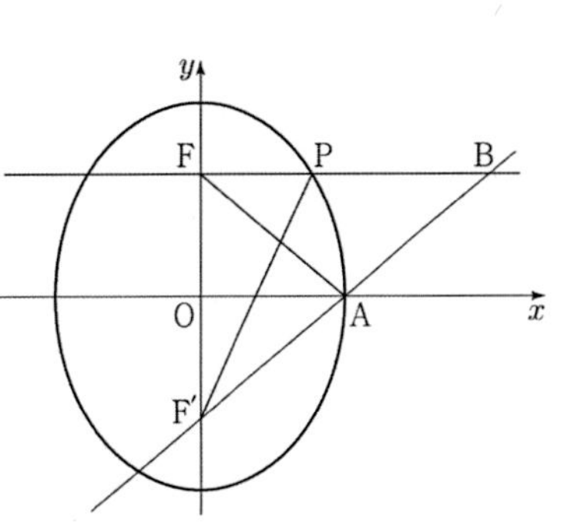

|풀이| 타원의 중심으로부터 한 꼭지점까지의 거리가 $\sqrt{25}=5$이므로 타원의 성질에 의해 $\overline{FA}=5=\overline{F'A}$이다.

또, 타원의 장축의 길이는 $2\times\sqrt{25}=10$이다.

점$A(a,0)$, $\overline{FP}=p$라 하자.

한편, 직선 $y=c$와 x축은 평행하고, $\overline{OF}=\overline{OF'}$이므로 중점 연결 정리에 의해 선분 $\overline{FB}$의 길이는 $2\times\overline{OA}=2a$ 이고, $\overline{F'A}=\overline{AB}=5$이다.

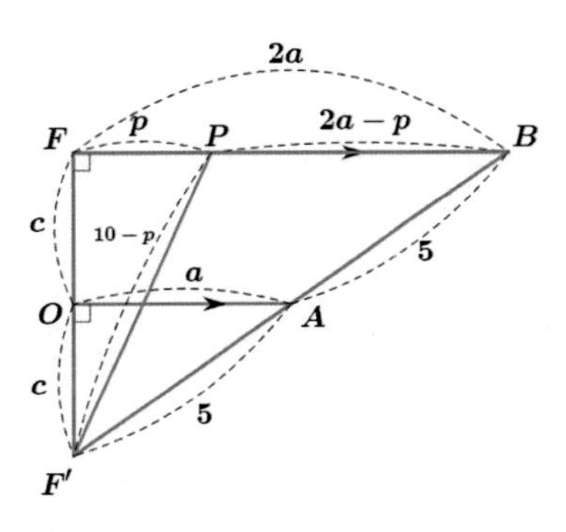

$\therefore \triangle BPF'$의 둘레의 길이$=\overline{PF'}+\overline{PB}+10=\overline{PF'}+(2a-p)+10$

$=10-p+(2a-p)+10=20-2p+2a \ \cdots$(ㄱ)

($\because$장축의 길이가 10이므로 $\overline{PF'}=10-p$)

또, $\triangle BFA$의 둘레의 길이$=\overline{FB}+\overline{BA}+\overline{AF}=2a+5+5=2a+10$ 이다. $\cdots$(ㄴ)

(ㄱ), (ㄴ)에서 둘레의 길이의 차가 4이므로 $(20-2p+2a)-(2a+10)=4$이다. $\therefore p=3$

한편, 피타고라스 정리에 의해

$(2c)^2+p^2=(10-p)^2$, $c^2+a^2=5^2$ 이 성립하므로

연립하면 $a=\sqrt{15}$, $c=\sqrt{10}$ 이 된다.

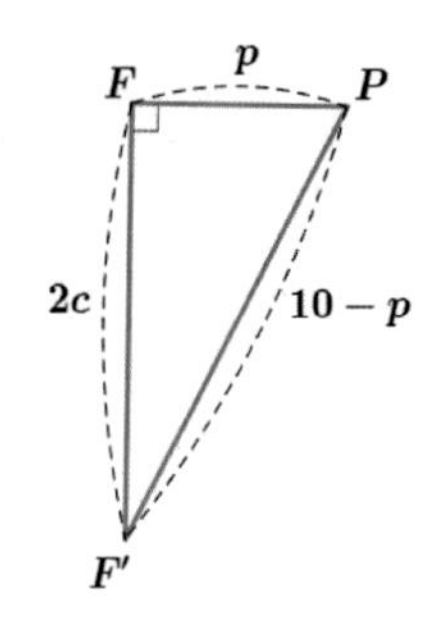

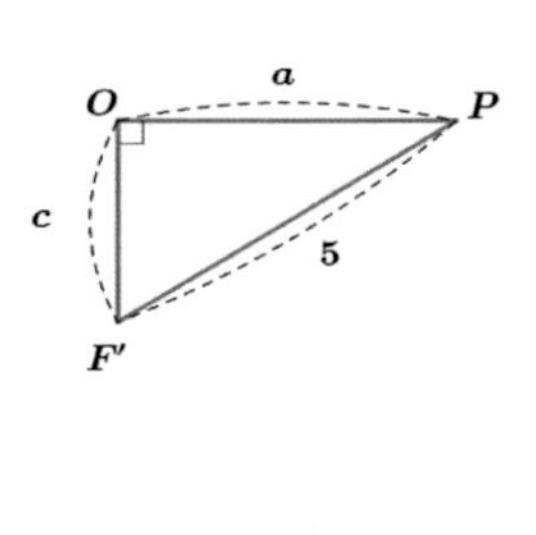

따라서 삼각형 AFF' 의 넓이

$=\frac{1}{2}\times a\times 2c=ac=\sqrt{15}\times\sqrt{10}=5\sqrt{6}$ 이다.

[2020 수능 가형 17번] - P. 125

평면에 한 변의 길이가 10인 정삼각형 ABC가 있다. $\overline{PB}-\overline{PC}=2$를 만족시키는 점 P에 대하여 선분 PA의 길이가 최소일 때, 삼각형 PBC의 넓이는?

|풀이| 선분 BC의 중점을 O라 하고, 직선 BC를 x축으로, 직선 OA를 y축으로 하는 좌표평면을 생각하자.

$B(-5,0)$, $C(5,0)$이고, 점P 는 두 점B, C 를 초점으로 하고, 주축의 길이가 2인 쌍곡선 위의 점이다. 이 쌍곡선의 방정식을

$\frac{x^2}{a^2}-\frac{y^2}{b^2}=1$ 이라 하면, 주축의 길이가 2이므로 $2a=2$가 되어 $a=1$ 이다.

또한 $25=a^2+b^2$에서 $b^2=24$이다. 즉, 쌍곡선의 방정식은 $x^2-\frac{y^2}{24}=1$이다.

$P(p,q)$라 하면 $p^2-\frac{q^2}{24}=1$ 이고, $A(0,5\sqrt{3})$이므로

$\overline{PA}^2=p^2+(q-5\sqrt{3})^2=\left(1+\frac{q^2}{24}\right)+(q-5\sqrt{3})^2$이다.

최솟값을 구하기 위해 미분하면 $\frac{d}{dq}(\overline{PA}^2)=\frac{d}{dq}\left(76+\frac{25}{24}q^2-10\sqrt{3}q\right)=0$에서 $q=\frac{24\sqrt{3}}{5}$ 이므로

$q=\frac{24\sqrt{3}}{5}$ 일때 선분 PA의 길이가 최소이다.

따라서 $\triangle PBC$의 넓이는 $\frac{1}{2}\times 10\times\frac{24\sqrt{3}}{5}=24\sqrt{3}$ 이다.

[두 벡터의 합 & 각의 이등분 벡터]

[2018 수능 가형 1번] - P. 127

두 벡터 $\vec{a}=(3,-1)$, $\vec{b}=(1,2)$에 대하여 벡터 $\vec{a}+\vec{b}$의 모든 성분의 합은?

|풀이| $\vec{a}+\vec{b}=(3,-1)+(1,2)=(4,1)$

따라서 벡터 $\vec{a}+\vec{b}$의 모든 성분의 합은 4+1=5

[내분 벡터, 벡터의 합]

[2020 수능 가형 1번] - P. 129

두 벡터 $\vec{a}=(3,1)$, $\vec{b}=(-2,4)$에 대하여 벡터 $\vec{a}+\frac{1}{2}\vec{b}$의 모든 성분의 합은?

|풀이| $\vec{a}+\frac{1}{2}\vec{b}=(3,1)+\frac{1}{2}(-2,4)=(3,1)+(-1,2)=(2,3)$

따라서 모든 성분의 합은 5이다.

[2019 수능 가형 1번] - P. 129

두 벡터 $\vec{a}=(1,-2)$, $\vec{b}=(-1,4)$에 대하여 벡터 $\vec{a}+2\vec{b}$의 모든 성분의 합은?

|풀이| $\vec{a}+2\vec{b}=(1,-2)+2(-1,4)=(1,-2)+(-2,8)=(1-2,-2+8)=(-1,6)$

따라서 벡터 $\vec{a}+2\vec{b}$의 모든 성분의 합은 $-1+6=5$

[2017 수능 가형 1번] - P. 129

두 벡터 $\vec{a}=(1,3)$, $\vec{b}=(5,-6)$에 대하여 벡터 $\vec{a}-\vec{b}$의 모든 성분의 합은?

|풀이| $\vec{a}-\vec{b}=(1,3)-(5,-6)=(-4,9)$

따라서 모든 성분의 합은 $-4+9=5$

[내적]

[2013 수능 가형 26번] - P. 132

한 변의 길이가 2인 정삼각형 ABC의 꼭짓점 A에서 변 BC에 내린 수선의 발을 H라 하자. 점 P가 선분 AH위를 움직일 때, $|\overrightarrow{PA}\cdot\overrightarrow{PB}|$의 최댓값은 $\frac{q}{p}$이다. $p+q$의 값을 구하시오. (단, p와 q는 서로소인 자연수이다.)

|풀이| $\overline{AP}=x, \overline{PH}=y$라 하자.

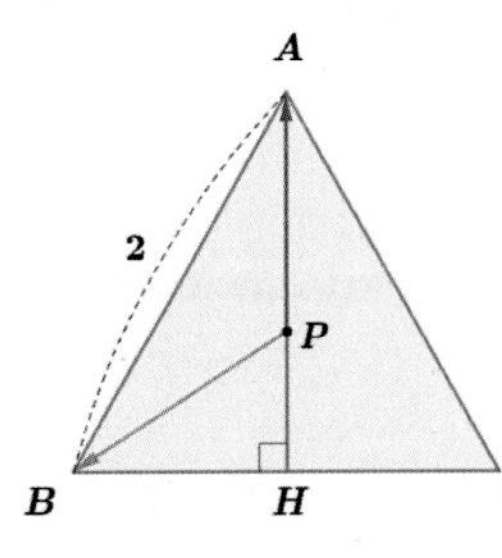

$\overrightarrow{PA}\cdot\overrightarrow{PB}=-xy$ (∵내적의 정의, θ=둔각) 이므로

$|\overrightarrow{PA}\cdot\overrightarrow{PB}|=xy$이다.

한편, 정삼각형의 높이$=\overline{AH}=\frac{\sqrt{3}}{2}\times 2=\sqrt{3}$이다.

$\therefore x+y=\sqrt{3}$이다.

산술,기하 평균의 크기 관계에 의해

$\frac{x+y}{2}\geq\sqrt{xy}$이므로 $\frac{\sqrt{3}}{2}\geq\sqrt{xy}$이다.

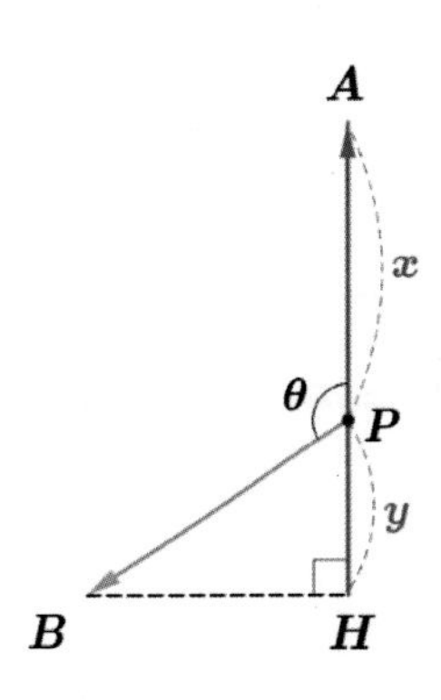

$\therefore xy\leq\frac{3}{4}$ $\therefore |\overrightarrow{PA}\cdot\overrightarrow{PB}|$의 최댓값$=\frac{3}{4}$이다. $\therefore p+q=7$이다.

[2011 수능 가형 22번] - P. 132

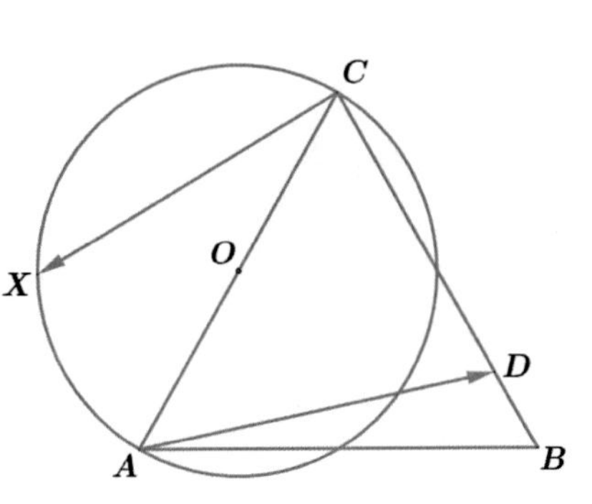

그림과 같이 평면 위에 정삼각형 ABC 와 선분 AC 를 지름으로 하는 원 O 가 있다. 선분 BC 위의 점 D 를 $\angle DAB=\frac{\pi}{15}$가 되도록 정한다. 점 X 가 원 O 위를 움직일 때, 두 벡터 $\overrightarrow{AD}, \overrightarrow{CX}$ 의 내적 $\overrightarrow{AD}\cdot\overrightarrow{CX}$ 의 값이 최소가 되도록 하는 점 X를 점 P 라 하자. $\angle ACP=\frac{q}{p}\pi$ 일 때, $p+q$ 의 값을 구하시오. (단, p 와 q 는 서로소인 자연수이다.)

|풀이| 벡터 내적의 시점을 일치시키기 위해 벡터를 분리한다.

즉, $\overrightarrow{AD}\cdot\overrightarrow{CX}=\overrightarrow{AD}\cdot(\overrightarrow{CA}+\overrightarrow{AX})$로 분리한다.

따라서 $\overrightarrow{AD}\cdot\overrightarrow{CX}=\overrightarrow{AD}\cdot\overrightarrow{CA}+\overrightarrow{AD}\cdot\overrightarrow{AX}$ 가 된다.

한편, 점 A, D, C 가 고정점이므로, $\overrightarrow{AD}\cdot\overrightarrow{CA}$ 는 상수이다.

따라서 $\overrightarrow{AD}\cdot\overrightarrow{CX}=\overrightarrow{AD}\cdot\overrightarrow{CA}+\overrightarrow{AD}\cdot\overrightarrow{AX}=$ 상수$+\overrightarrow{AD}\cdot\overrightarrow{AX}$가 최소가 되려면, $\overrightarrow{AD}\cdot\overrightarrow{AX}$가 최소일 때이다.

즉, 점X의 위치가 다음 그림과 같을 때 최소가 된다.

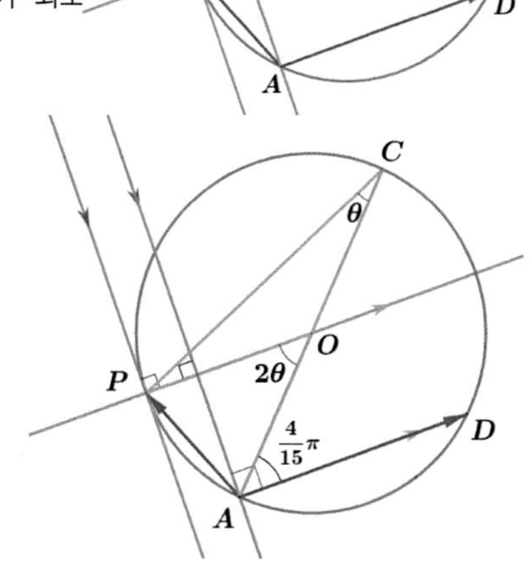

이때, 두 선은 평행하므로 엇각의 크기는 서로 같다.

$\angle ACP=\theta$라 하면, $2\theta=\frac{4}{15}\pi$

$\therefore \angle ACP=\theta=\frac{2}{15}\pi \quad \therefore p+q=15+2=17$이다.

[2020 수능 가형 19번] - P. 132

한 원 위에 있는 서로 다른 네 점 A, B, C, D가 다음 조건을 만족시킬 때, $|\overrightarrow{AD}|^2$의 값은?

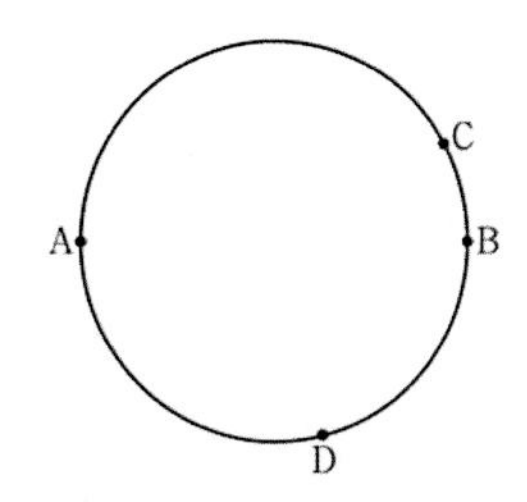

(가) $\lvert\overrightarrow{AB}\rvert = 8$, $\overrightarrow{AC}\cdot\overrightarrow{BC} = 0$
(나) $\overrightarrow{AD} = \frac{1}{2}\overrightarrow{AB} - 2\overrightarrow{BC}$

|풀이| 조건 (가)에서 $\overrightarrow{AC}\cdot\overrightarrow{BC}=0$이므로 두 벡터 $\overrightarrow{AC}, \overrightarrow{BC}$는 수직이다.

그러므로 선분 AB는 원의 지름이다.

이때, $|\overrightarrow{AB}|=8$ 이므로 이 원은 지름의 길이가 8인 원이다.

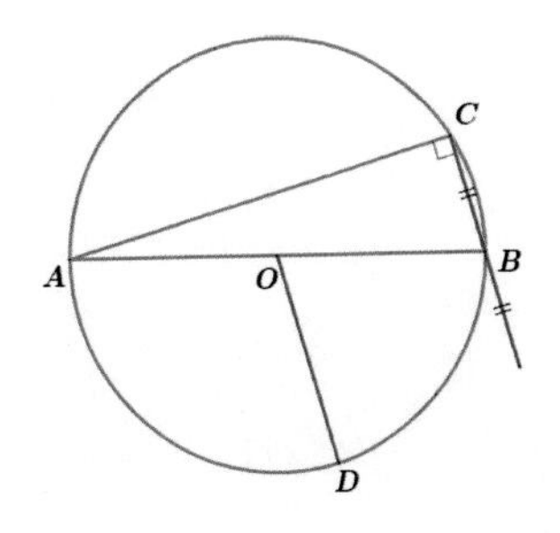

원의 중심을 O라 하면 조건(나)에서 $\overrightarrow{AD}=\frac{1}{2}\overrightarrow{AB}-2\overrightarrow{BC}=\overrightarrow{AO}+2\overrightarrow{CB}$

이때, $\overrightarrow{AD}=\overrightarrow{AO}+\overrightarrow{OD}$ 이므로 $\overrightarrow{OD}=2\overrightarrow{CB}$이다.

원의 반지름의 길이$=|\overrightarrow{OD}|=4$에서 $2|\overrightarrow{CB}|=4$ 가 된다.

따라서 $|\overrightarrow{CB}|=2$ 이다.

한편, $\angle ABC=\theta$라 하면 $\cos\theta=\frac{2}{8}=\frac{1}{4}$이다.

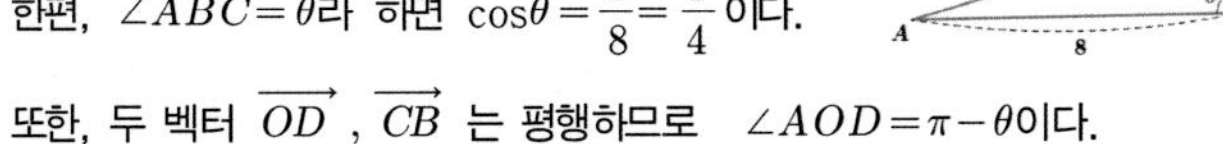

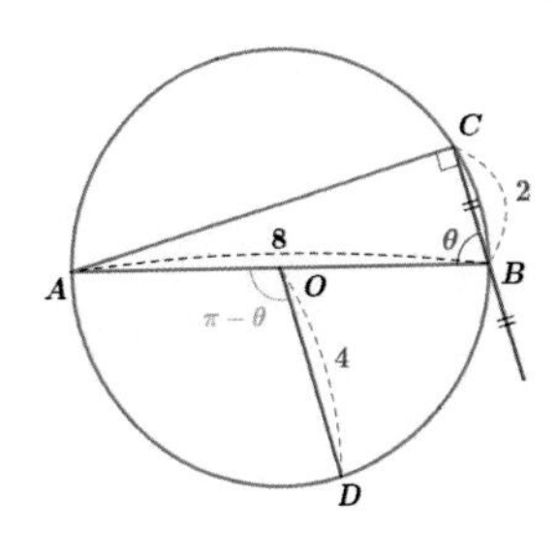

또한, 두 벡터 $\overrightarrow{OD}$, $\overrightarrow{CB}$ 는 평행하므로 $\angle AOD=\pi-\theta$이다.

따라서 $|\overrightarrow{AD}|^2=|\overrightarrow{OD}-\overrightarrow{OA}|^2=(\overrightarrow{OD}-\overrightarrow{OA})\cdot(\overrightarrow{OD}-\overrightarrow{OA})$

$=|\overrightarrow{OD}|^2+|\overrightarrow{OA}|^2-2\overrightarrow{OD}\cdot\overrightarrow{OA}$

$=|\overrightarrow{OD}|^2+|\overrightarrow{OA}|^2-2|\overrightarrow{OD}||\overrightarrow{OA}|\cos(\pi-\theta)$

$=|\overrightarrow{OD}|^2+|\overrightarrow{OA}|^2+2|\overrightarrow{OD}||\overrightarrow{OA}|\cos\theta=4^2+4^2+2\times4\times4\times\frac{1}{4}=40$

|다른 풀이| 평행하므로 '중점연결 정리'와 '피타고라스 정리'에 의해 다음 그림과 같이 구할 수 있다.

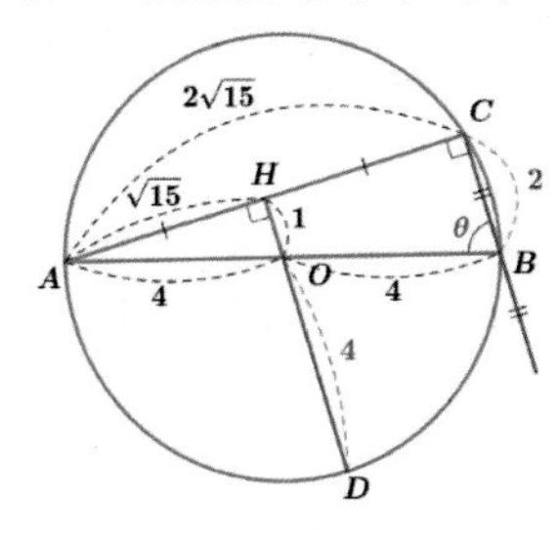

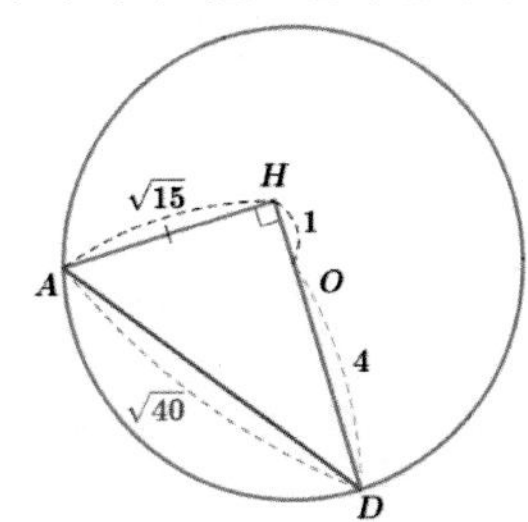

〔정사영〕

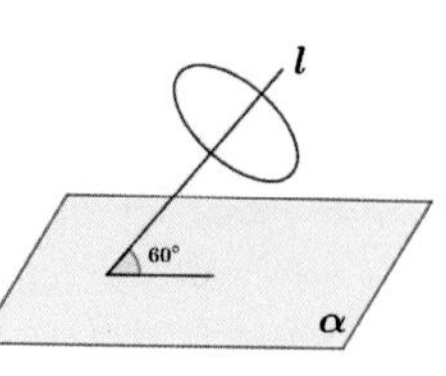

[2011 수능 가형 미분과 적분 11번 일부] - P. 139

그림과 같이 반지름의 길이가 1인 원판과 평면 α가 있다. 원판의 중심을 지나는 직선 l은 원판의 면과 수직이고, 평면 α와 이루는 각의 크기는 60°이다. 태양광선이 그림과 같이 평면 α에 수직인 방향으로 비출 때, 원판에 의해 평면 α에 생기는 그림자의 넓이는? (단, 원판의 두께는 무시한다.)

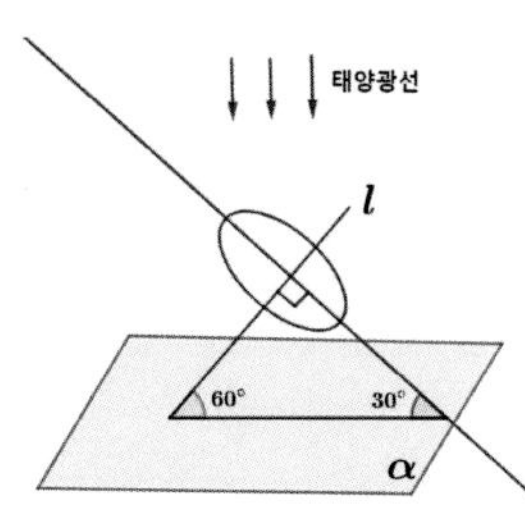

풀이) 반지름의 길이가 1이므로 원의 넓이는 π이다.
원판과 평면 α 사이의 이면각의 크기는 30°이므로
그림자의 넓이는 $\pi \times cos30^\circ = \frac{\sqrt{3}}{2}\pi$이다.

〔삼수선〕

[2016 수능 가형 27번] - P. 141

좌표공간에 서로 수직인 두 평면 α와 β가 있다. 평면α 위의 두 점 A, B에 대하여 $\overline{AB}=3\sqrt{5}$이고 직선 AB는 평면β 에 평행하다. 점 A와 평면β 사이의 거리가 2이고, 평면 β위의 점 P 와 평면α 사이의 거리는 4일 때, 삼각형 PAB의 넓이를 구하시오.

|풀이| 그림과 같이 점 P에서 평면 α에 내린 수선의 발을 H, 점 H에서 직선 AB에 내린 수선의 발을 H′이라 하면

$\overline{PH} \perp \alpha, \overline{HH'} \perp \overleftrightarrow{AB}$

그러므로 삼수선의 정리에 의해

$\overline{PH'} \perp \overleftrightarrow{AB}$

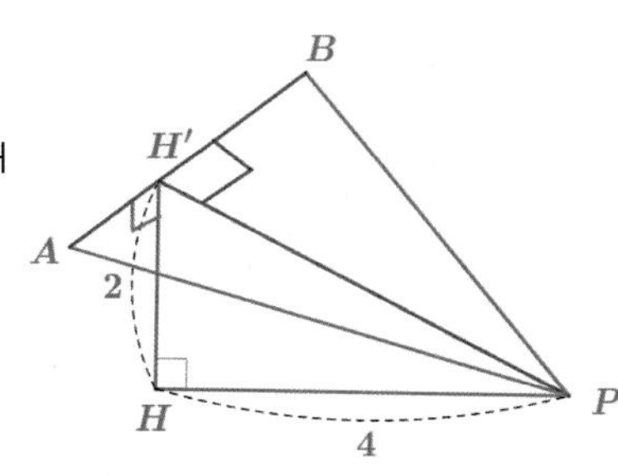

한편, 점 A와 평면 β사이의 거리가 2이고 직선 AB가 평면 β와 평행하므로 $\overline{HH'}=2$

또, 점 P와 평면 α사이의 거리가 4이므로 $\overline{PH}=4$

그러므로 직각삼각형 PHH′에서 피타고라스 정리에 의해 $\overline{PH'}=2\times\left(\sqrt{1^2+2^2}\right)=2\sqrt{5}$이다.

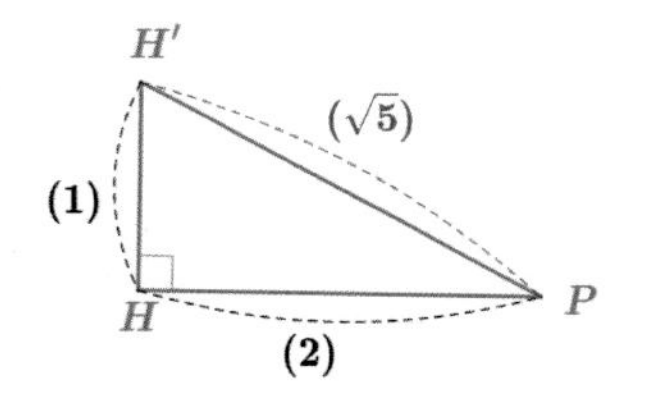

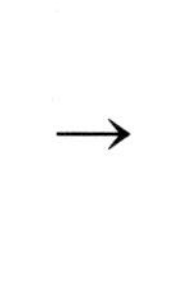

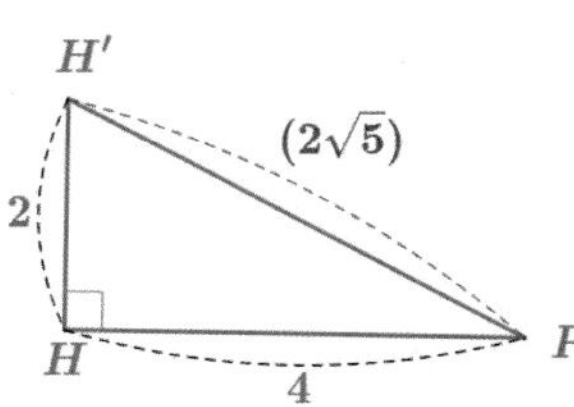

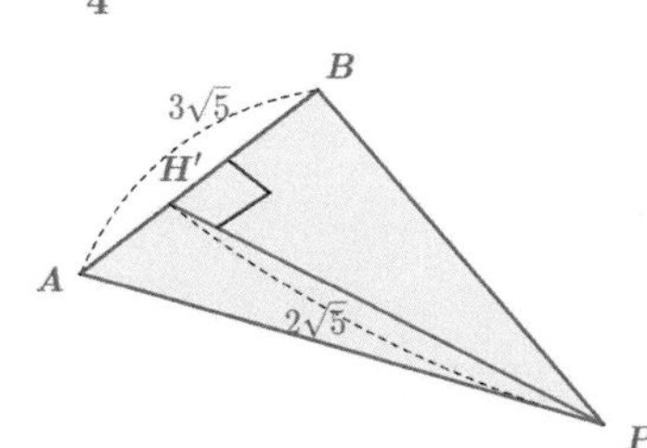

따라서, 삼각형 PAB이 넓이는 $\frac{1}{2}\times\overline{AB}\times\overline{PH'}=\frac{1}{2}\times3\sqrt{5}\times2\sqrt{5}=15$

[2015 수능 가형 12번] - P. 141

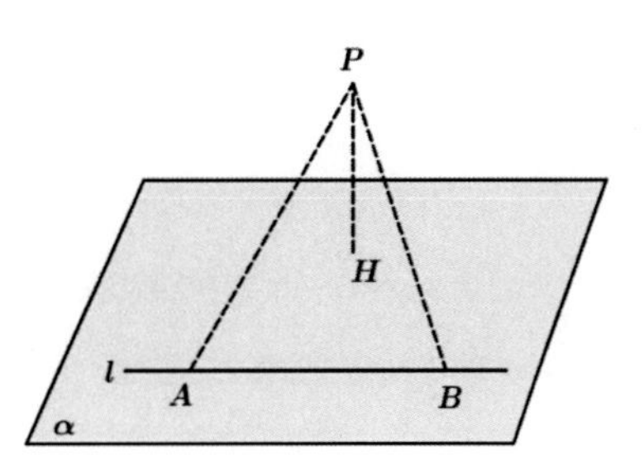

평면 α 위에 있는 서로 다른 두 점 A, B를 지나는 직선을 l 이라 하고, 평면 α 위에 있지 않은 점 P에서 평면 α 에 내린 수선의 발을 H라 하자. $\overline{AB}=\overline{PA}=\overline{PB}=6, \overline{PH}=4$ 일 때, 점 H와 직선 l 사이의 거리는?

|풀이|

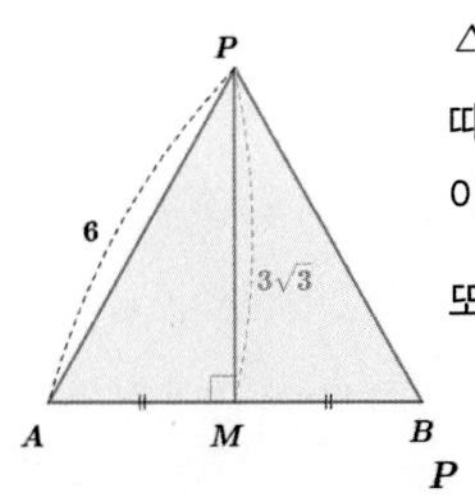

$\triangle PAB$는 정삼각형이므로 '수선=중선'이다.

따라서 선분 AB의 중점을 M이라 하면 $\overline{PM}\perp\overline{AB}$ 이다.

또한 정삼각형의 높이 $\overline{PM}=6\times\dfrac{\sqrt{3}}{2}=3\sqrt{3}$ 이다.

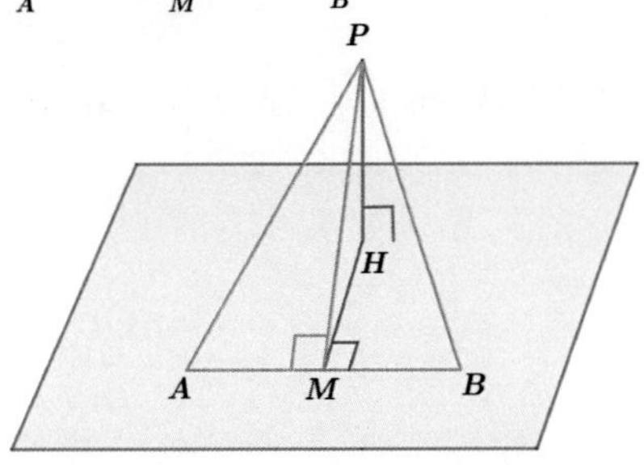

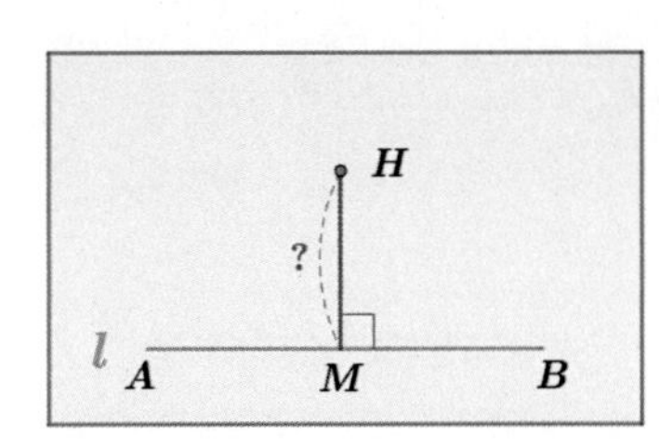

또한, $\overline{PH}\perp\alpha$이므로 삼수선의 정리에 의하여 $\overline{HM}\perp\overline{AB}$이다.

따라서 점H와 직선l 사이의 거리는 $\overline{HM}$ 이다.

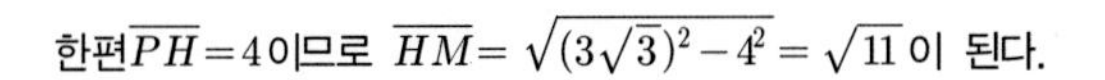

한편$\overline{PH}=4$이므로 $\overline{HM}=\sqrt{(3\sqrt{3})^2-4^2}=\sqrt{11}$ 이 된다.

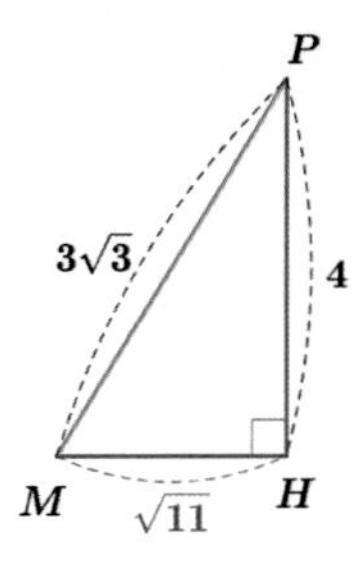

[2013 수능 가형 28번] - P. 141

그림과 같이 $\overline{AB}=9, \overline{AD}=3$인 직사각형 $ABCD$ 모양의 종이가 있다. 선분 AB 위의 점 E와 선분 DC 위의 점 F를 연결하는 선을 접는 선으로 하여, 점 B의 평면 $AEFD$ 위로의 정사영이 점 D가 되도록 종이를 접었다. $\overline{AE}=3$일 때, 두 평면 $AEFD$와 $EFCB$가 이루는 각의 크기가 θ이다. $60\cos\theta$의 값을 구하시오. (단, $0<\theta<\frac{\pi}{2}$이고, 종이의 두께는 고려하지 않는다.)

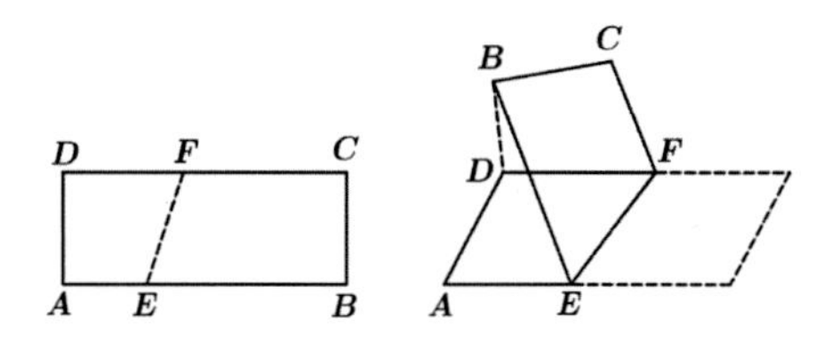

|풀이| 점 D에서 직선 EF에 내린 수선의 발을 H라 하면, 점 B에서 평면 AEFD로의 정사영이 점 D이므로 삼수선의 정리에 의하여 $\overline{BH}\perp\overline{EF}$이다.

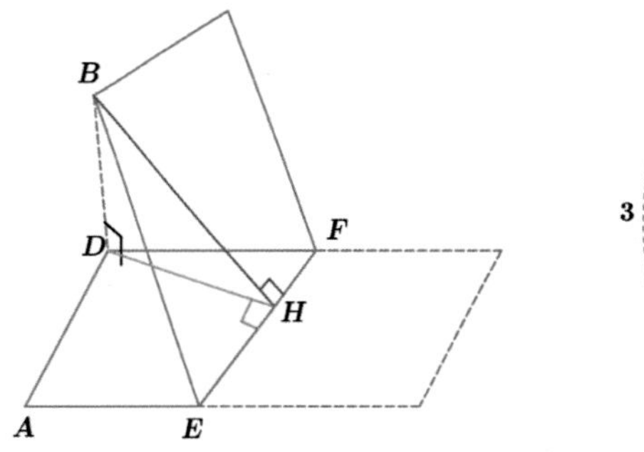

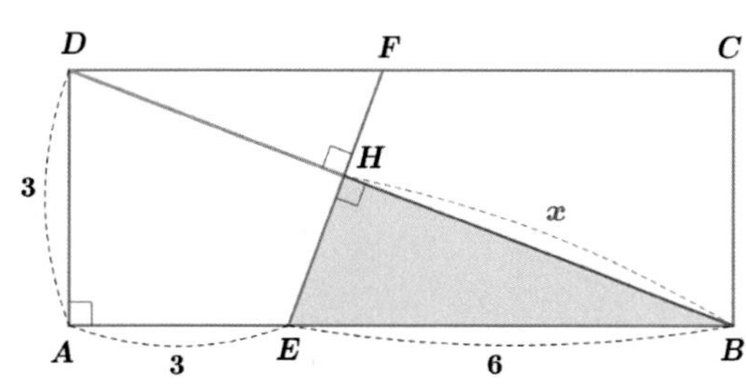

피타고라스의 정리에 의해 $\overline{BD} = \sqrt{3^2+9^2} = 3\sqrt{10}$이다.

$\triangle BAD$와 $\triangle BHE$는 닮음이므로 $3\sqrt{10}:9=6:\overline{BH}$이다.

즉, $\overline{BH}=\frac{54}{3\sqrt{10}}=\frac{9\sqrt{10}}{5}$이다.

$\therefore \overline{DH} = 3\sqrt{10}-\frac{9\sqrt{10}}{5}=\frac{6\sqrt{10}}{5}$

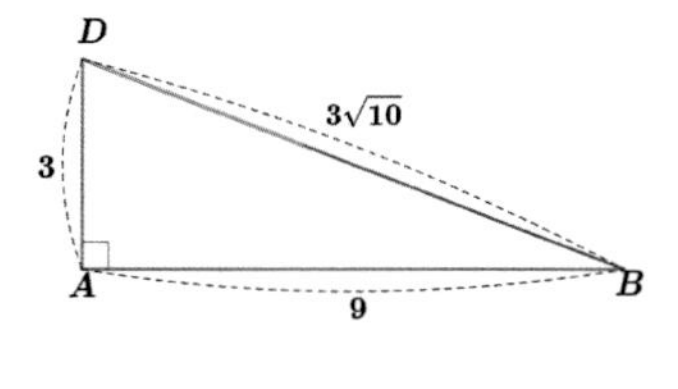

∽

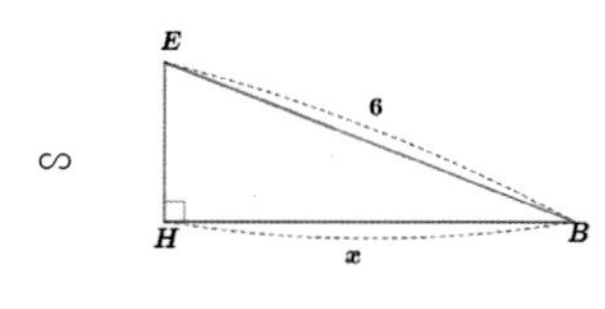

$\therefore \cos\theta = \frac{\frac{6\sqrt{10}}{5}}{\frac{9\sqrt{10}}{5}}=\frac{2}{3}$

따라서 $60\cos\theta=40$

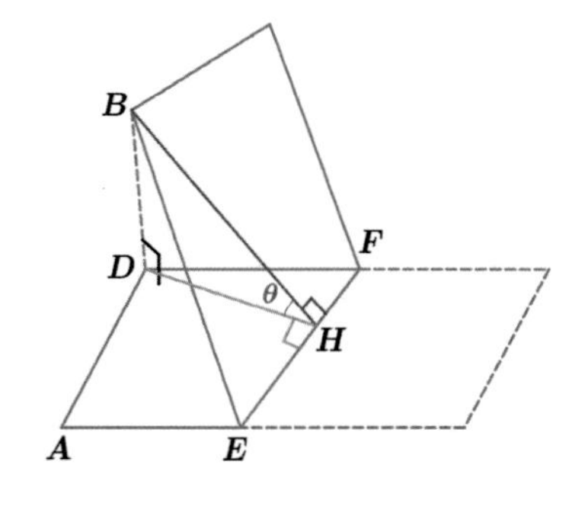

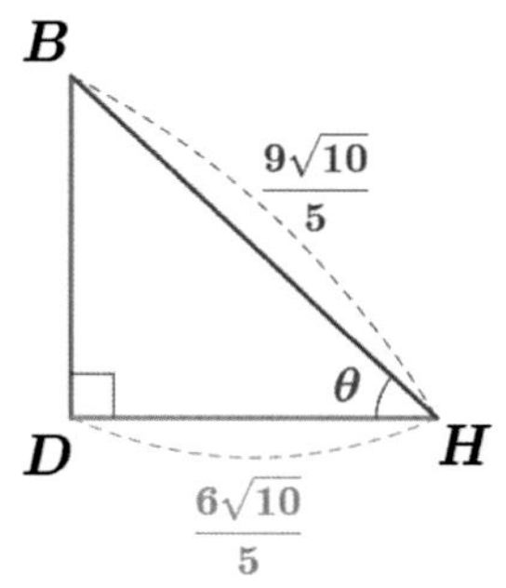

[이면각]

[2005 수능 가형 7번] - P. 143

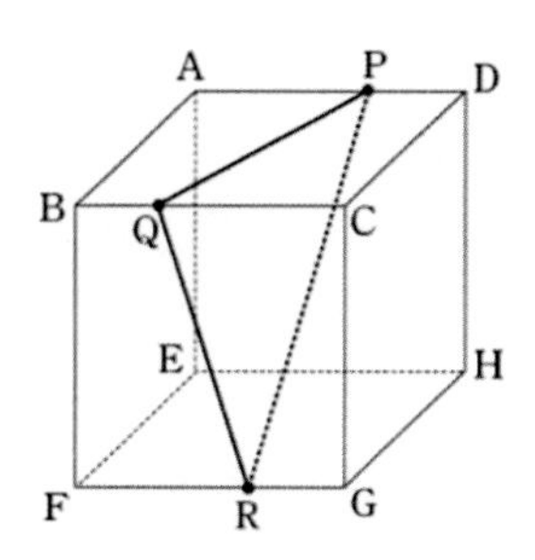

오른쪽 그림과 같이 한 모서리의 길이가 3인 정육면체 $ABCD-EFGH$의 세 모서리 AD, BC, FG 위에 $\overline{DP}=\overline{BQ}=\overline{GR}=1$인 세 점 P, Q, R이 있다. 평면 PQR와 평면 $CGHD$가 이루는 각의 크기를 θ라 할 때, $\cos\theta$의 값은? (단, $0<\theta<\frac{\pi}{2}$)

|풀이| 피타고라스 정리에 의해 $\overline{PQ}=\overline{QR}=\sqrt{10}$이다.

따라서 $\triangle QRP$는 이등변삼각형이 된다.

또한 피타고라스 정리에 의해 $\overline{PR}=3\sqrt{2}$이다.

한편, $\triangle QRP$의 평면 $CGHD$로의 정사영은 $\triangle CGD$이므로

'$\triangle QRP$의 넓이$\times\cos\theta=\triangle CGD$의 넓이'가 된다.

$\triangle QRP$의 넓이$=\frac{1}{2}\times3\sqrt{2}\times\sqrt{\frac{11}{2}}=\frac{3\sqrt{11}}{2}$이다.

또한 직각이등변삼각형 CGD의 넓이

$=\frac{1}{2}\times3\times3=\frac{9}{2}$이다.

$\therefore \frac{3\sqrt{11}}{2}\times\cos\theta=\frac{9}{2}$ $\quad\therefore \cos\theta=\frac{3\sqrt{11}}{11}$

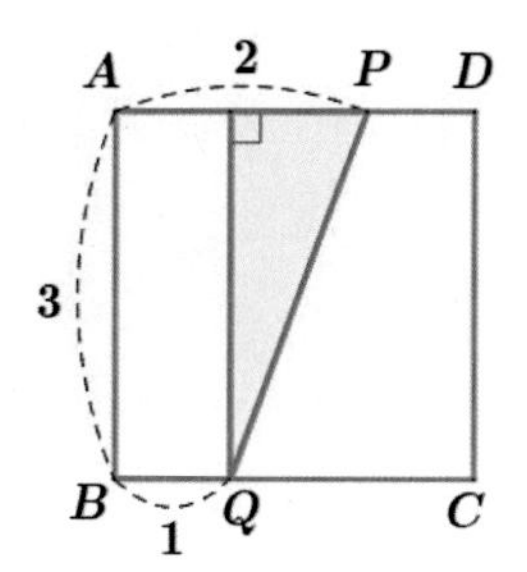

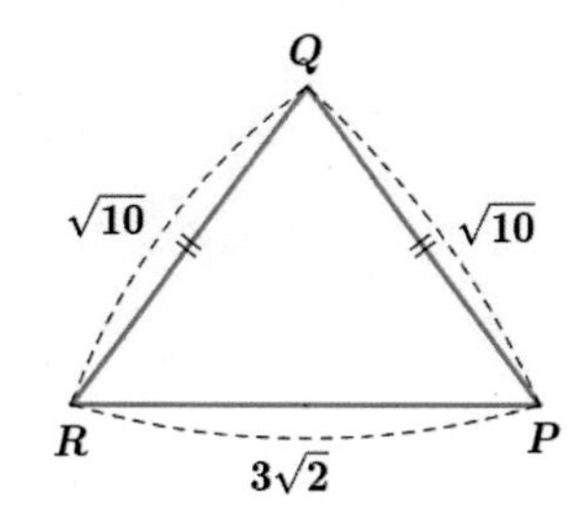

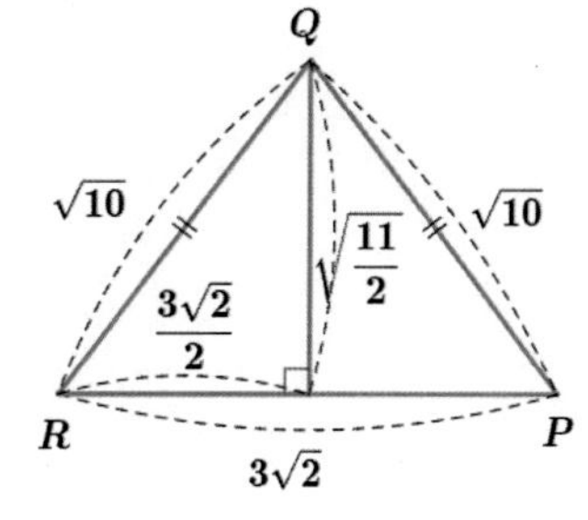

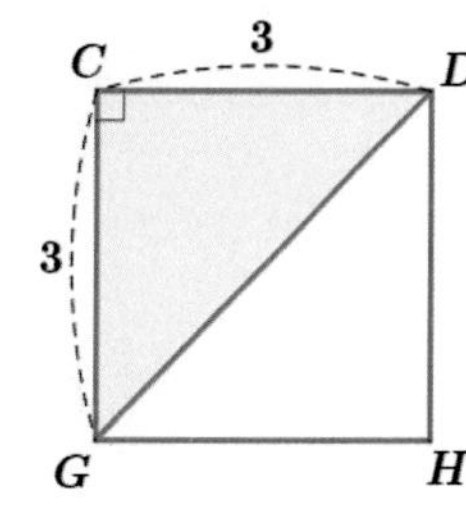

[2020 수능 가형 27번] - P. 143

그림과 같이 한 변의 길이가 4이고 $\angle BAD = \frac{\pi}{3}$인 마름모 $ABCD$ 모양의 종이가 있다. 변 BC와 변 CD의 중점을 각각 M과 N이라 할 때, 세 선분 AM, AN, MN을 접는 선으로 하여 사면체 $PAMN$이 되도록 종이를 접었다.

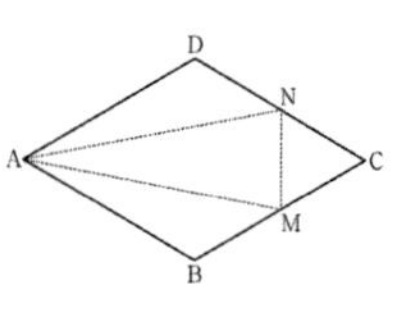

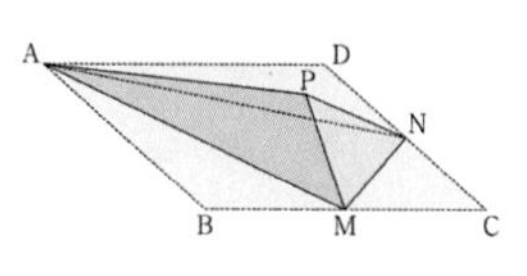

삼각형 AMN의 평면 PAM 위로의 정사영의 넓이는 $\frac{q}{p}\sqrt{3}$이다. $p+q$의 값을 구하시오. (단, 종이의 두께는 고려하지 않으며 P는 종이를 접었을 때 세 점 B, C, D가 합쳐지는 점이고, p와 q는 서로소인 자연수이다.)

|풀이| 평행선이므로 중점연결정리에 의해 그림과 같이 길이를 구할 수 있다. 따라서 $\triangle AMN$의 넓이는

$2\times\left(\frac{1}{2}\times 3\sqrt{3}\times 1\right) = 3\sqrt{3}$이다. 또한 삼수선의 정리에 의해 아래 그림처럼 유도된다.

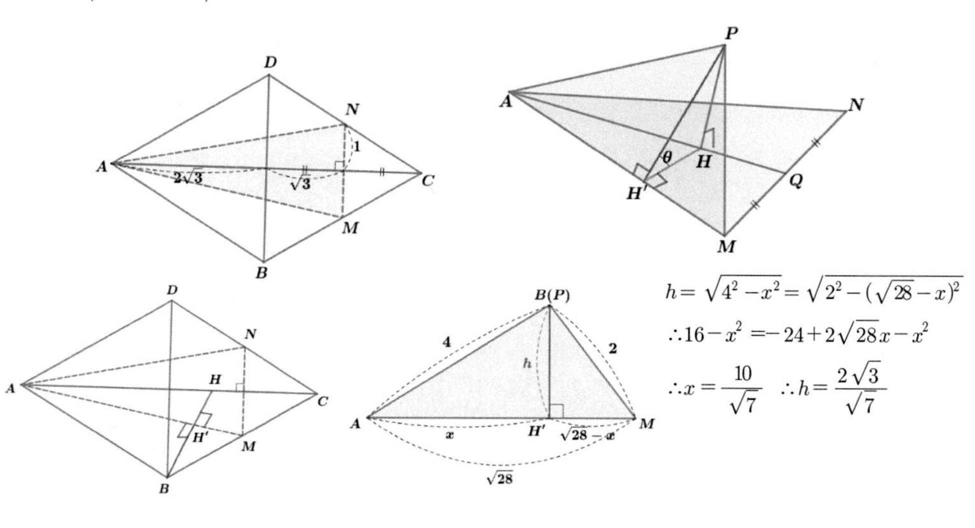

$h = \sqrt{4^2 - x^2} = \sqrt{2^2 - (\sqrt{28} - x)^2}$

$\therefore 16 - x^2 = -24 + 2\sqrt{28}x - x^2$

$\therefore x = \frac{10}{\sqrt{7}} \quad \therefore h = \frac{2\sqrt{3}}{\sqrt{7}}$

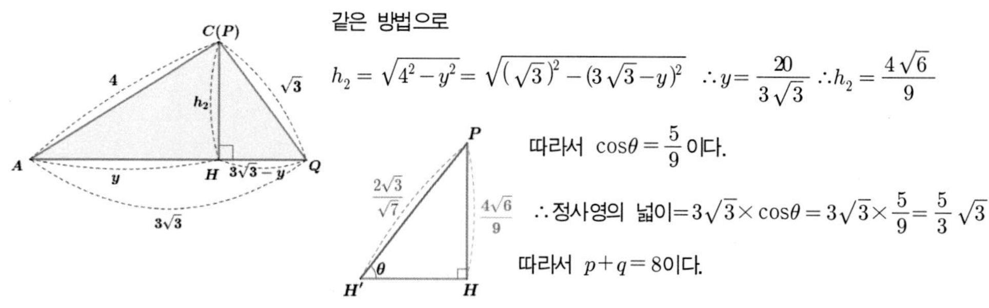

같은 방법으로

$h_2 = \sqrt{4^2 - y^2} = \sqrt{(\sqrt{3})^2 - (3\sqrt{3} - y)^2} \quad \therefore y = \frac{20}{3\sqrt{3}} \quad \therefore h_2 = \frac{4\sqrt{6}}{9}$

따라서 $\cos\theta = \frac{5}{9}$이다.

$\therefore$ 정사영의 넓이$= 3\sqrt{3}\times\cos\theta = 3\sqrt{3}\times\frac{5}{9} = \frac{5}{3}\sqrt{3}$

따라서 $p+q = 8$이다.

〔종합 문제〕

삼각함수의 덧셈정리

[2018 수능 가형 14번] - P. 144

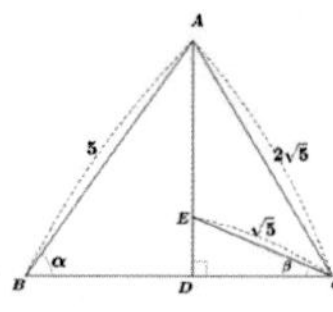

그림과 같이 $\overline{AB}=5$, $\overline{AC}=2\sqrt{5}$ 인 삼각형 ABC 의 꼭짓점 A 에서 선분 BC에 내린 수선의 발을 D라 하자. 선분 AD를 $3:1$로 내분하는 점 E에 대하여 $\overline{EC}=\sqrt{5}$ 이다. $\angle ABD=\alpha$, $\angle DCE=\beta$라 할 때, $\cos(\alpha-\beta)$의 값은?

|풀이|

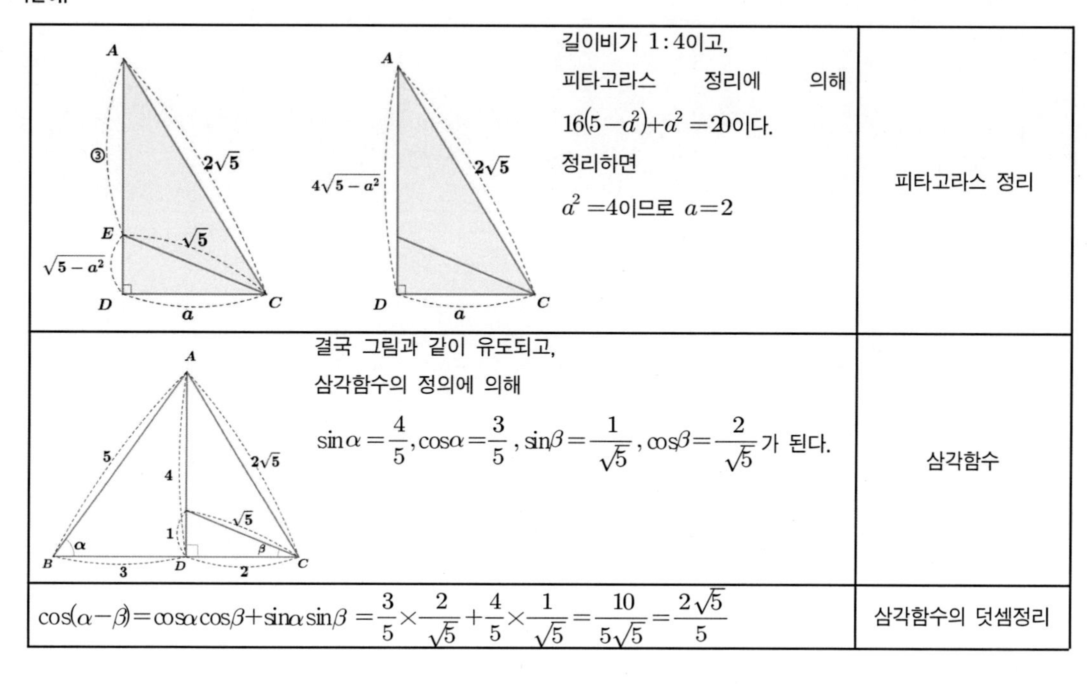

풀이	개념
길이비가 $1:4$이고, 피타고라스 정리에 의해 $16(5-a^2)+a^2=20$이다. 정리하면 $a^2=4$이므로 $a=2$	피타고라스 정리
결국 그림과 같이 유도되고, 삼각함수의 정의에 의해 $\sin\alpha=\frac{4}{5}, \cos\alpha=\frac{3}{5}, \sin\beta=\frac{1}{\sqrt{5}}, \cos\beta=\frac{2}{\sqrt{5}}$ 가 된다.	삼각함수
$\cos(\alpha-\beta)=\cos\alpha\cos\beta+\sin\alpha\sin\beta=\frac{3}{5}\times\frac{2}{\sqrt{5}}+\frac{4}{5}\times\frac{1}{\sqrt{5}}=\frac{10}{5\sqrt{5}}=\frac{2\sqrt{5}}{5}$	삼각함수의 덧셈정리

[2019 수능 가형 18번] - P. 144

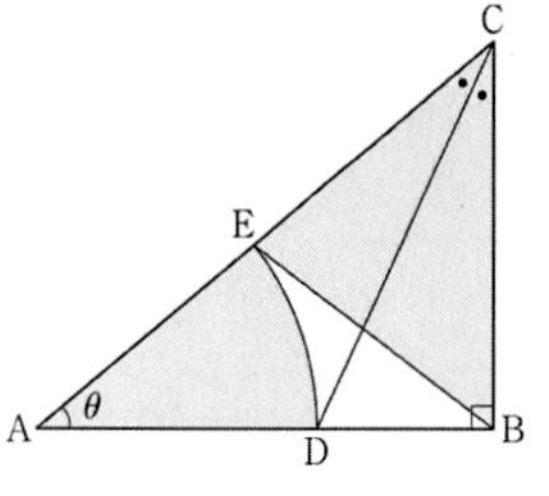

그림과 같이 $\overline{AB}=1$, $\angle B=\frac{\pi}{2}$ 인 직각삼각형 ABC에서 $\angle C$를 이등분하는 직선과 선분 AB의 교점을 D, 중심이 A이고 반지름의 길이가 $\overline{AD}$인 원과 선분 AC의 교점을 E라 하자. $\angle A=\theta$일 때, 부채꼴 ADE의 넓이를 $S(\theta)$, 삼각형BCE의 넓이를 $T(\theta)$라 하자. $\lim_{\theta\to0+}\frac{\{S(\theta)\}^2}{T(\theta)}$ 의 값은?

|풀이|

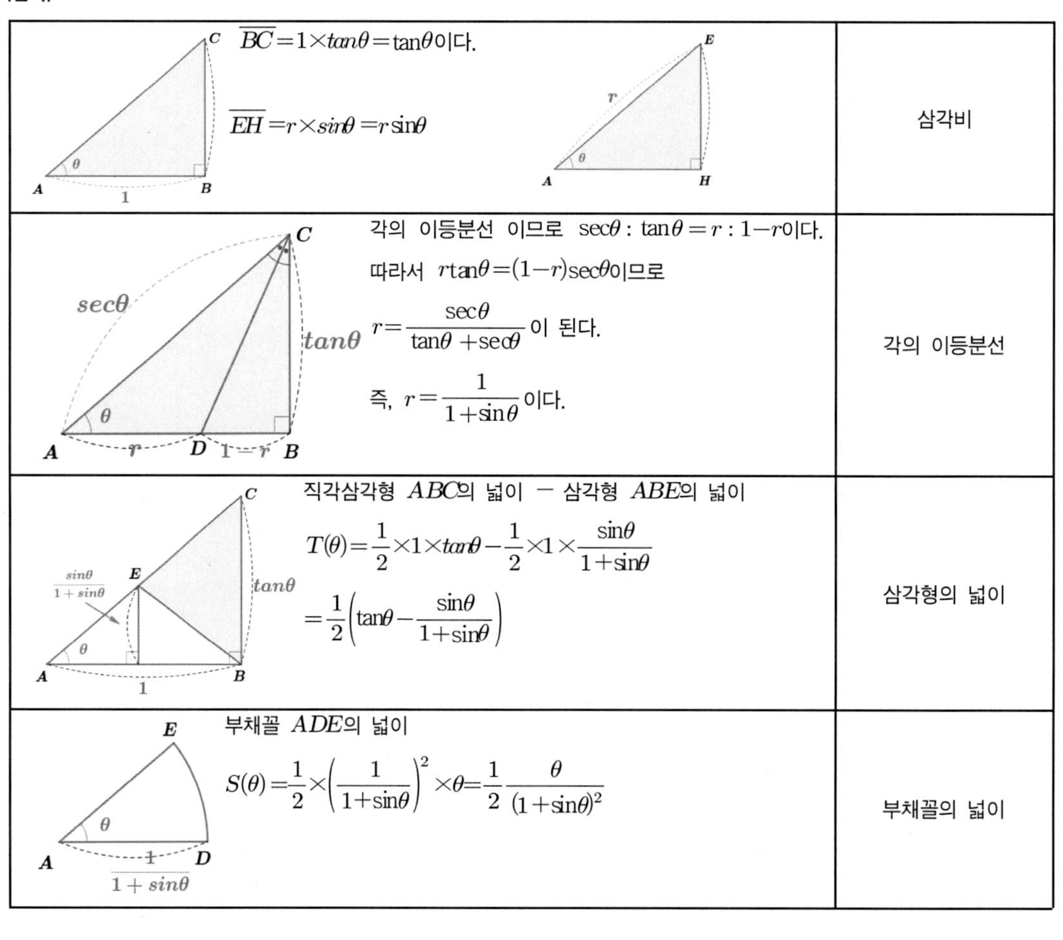

$\overline{BC}=1\times tan\theta=\tan\theta$이다. $\overline{EH}=r\times sin\theta=r\sin\theta$	삼각비
각의 이등분선 이므로 $\sec\theta:\tan\theta=r:1-r$이다. 따라서 $r\tan\theta=(1-r)\sec\theta$이므로 $r=\frac{\sec\theta}{\tan\theta+\sec\theta}$ 이 된다. 즉, $r=\frac{1}{1+\sin\theta}$이다.	각의 이등분선
직각삼각형 ABC의 넓이 − 삼각형 ABE의 넓이 $T(\theta)=\frac{1}{2}\times1\times tan\theta-\frac{1}{2}\times1\times\frac{\sin\theta}{1+\sin\theta}$ $=\frac{1}{2}\left(\tan\theta-\frac{\sin\theta}{1+\sin\theta}\right)$	삼각형의 넓이
부채꼴 ADE의 넓이 $S(\theta)=\frac{1}{2}\times\left(\frac{1}{1+\sin\theta}\right)^2\times\theta=\frac{1}{2}\frac{\theta}{(1+\sin\theta)^2}$	부채꼴의 넓이

따라서 $S(\theta)=\frac{1}{2}\frac{\theta}{(1+\sin\theta)^2}$, $T(\theta)=\frac{1}{2}\left(\tan\theta-\frac{\sin\theta}{1+\sin\theta}\right)$ 이므로 $\lim_{\theta\to0+}\frac{\{S(\theta)\}^2}{T(\theta)}=\lim_{\theta\to0+}\frac{\frac{1}{4}\frac{\theta^2}{(1+\sin\theta)^4}}{\frac{1}{2}\left(\tan\theta-\frac{\sin\theta}{1+\sin\theta}\right)}=\lim_{\theta\to0+}\frac{\frac{1}{2}\frac{\theta^2}{(1+\sin\theta)^4}}{\sin\theta\left(\sec\theta-\frac{1}{1+\sin\theta}\right)}$ $=\lim_{\theta\to0+}\left\{\frac{1}{2}\times\frac{\theta}{\sin\theta}\times\frac{\cos\theta}{(1+\sin\theta)^3}\times\frac{\theta}{\sin\theta+1-\cos\theta}\right\}$ $=\lim_{\theta\to0+}\left\{\frac{1}{2}\times\frac{\theta}{\sin\theta}\times\frac{\cos\theta}{(1+\sin\theta)^3}\times\frac{1}{\frac{\sin\theta}{\theta}+\frac{1-\cos\theta}{\theta}}\right\}$ $=\frac{1}{2}\times1\times\frac{1}{1}\times\frac{1}{1+0}=\frac{1}{2}$	삼각함수의 극한

[2017 수능 가형 14번 문제] - P. 145

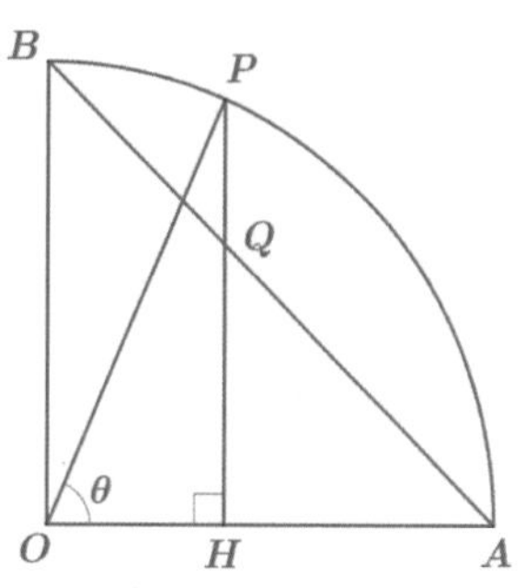

그림과 같이 반지름의 길이가 1 이고 중심각의 크기가 $\frac{\pi}{2}$인 부채꼴 OAB가 있다. 호 AB 위의 점 P 에서 선분 OA에 내린 수선의 발을 H, 선분 PH와 선분 AB의 교점을 Q 라 하자. $\angle POH=\theta$일 때, 삼각형 AQH의 넓이를 $S(\theta)$라 하자. $\lim_{\theta\to0+}\frac{S(\theta)}{\theta^4}$의 값은? (단, $0<\theta<\frac{\pi}{2}$)

|풀이|

$\overline{OH}=1\times\cos\theta=\cos\theta$ 이다. 따라서 $\overline{AH}=1-\cos\theta$ 이다.	삼각함수
$\triangle AQH$는 직각이등변삼각형이므로 $\triangle AQH$의 넓이$=\frac{1}{2}(1-\cos\theta)^2$이다.	삼각비, 직각이등변삼각형
$\lim_{\theta\to0+}\frac{S(\theta)}{\theta^4}=\lim_{\theta\to0+}\frac{(1-\cos\theta)^2}{2\theta^4}=\lim_{\theta\to0+}\frac{(1-\cos\theta)^2(1+\cos\theta)^2}{2\theta^4(1+\cos\theta)^2}$ $=\lim_{\theta\to0+}\frac{1}{2(1+\cos\theta)^2}\times\left(\frac{\sin\theta}{\theta}\right)^4=\frac{1}{2(1+1)^2}\times1=\frac{1}{8}$	삼각함수의 극한

[2016 수능 가형 28번] - P. 145

그림과 같이 좌표평면에서 원 $x^2+y^2=1$과 곡선 $y=\ln(x+1)$이 제 1사분면에서 만나는 점을 A라 하자.

점 $B(1,0)$ 에 대하여 호 AB 위의 점 P 에서 y축에 내린 수선의 발을 H, 선분 PH와 곡선 $y=\ln(x+1)$이 만나는 점을 Q 라 하자. $\angle POB=\theta$ 라 할 때, 삼각형 OPQ 의 넓이를 $S(\theta)$, 선분 HQ 의 길이를 $L(\theta)$라 하자. $\lim_{\theta\to+0}\frac{S(\theta)}{L(\theta)}=k$ 일 때, $60k$ 의 값을 구하시오. (단, $0<\theta<\frac{\pi}{6}$ 이고, O는 원점이다.)

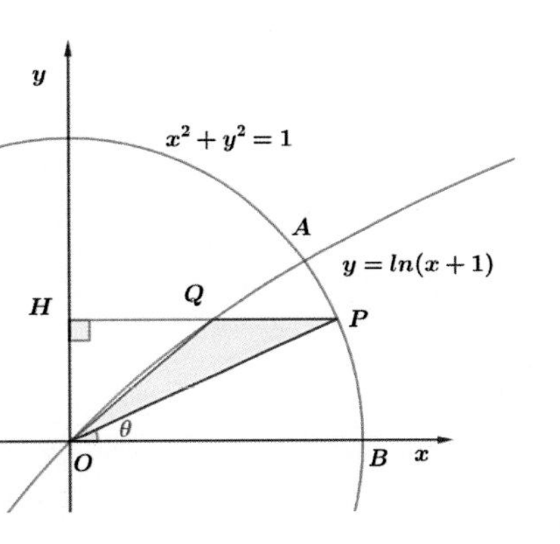

|풀이|

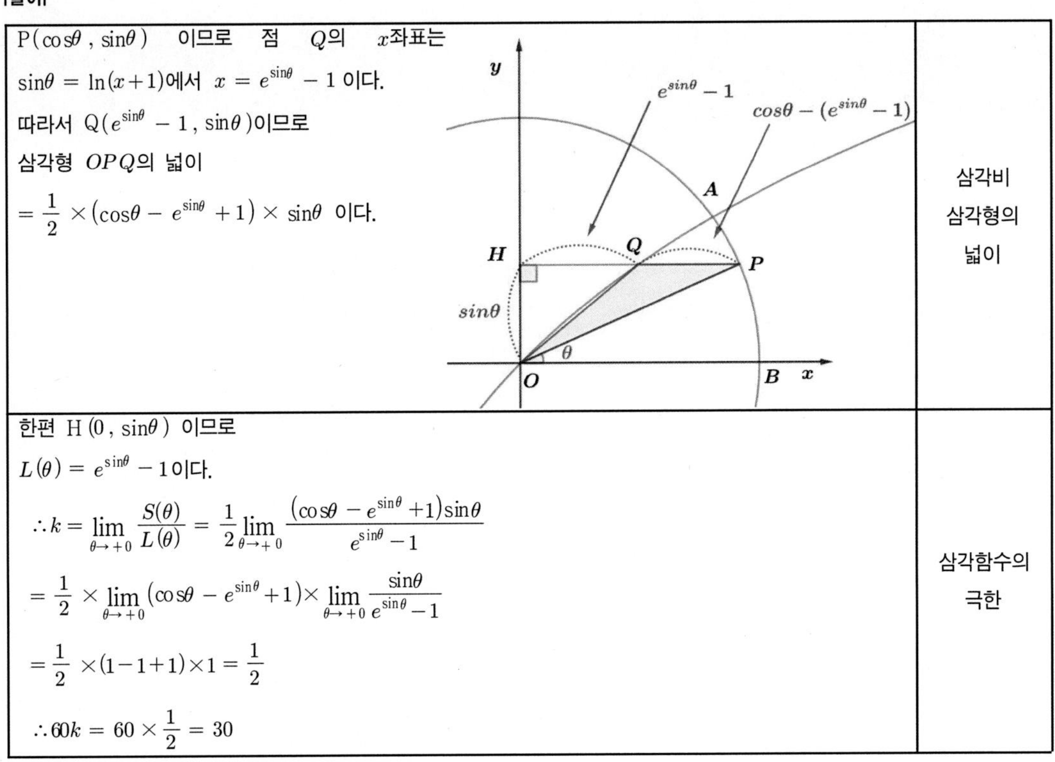

풀이	
$P(\cos\theta, \sin\theta)$ 이므로 점 Q의 x좌표는 $\sin\theta=\ln(x+1)$에서 $x=e^{\sin\theta}-1$ 이다. 따라서 $Q(e^{\sin\theta}-1, \sin\theta)$이므로 삼각형 OPQ의 넓이 $=\frac{1}{2}\times(\cos\theta-e^{\sin\theta}+1)\times\sin\theta$ 이다.	삼각비 삼각형의 넓이
한편 $H(0, \sin\theta)$ 이므로 $L(\theta)=e^{\sin\theta}-1$이다. $\therefore k=\lim_{\theta\to+0}\frac{S(\theta)}{L(\theta)}=\frac{1}{2}\lim_{\theta\to+0}\frac{(\cos\theta-e^{\sin\theta}+1)\sin\theta}{e^{\sin\theta}-1}$ $=\frac{1}{2}\times\lim_{\theta\to+0}(\cos\theta-e^{\sin\theta}+1)\times\lim_{\theta\to+0}\frac{\sin\theta}{e^{\sin\theta}-1}$ $=\frac{1}{2}\times(1-1+1)\times1=\frac{1}{2}$ $\therefore 60k=60\times\frac{1}{2}=30$	삼각함수의 극한

[2015 수능 가형 20번] - P. 146

그림과 같이 반지름의 길이가 1인 원에 외접하고 ∠CAB = ∠BCA = θ 인 이등변삼각형 ABC가 있다. 선분 AB의 연장선 위에 점 A가 아닌 점 D 를 ∠DCB = θ 가 되도록 잡는다. 삼각형 BDC의 넓이를 $S(\theta)$라 할 때, $\lim_{\theta \to +0} \{\theta \times S(\theta)\}$ 의 값은? (단, $0 < \theta < \frac{\pi}{4}$)

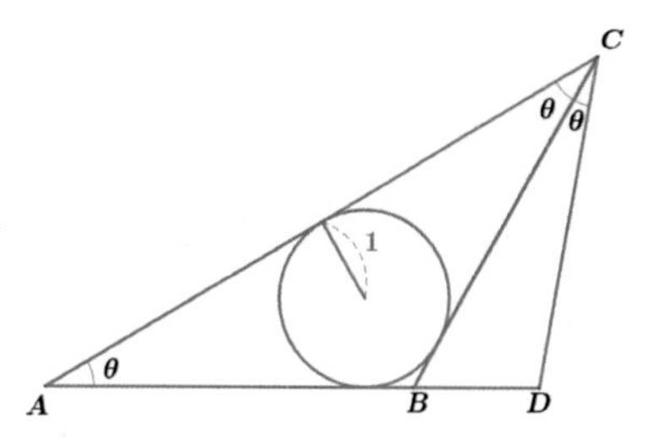

|풀이| 원의 중심을 점O라 하면, 원의 접선의 성질에 의해

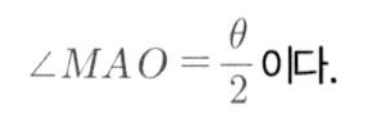

$\angle MAO = \frac{\theta}{2}$ 이다.

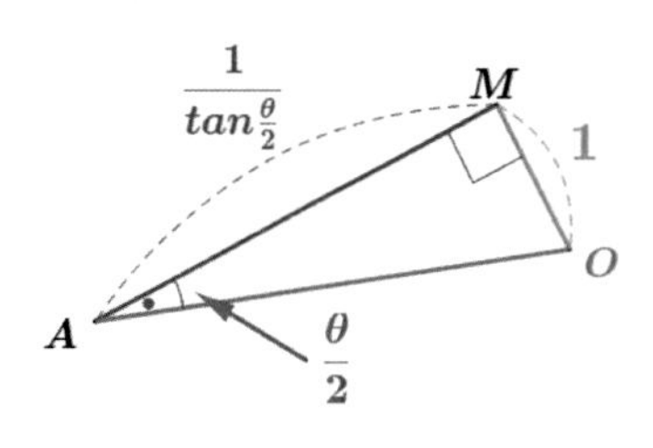

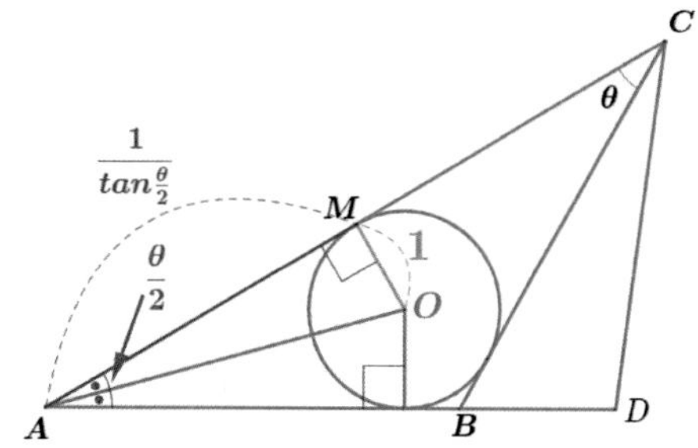

따라서 삼각비에 의해 $\overline{AM} = \frac{1}{\tan\frac{\theta}{2}}$ 이다.

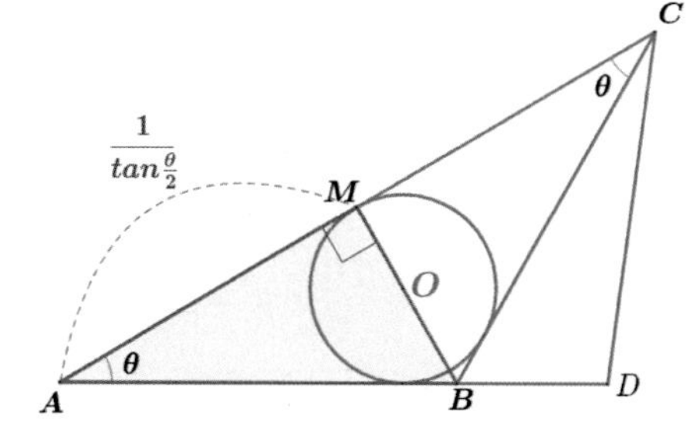

한편 직각삼각형 AMB에서 $\overline{AB} = \frac{1}{\tan\frac{\theta}{2}} \times \frac{1}{\cos\theta}$ 이다.

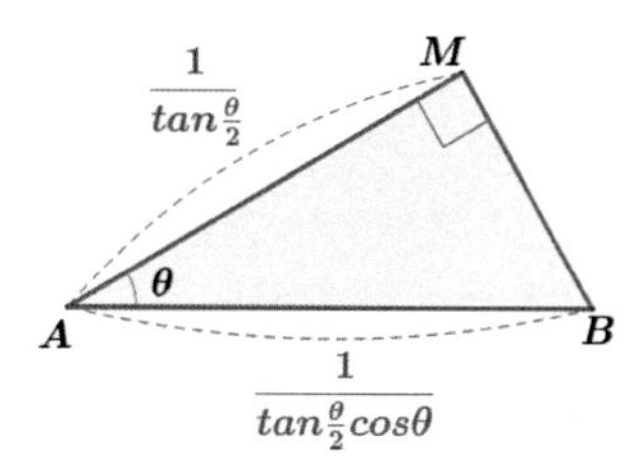

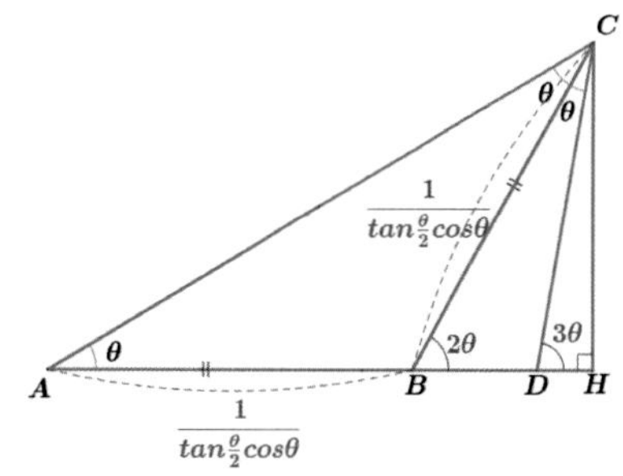

$\triangle ABC$가 이등변삼각형이고,
외각정리에 의해
$\angle CBD = 2\theta$, $\angle CDH = 3\theta$이다.

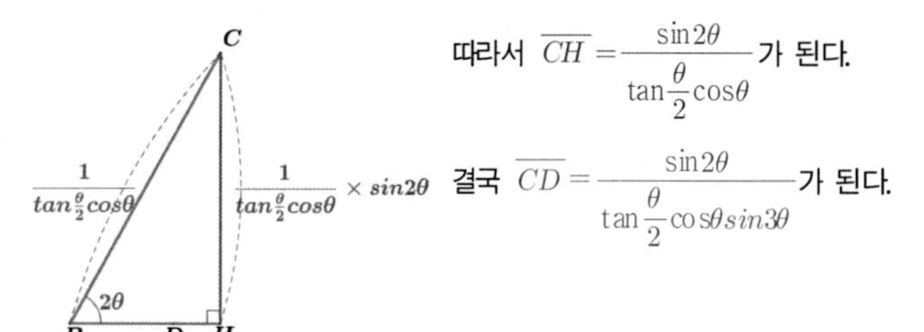

따라서 $\overline{CH} = \frac{\sin 2\theta}{\tan\frac{\theta}{2}\cos\theta}$가 된다.

결국 $\overline{CD} = \frac{\sin 2\theta}{\tan\frac{\theta}{2}\cos\theta \sin 3\theta}$가 된다.

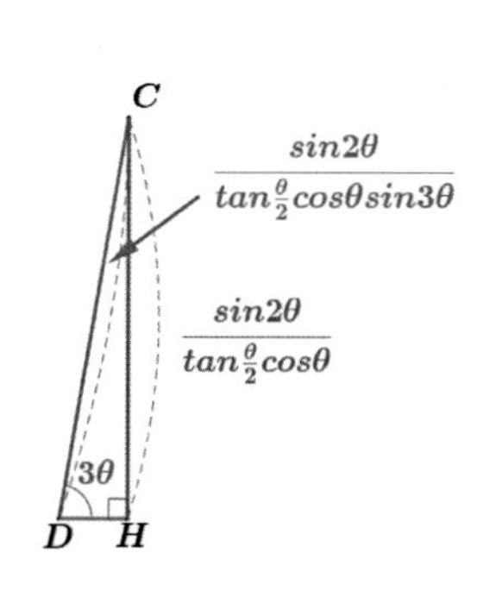

$\triangle BDC$의 넓이는 $\frac{1}{2}\times\frac{1}{\tan\frac{\theta}{2}\cos\theta}\times\frac{\sin 2\theta}{\tan\frac{\theta}{2}\cos\theta\sin 3\theta}\times\sin\theta$이다.

$\therefore \lim_{\theta\to+0}\{\theta\times S(\theta)\}$

$= \lim_{\theta\to+0}\left\{\frac{1}{2}\times\frac{\theta}{\tan\frac{\theta}{2}\cos\theta}\times\frac{\sin 2\theta}{\tan\frac{\theta}{2}\cos\theta\sin 3\theta}\times\sin\theta\right\}$

$= \frac{1}{2}\times 2\times 1\times 2\times 1\times\frac{2}{3}\times 1 = \frac{4}{3}$이다.

[2019 수능 나형 16번] - P. 146

그림과 같이 $\overline{OA_1}=4$, $\overline{OB_1}=4\sqrt{3}$ 인 직각삼각형 OA_1B_1 이 있다. 중심이 O이고 반지름의 길이가 $\overline{OA_1}$ 인 원이 선분 OB_1과 만나는 점을 B_2라 하자. 삼각형 OA_1B_1 의 내부와 부채꼴 OA_1B_2 의 내부에서 공통된 부분을 제외한 ◣ 모양의 도형에 색칠하여 얻은 그림을 R_1 이라 하자. 그림 R_1 에서 점 B_2를 지나고 선분 A_1B_1 에 평행한 직선이 선분 OA_1 과 만나는 점을 A_2, 중심이 O이고 반지름의 길이가 $\overline{OA_2}$ 인 원이 선분 OB_2와 만나는 점을 B_3 이라 하자. 삼각형 OA_2B_2 의 내부와 부채꼴 OA_2B_3의 내부에서 공통된 부분을 제외한 ◣ 모양의 도형에 색칠하여 얻은 그림을 R_2 라 하자. 이와 같은 과정을 계속하여 n 번째 얻은 그림 R_n 에 색칠되어 있는 부분의 넓이를 S_n 이라 할 때, $\lim_{n\to\infty} S_n$ 의 값은?

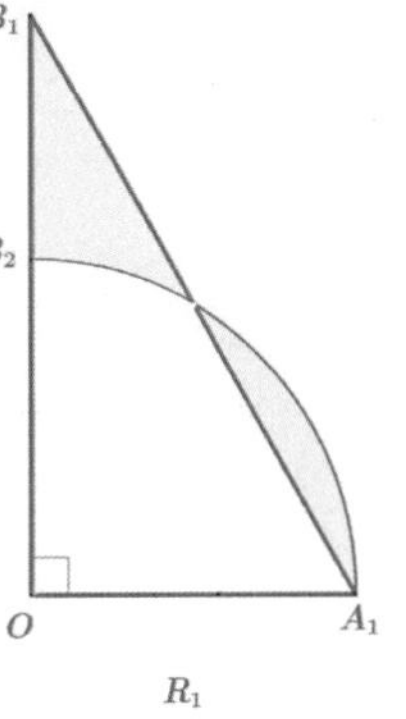

R_1

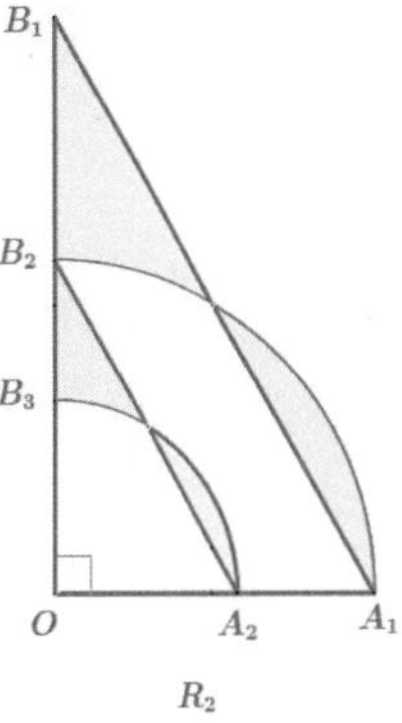

R_2

|풀이| 직각삼각형 OA_1B_1의 선분의 길이비가 $\overline{OA_1}:\overline{OB_1}=1:\sqrt{3}$ 이므로 $\angle OA_1B_1=60^\circ$ 가 된다.

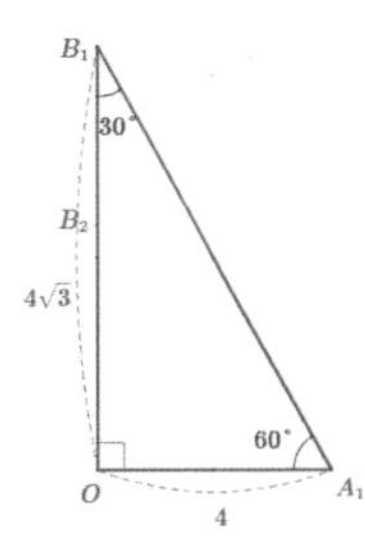

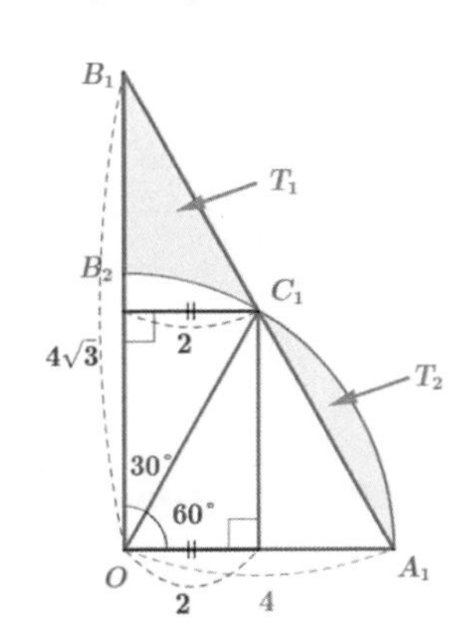

한편 선분A_1B_1과 호A_1B_2의 교점을 C_1 이라 하면

$\triangle OA_1C_1$은 정삼각형이므로 $\angle A_1OC_1=60^\circ$ 이다.

T_1의 넓이= $\triangle OB_1C_1$의 넓이−부채꼴OB_2C_1의 넓이

$=\frac{1}{2}\times 4\sqrt{3}\times 2-\frac{1}{2}\times 4^2\times\frac{\pi}{6} = 4\sqrt{3}-\frac{4}{3}\pi$

T_2의 넓이=부채꼴OA_1C_1의 넓아-$\triangle OA_1C_1$의 넓이

$=\frac{1}{2}\times 4^2\times\frac{\pi}{3}-\frac{\sqrt{3}}{4}(4)^2 = \frac{8}{3}\pi-4\sqrt{3}$

따라서 $T_1+T_2=\frac{4}{3}\pi$ 이다.

한편, 특징점을 $\overline{OB_k}$로 잡으면,

삼각형OA_1B_1과 삼각형 OA_2B_2의 닮음비는$\overline{OB_1}:\overline{OB_2}=4\sqrt{3}:4=\sqrt{3}:1$이다.

따라서 $\lim_{n\to\infty}S_n$은 첫째항이 $\frac{4}{3}\pi$이고, 공비가 $\left(\frac{1}{\sqrt{3}}\right)^2=\frac{1}{3}$인 등비급수이므로 $\lim_{n\to\infty}S_n=\frac{\frac{4}{3}\pi}{1-\frac{1}{3}}=2\pi$ 이다.

[2018 수능 나형 19번] - P. 147

그림과 같이 한 변의 길이가 1인 정삼각형 $A_1B_1C_1$ 이 있다. 선분 A_1B_1의 중점을 D_1이라 하고, 선분 B_1C_1위의 $\overline{C_1D_1}=\overline{C_1B_2}$인 점 B_2에 대하여 중심이 C_1인 부채꼴$C_1D_1B_2$를 그린다. 점 B_2에서 선분 C_1D_1에 내린 수선의 발을 A_2, 선분 C_1B_2의 중점을 C_2라 하자. 두 선분 B_1B_2, B_1D_1 과 호D_1B_2로 둘러싸인 영역과 삼각형 $C_1A_2C_2$의 내부에 색칠하여 얻은 그림을 R_1이라 하자.

그림 R_1에서 선분 A_2B_2의 중점을 D_2라 하고, 선분 B_2C_2 위의 $\overline{C_2D_2}=\overline{C_2B_3}$인 점 B_3에 대하여 중심이 C_2인 부채꼴 $C_2D_2B_3$을 그린다. 점 B_3에서 선분 C_2D_2에 내린 수선의 발을 A_3, 선분 C_2B_3의 중점을 C_3이라 하자. 두 선분 B_2B_3, B_2D_2와 호 D_2B_3으로 둘러싸인 영역과 삼각형 $C_2A_3C_3$의 내부에 색칠하여 얻은 그림을 R_2라 하자. 이와 같은 과정을 계속하여 n번째 얻은 그림 R_n에 색칠되어 있는 부분의 넓이를 S_n이라 할 때, $\lim_{n\to\infty} S_n$의 값은?

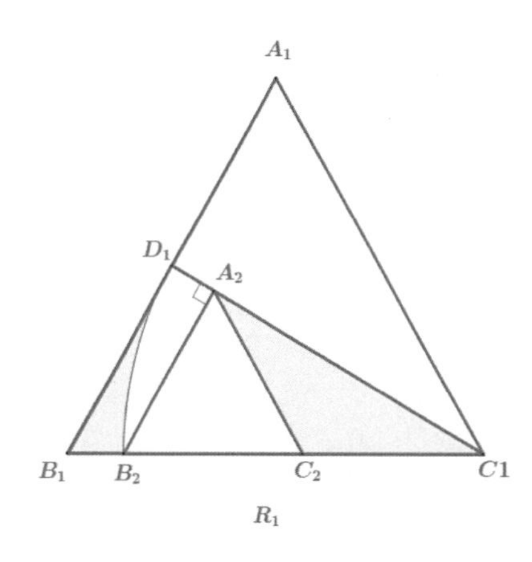

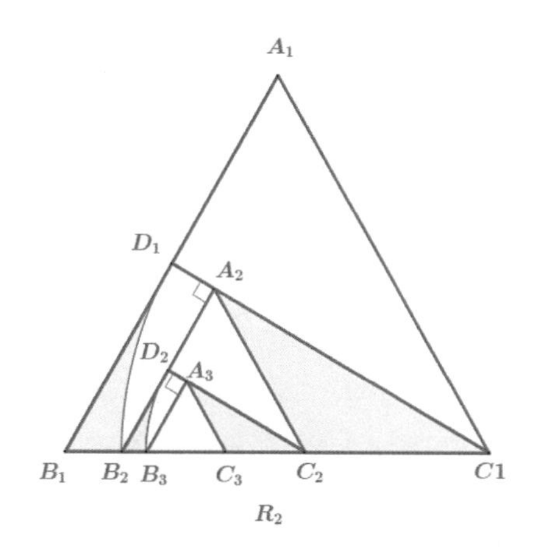

|풀이|

정삼각형이므로

$\overline{D_1C_1}=\frac{\sqrt{3}}{2}$, $\angle B_1C_1D_1=30^\circ$, $\overline{B_1D_1}=\frac{1}{2}$이다.

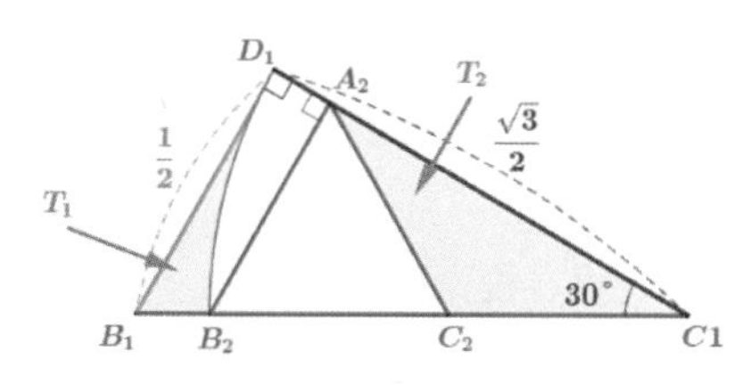

$T_1=\triangle B_1C_1D_1$의 넓이$-$부채꼴$B_2C_1D_1$의 넓이

$=\frac{1}{2}\times\frac{\sqrt{3}}{2}\times\frac{1}{2}-\frac{1}{2}\left(\frac{\sqrt{3}}{2}\right)^2\frac{\pi}{6}=\frac{\sqrt{3}}{8}-\frac{3\pi}{48}=\frac{\sqrt{3}}{8}-\frac{\pi}{16}$이다.

한편, $\overline{A_2B_2}=\frac{\sqrt{3}}{2}\times\sin 30^\circ=\frac{\sqrt{3}}{2}\times\frac{1}{2}=\frac{\sqrt{3}}{4}$이고,

$\overline{A_2C_1}=\frac{\sqrt{3}}{2}\times\cos 30^\circ=\frac{\sqrt{3}}{2}\times\frac{\sqrt{3}}{2}=\frac{3}{4}$이다.

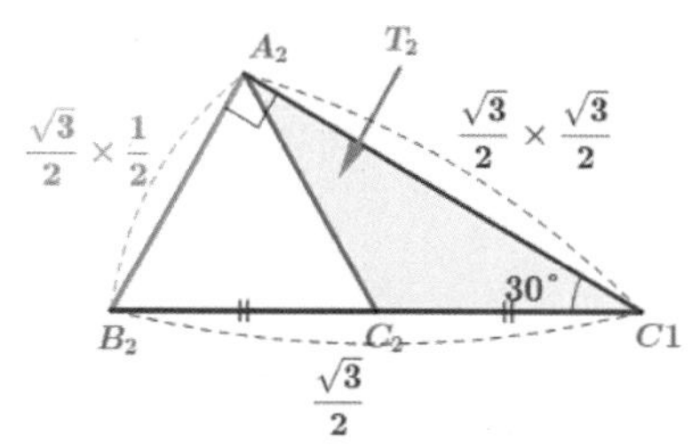

따라서 $\triangle A_2B_2C_1$의 넓이$=\frac{1}{2}\times\frac{3}{4}\times\frac{\sqrt{3}}{4}=\frac{3\sqrt{3}}{32}$이다.

그런데 점C_2는 선분 C_1B_2의 중점이므로

$T_2=\triangle C_1C_2A_2$의 넓이$=\frac{1}{2}\triangle A_2B_2C_1$의 넓이

$=\frac{1}{2}\left(\frac{1}{2}\times\frac{3}{4}\times\frac{\sqrt{3}}{4}\right)=\frac{3\sqrt{3}}{64}$이다.

결국 $T_1+T_2=\frac{11\sqrt{3}-4\pi}{64}$이다.

한편, $\overline{B_2C_2} = \overline{C_2C_1}$ 이므로 $\overline{B_2C_2} = \frac{1}{2} \times \frac{\sqrt{3}}{2} = \frac{\sqrt{3}}{4}$ 이다.

즉, 삼각형 $A_2B_2C_2$는 한 변의 길이가 $\frac{\sqrt{3}}{4}$인 정삼각형이다.

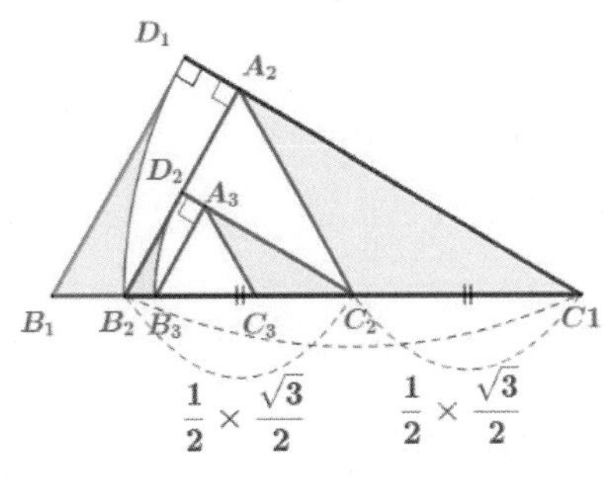

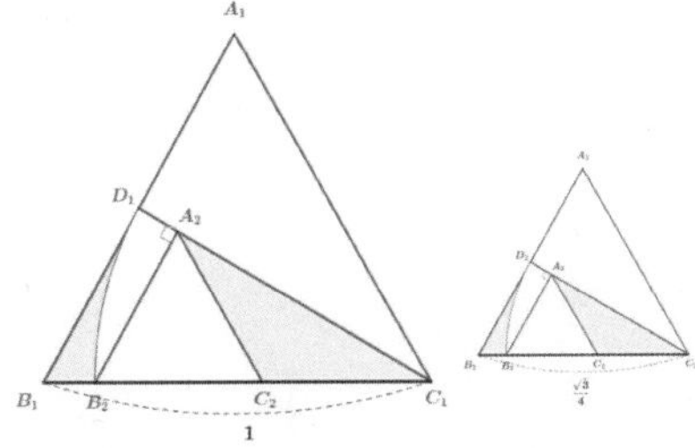

따라서 $\triangle A_1B_1C_1$과 $\triangle A_2B_2C_2$의 닮음비는 $1 : \frac{\sqrt{3}}{4}$ 이다.

즉, 길이의 비가 $1 : \frac{\sqrt{3}}{4}$ 이므로, 넓이의 비는 $1 : \frac{3}{16}$ 이다.

따라서 $\lim_{n\to\infty} S_n = \dfrac{\frac{11\sqrt{3}-4\pi}{64}}{1-\frac{3}{16}} = \frac{11\sqrt{3}-4\pi}{52}$ 이다.

[2017 수능 나형 17번] - P. 148

그림과 같이 길이가 4인 선분 AB를 지름으로 하는 원 O가 있다. 원의 중심을 C라 하고, 선분 AC의 중점과 선분 BC의 중점을 각각 D, P라 하자. 선분 AC의 수직이등분선과 선분 BC의 수직이등분선이 원 O의 위쪽 반원과 만나는 점을 각각 E, Q라 하자. 선분 DE를 한 변으로 하고 원 O와 점 A에서 만나며 선분 DF가 대각선인 정사각형 $DEFG$를 그리고, 선분 PQ를 한 변으로 하고 원 O와 점 B에서 만나며 선분 PR이 대각선인 정사각형 $PQRS$를 그린다.

원 O의 내부와 정사각형 $DEFG$의 내부의 공통부분인 ◺ 모양의 도형과 원 O의 내부와 정사각형 $PQRS$의 내부의 공통부분인 ◺ 모양의 도형에 색칠하여 얻은 그림을 R_1이라 하자.

그림 R_1에서 점 F를 중심으로 하고 반지름의 길이가 $\frac{1}{2}\overline{DE}$인 원 O_1, 점 R를 중심으로 하고 반지름의 길이가 $\frac{1}{2}\overline{PQ}$인 원 O_2를 그린다. 두 원 O_1, O_2에 각각 그림 R_1을 얻은 것과 같은 방법으로 만들어지는 ◺ 모양의 2개의 도형과 ◺ 모양의 2개의 도형에 색칠하여 얻은 그림을 R_2라 하자. 이와 같은 과정을 계속하여 n번째 얻은 그림 R_n에 색칠되어 있는 부분의 넓이를 S_n이라 할 때, $\lim_{n\to\infty} S_n$의 값은?

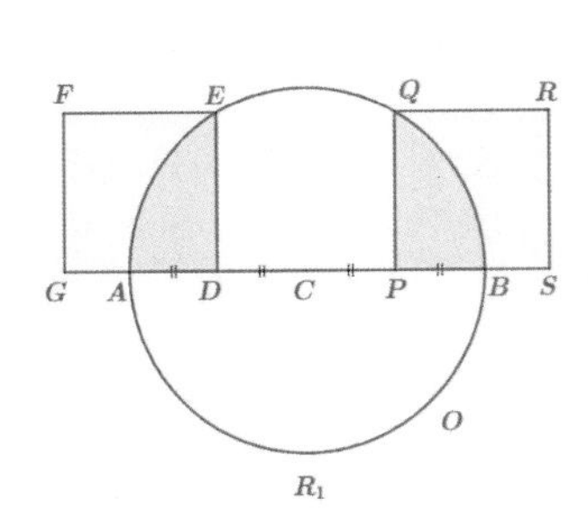

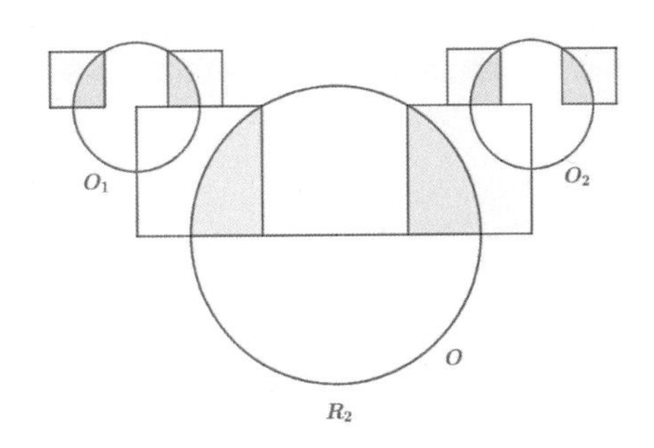

|풀이|

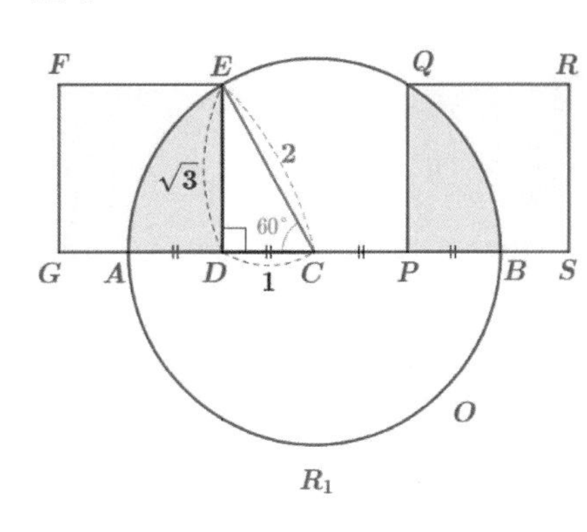

그림 R_1에서 아래 그림과 같이 두 점 C, E를 연결하여 직각삼각형 ECD를 만든다.

직각삼각형 ECD 에서 $\overline{CE}=2$, $\overline{CD}=1$ 이므로

$\overline{DE}=\sqrt{2^2-1^2}=\sqrt{3}$

이 때, $\angle ECD=\frac{\pi}{3}$이다.

그러므로 도형 R_1에 색칠된 부분의 넓이는

$2\times$(부채꼴ECA의 넓이-$\triangle ECD$의 넓이)

$=2\left\{\frac{1}{2}\times 2^2\times\frac{\pi}{3}-\frac{1}{2}\times 1\times\sqrt{3}\right\}=\frac{4}{3}\pi-\sqrt{3}$ --㉠

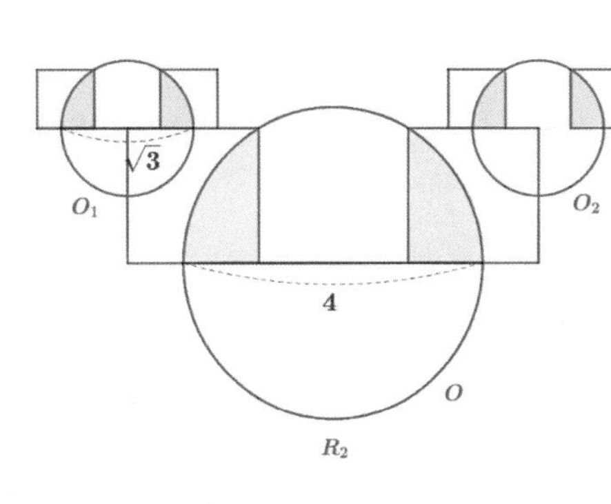

한편, 그림 R_2에서 새로 그려진 원의 반지름의 길이는 $\frac{1}{2}\overline{DE}=\frac{\sqrt{3}}{2}$ 이다.

그러므로 그림 R_1에 있는 원과 그림 R_2에 있는 원의 지름의 길이의 비는 $4:\sqrt{3}$ 이다.

즉, $1:\frac{\sqrt{3}}{4}$ 이다.

따라서 넓이의 비는 $1:\frac{3}{16}$이다.

그림 R_1의 원의 개수와 그림 R_2의 원의 개수의 비는 $1:2$ 이므로 결국, 공비는 $\frac{3}{16}\times 2=\frac{3}{8}$ 이 된다.

따라서, 구하는 극한값은 $\lim_{n\to\infty}S_n=\frac{\frac{4}{3}\pi-\sqrt{3}}{1-\frac{3}{8}}=\frac{32\pi-24\sqrt{3}}{15}$ 이다.